全国注册测绘师资格考试专用辅导丛书

2025版

U1011596

测绘管理与法律法规

仿真试卷集

何宗宜　欧阳烨　李保平　编著

全国注册测绘师资格考试命题研究专家组　审定

WUHAN UNIVERSITY PRESS
武汉大学出版社

图书在版编目(CIP)数据

测绘管理与法律法规仿真试卷集 ：2025 版 / 何宗宜,欧阳烨,李保平编著. -- 武汉 ：武汉大学出版社，2025.5. -- 全国注册测绘师资格考试专用辅导丛书. -- ISBN 978-7-307-25016-1

Ⅰ. P205-44;D922.174

中国国家版本馆 CIP 数据核字第 2025HY3609 号

责任编辑:王　荣　　　责任校对:杨　欢　　　版式设计:韩闻锦

出版发行:**武汉大学出版社**　(430072　武昌　珞珈山)

(电子邮箱:cbs22@ whu.edu.cn 网址:www.wdp.com.cn)

印刷:武汉中远印务有限公司

开本:880×1230　1/8　印张:16.25　字数:373 千字

版次:2025 年 5 月第 1 版　　2025 年 5 月第 1 次印刷

ISBN 978-7-307-25016-1　　定价:59.00 元

前　言

从2011年开始，注册测绘师资格考试已举行了14次。为了提高测绘地理信息从业人员的资格考试应试水平，特编写了《测绘管理与法律法规仿真试卷集(2025版)》这本辅导书。

本书依据最新的《全国注册测绘师资格考试大纲》，以注册测绘师资格考试的14年真题为模板，在出题角度和深度方面模拟真题，凝结命题思路和考点精华，精心挑选组织编写了12套“测绘管理与法律法规”模拟试卷。每套试卷均由两部分组成：第一部分为单项选择题；第二部分为多项选择题。每套试卷均有参考答案及解析，并对试题进行了详细解析，帮助考生掌握答题的思路、方法和技巧。

本书编著者有丰富的资格考试试题命题和考试辅导经验，对测绘管理与法律法规的考试知识点进行了透彻、全面的分析。“测绘管理与法律法规”模拟试卷在题型、各个测绘地理信息工程领域的相关管理和法律法规知识点分布、题目难易程度等方面进行了高度仿真。

本书应试的针对性强，在短时间内提高应试能力，可以帮助考生节约大量的复习时间。

书中引用的许多参考资料在参考文献中未能一一列出，在此一并致谢。

由于作者水平所限，书中疏漏之处敬请读者批评指正。

编著者

2025年2月

编者注：自2018年以来，已陆续有法规、规章、规范性文件等将“测绘地理信息行政主管部门”“测绘行政主管部门”“测绘主管部门”改为“自然资源主管部门”，如《地图审核管理规定》《测绘资质分类分级标准》等，针对已修订法规、规章和规范，本书已作相应改动。但针对未修订法规等文件，本书在陈述相关内容时，使用“测绘地理信息行政主管部门”等说法，在直接引用法规或规范性文件原文时，保留原文说法。所以，本书中几种说法并存，特作此说明。

目　录

“测绘管理与法律法规”科目考试复习纲要

一、考试目的

考察测绘专业技术人员在测绘地理信息项目管理中，运用测绘法律法规、技术规范、技术标准解决实际问题的能力。

二、本科目考试介绍

“测绘管理与法律法规”是注册测绘师考试的必考科目。我国的注册测绘师考试一般在每年9月举行。

1. 法律法规考试基本要求

全面了解测绘法律法规，掌握与测绘活动相关的法律法规原文中的原则、行为规范的基本内容设定、实施机关、实施程序、监督检查、法律责任等内容。考试涉及的测绘法律法规和相关的法律法规共有60多部。其中，包括《中华人民共和国测绘法》(以下简称《测绘法》)；行政法规4部；部门规章6部；重要规范性文件40多部；相关法律法规13部。

2. 法律法规考试内容

考试内容可以概括为如下两个部分：

(1)分析界定整个测绘活动的合法性，主要考查对法律法规原文的了解和掌握；

(2)考查运用现行法律、法规、规范性文件和标准、规范，解决在测绘生产过程中出现的问题，并能够明确法律责任等内容。

三、法律法规考试题型

(1)考试题共有两个类别：单项选择题和多项选择题。所有题目均为客观题。

(2)单项选择题共80个题，每题1分，每题的备选选项中只有1个符合题意。

(3)多项选择题共20题，每题2分。每题的备选选项中，有2个或2个以上符合题意，至少有1个是错项。错选，本题不得分；少选，所选的每个选项得0.5分。

四、法律法规历年考题分析

1. 考试内容和重点

历年注册测绘师考试中有关法律法规考题的侧重点有：测绘资质资格、测绘项目管理、测绘成果管理、测绘项目设计与组织、测绘安全生产管理、测绘成果检查与验收等有关的重要规范性文件。

2. 考题特点

(1)考题均为法律法规原文；

(2)涉及的法律法规面很广，每年都会有新的法规内容出现；《测绘法》修订后，相关法规的内容也作了修改；

(3)与测绘专业知识和工作实际紧密相连；

(4)测绘技术管理、测绘项目生产管理和测绘成果质量管理所占比重较大。

五、复习要领和方法

(1)首先要根据考试大纲的要求，仔细通读辅导教材，研究法律原文，把握各章节的知识点，掌握重点难点，达到考试大纲的要求。

(2)其次掌握所学知识要结合测绘工作实际，活学活用，理解其内涵，不要死记硬背。

(3)同时要求多看、多练、多做真题，结合教材掌握法律法规原文内容，扩大知识面。

(4)最后强调抓重点和高频出现的考点，在真题中的重复出现率比较高，所以多练习仿真试题，强化和熟练同一知识点的纵深方向，以利于有效和轻松地应对考试。

“测绘管理与法律法规”仿真试卷一

一、单项选择题(每题1分，每题的备选选项中，只有1个符合题意)

1. 根据《测绘资质管理办法》，下列专业中，其甲级测绘资质的审批和管理由自然资源部负责的是(　　)。

A. 互联网地图服务　　B. 导航电子地图制作

C. 地图编制　　D. 海洋测绘

2. 根据《注册测绘师执业管理办法(试行)》，取得资格证书(　　)提出初始注册的，须提供相当于一个注册有效期要求的继续教育证明。

A. 1~3年　　B. 1年以上

C. 2年以上　　D. 3年以上

3. 根据《测绘资质分类分级标准》，乙级测绘资质单位不得从事连片区域(　　)km^2以上的海岸地形测量。

A. 50　　B. 100

C. 150　　D. 200

4. 根据《注册测绘师继续教育学时认定和登记办法(试行)》，下列方式中，可确认必修课内容30学时的是(　　)。

A. 参加自然资源部测绘部门指定网络学习

B. 参与全国注册测绘师资格考试命题1次

C. 担当注册测绘师继续教育培训班授课人

D. 公开出版测绘地理信息相关专业著作

5. “中华人民共和国注册测绘师执业印章”每一注册有效期为(　　)年。

A. 1　　B. 2

C. 3　　D. 4

6. 根据《公开地图内容表示规范》，下列信息中，可以在我国境内遥感影像图上表示的是(　　)。

A. 分辨率为0.2m的河流　　B. 标注为敏感的信息

C. 军民合用机场　　D. 某处中央储备库名称

7. 根据《测绘资质分类分级标准》，对申请测绘资质单位的相关说法中，错误的是(　　)。

A. 测绘资质分类分级标准分为通用标准、专业标准两部分

B. 凡申请测绘资质的单位，应当有法人资格，并满足对办公面积作出的限定要求

C. 取得乙级测绘资质的测绘单位应在专业标准规定的作业限制范围内从事测绘活动

D. 取得甲级测绘资质的测绘单位无作业范围限制

8. 某公司申请了工程测量、不动产测量两个专业范围的测绘资质证书，对该公司人员数目的要求是(　　)。

A. 两个专业要求人员数量之和　　B. 达到其中一个专业人员数量的1.5倍

C. 对人员数量不累加计算　　D. 根据实际，酌情处理

9. 根据《测绘市场管理暂行办法》，下列测绘项目承发包的做法中，正确的是(　　)。

A. 将项目的关键部分的1/2分包给相应的测绘资质单位

B. 将承包的项目的主体部分的1/4分包给相应的测绘资质单位

C. 将承包的项目转包给相应的测绘资质单位

D. 将承包业务量的1/3分包给相应的测绘资质单位

10. 下列测量标志中，属于临时性测量标志的是(　　)。

A. 导线点　　B. 卫星定位点的木质觇标

C. 海底大地点设施　　D. 航空摄影地面标志

11. 根据《国家永久性测量标志拆迁审批程序规定》，拆迁审批永久性测量标志的基本情况专报材料中，应说明点号、点名、等级、地理位置和精确到(　　)的粗略空间坐标。

A. 0.1′　　B. 0.3′

C. 0.5′　　D. 0.7′

12. 根据《中华人民共和国测量标志保护条例》(以下简称《测量标志保护条例》)，下列关于测量标志建设的说法中，错误的是(　　)。

A. 设置基础性测量标志的，应当设立省级自然资源主管部门以上监制的专用标牌

B. 建设永久性测量标志需要占用土地的，地面标志占用土地的面积范围最大为$100m^2$

C. 需要依法在建筑物上建设永久性测量标志的，有关单位和个人不得干扰和阻挠

D. 标志委托保管书应抄送乡级人民政府和县级以上地方政府管理测绘工作的部门备案

13. 根据《测量标志保护条例》，我国对测量标志实行(　　)制度。

A. 有偿保管　　B. 义务保管

C. 无偿使用　　D. 委托保管

14. 根据《基础测绘计划管理办法》，基础测绘规划的规划期一般至少为(　　)年，保持与国家国民经济和社会发展总体规划相衔接。

A. 5　　B. 10

C. 15　　D. 20

15. 根据《基础测绘条例》，下列测绘项目中，国家安排基础测绘设施不优先考虑建设资金的是(　　)。

A. 卫星遥感　　B. 数据传输

C. 地理国情普查　　D. 航空摄影测量

16. 根据《基础测绘成果提供使用管理暂行办法》，申请使用基础测绘成果的财政投资项目，必须提交的材料是(　　)。

A. 项目合同书　　B. 任务书

C. 项目批准文件　　D. 经办人有效身份证件原件

17. 根据《基础测绘成果应急提供办法》，测绘成果保管单位提供应对突发事件所需的基础测绘成果的期限一般为(　　)小时内。

A. 4　　B. 8

C. 12　　D. 24

18. 根据测绘标准体系分类，下列测绘地理信息标准中，属于成果与服务类标准的是(　　)。

A.《全球导航卫星系统(GNSS)测量规范》

B.《测绘作业人员安全规范》

C.《国家基本比例尺地形图更新规范》

D.《地理信息　定位服务》

19. 根据《测绘地理信息管理工作国家秘密范围的规定》，精度优于(　　)的垂线偏差成果的密级等级应定为机密级。

A. 3″　　B. 4″

C. 5″　　D. 6″

20. 根据《测绘地理信息业务档案管理规定》，下列内容中，不属于测绘地理信息档案的是(　　)。

A. 基础测绘项目基建档案　　B. 地理国情监测档案

C. 工程测量档案　　D. 应急测绘保障服务档案

21. 根据《测绘地理信息质量管理办法》，下列关于质量监督管理措施的说法中，错误的是(　　)。

A. 同一测绘地理项目，上级监督检查的，下级不得另行重复检查

B. 任何组织、个人不得以任何理由和形式设置障碍，拒绝或妨碍监督检查

C. 各级自然资源主管部门应依法向社会公布所有监督检查结果

D. 监督检查中需要进行的检验活动，应由实施监督检查的部门委托测绘质检机构承担

22. 根据《测绘计量管理暂行办法》，精度优于(　　)mm+5×10^{-6}D 的测距仪的检定周期为1年。

A. 3　　B. 5

C. 7　　D. 9

23. 根据《对外提供涉密测绘成果管理办法》，因项目建设需要，重庆市所辖某区政府需要对外提供属于国家秘密的测绘成果，应提交的申请材料不需要的是(　　)。

A.《对外提供涉密测绘成果申请书》

B. 企业法人营业执照或事业单位法人证书

C. 外方身份证明材料

D. 国家批准合作项目批文

24. 根据《地图管理条例》，国家实行地图审核制度，下列向社会公布的地图需要审核的是(　　)。

A. 景区图　　B. 街区图

C. 时事地图　　D. 地铁线路图

25. 根据《地图管理条例》，时事宣传地图、时效性要求较高的图书和报刊等插附地图的，应当自受理地图审核申请之日起(　　)，作出审核决定。

A. 7 个工作日内　　B. 10 个工作日内

C. 20 个工作日内　　D. 即送即审

26. 注册测绘师延续注册、重新申请注册和逾期初始注册的必备条件是(　　)。

A. 脱产培训　　B. 考试合格

C. 继续教育　　D. 技术水平

27. 下列因素中，质量管理体系文件的形成不需要考虑的是(　　)。

A. 标准的各项要求　　B. 产品的特性和复杂程度

C. 各级人员的分配比例　　D. 质量经济性和效率

28. 下列特性中，不属于质量管理体系认证程序的基本原则的是(　　)。

A. 独立性　　B. 科学性

C. 公正性　　D. 公开性

29. 测绘单位应建立测绘生产突发事故应急处理预案，泄密事故应在发生或发现后(　　)小时内报告。

A. 2　　B. 6

C. 8　　D. 24

30. 测绘仪器要保持良好状态，需要采取"三防"措施。下列内容中，不属于测绘仪器"三防"措施的是(　　)。

A. 防火　　B. 防雾

C. 防霉　　D. 防锈

31. 根据《测绘地理信息业务档案管理规定》，跨河水准测量全套资料保管期限为(　　)年。

A. 15　　B. 20

C. 25　　D. 30

32. 测绘项目成本预算主要内容包括生产成本和经营成本，下列费用中，属于生产成本费用的是(　　)。

A. 住房公积金　　B. 工会经费

C. 交通差旅费　　D. 办公费用

33. 根据《房产测绘管理办法》，国家实行房产测绘单位(　　)制度。

A. 分类管理　　B. 统一登记
C. 资格审查认证　　D. 分级管理

34. 测绘项目质量目标即期望项目最终能够达到的质量等级，一般分为(　　)级。
A. 二　　B. 三
C. 四　　D. 五

35. 根据《测绘成果质量检查与验收》，下列过程中，不采用全数检查的是(　　)。
A. 测绘单位作业部门过程检查　　B. 测绘单位质量管理部门最终检查
C. 质检机构验收　　D. 确定样本量，样本量大于批量时

36. 根据《测绘成果质量检查与验收》，下列元素中，不属于大比例尺地形图的质量元素的是(　　)。
A. 数据及结构正确性　　B. 地理精度
C. 资料完整性　　D. 属性精度

37. 根据《测绘技术总结编写规定》，当上交测绘成果的数量和范围有变化时，需要特别附上(　　)。
A. 测绘成果名称　　B. 测绘成果数量
C. 测绘成果类型　　D. 测绘成果分布图

38. 根据《测绘技术设计规定》，下列设计文档内容，不属于地理信息系统专业设计内容的是(　　)。
A. 需求规格说明书　　B. 数据库设计
C. 质量控制环节和质量检查要求　　D. 详细设计说明书

39. 根据《测绘资质分类分级标准》，下列专业范围中，设置测绘监理专业子项的是(　　)。
A. 大地测量　　B. 海洋测绘
C. 地图编制　　D. 互联网地图服务

40. 根据《测绘地理信息行业信用指标体系》，公民、法人或者其他组织对测绘资质单位信用信息存在异议的，可以向(　　)提交书面核查申请及相关证据。
A. 省级自然资源主管部门　　B. 省级或者国家自然资源主管部门
C. 市级以上自然资源主管部门　　D. 县级以上自然资源主管部门

41. 根据《测绘法》，国务院自然资源主管部门应当汇总全国卫星导航定位基准站建设备案情况，并(　　)向军队测绘部门通报。
A. 及时　　B. 定期
C. 3 个月内　　D. 半年内

42. 根据《中华人民共和国测绘成果管理条例》(以下简称《测绘成果管理条例》)，下列地理信息数据不需要经过国务院审批可依法对外公布的是(　　)。
A. 国家海岸线长度
B. 毗连区
C. 庐山风景区海拔高度及地理位置

D. 国家版图地势、地貌分区位置

43. 根据《行政区域界线管理条例》，故意损毁或者擅自移动界桩或者其他行政区域界线标志物的，可以由当地负责管理该行政区域界线标志的(　　)处 1 000 元以下的罚款。
A. 乡级人民政府　　B. 人民政府民政部门
C. 建设行政主管部门　　D. 自然资源管理部门

44. 根据《注册测绘师制度暂行规定》，注册申请人因在测绘活动中受到刑事处罚，自刑事处罚执行完毕之日至申请注册之日止不满(　　)年的不予以注册。
A. 1　　B. 2
C. 3　　D. 4

45. 根据《测绘计量管理暂行办法》，被授权单位在授权证书期满前(　　)个月应按规定向原发证机关申请复查。
A. 3　　B. 4
C. 5　　D. 6

46. 根据《关于汇交测绘成果目录和副本的实施办法》，下列测绘成果资料汇交时应汇交副本且为一式两份的是(　　)。
A. 按国家基准和技术标准实施的三角测量成果
B. 重力测量成果表
C. 具有稳固地面标志的全球定位系统(GPS)测量成果
D. 正式印制的地图

47. 根据《测绘地理信息管理工作国家秘密范围的规定》，下列事项中，属于机密级国家秘密范围的是(　　)。
A. 泄露后会对国家安全、利益和领土主权及海洋权益造成特别严重威胁或者损害的
B. 泄露后会对国家重要军事设施、国家安全警卫目标造成特别严重威胁或者损害的
C. 泄露后会对国家整体军事防御能力造成特别严重威胁或者损害的
D. 泄露后会对社会稳定和民族团结造成严重损害的

48. 下列关于申请测绘资质的说法中，错误的是(　　)。
A. 测绘资质受理机关应当自收到申请材料之日起 5 日内作出受理决定
B. 申请单位涉嫌违法测绘被立案调查的，应当受理其测绘资质申请，但结案后再审批
C. 申请单位涉嫌违法测绘被立案调查的，案件结案前不受理其测绘资质申请
D. 初次申请测绘资质原则上不得超过乙级

49. 根据《测绘成果质量检查与验收》，大地测量测绘成果的种类共分为(　　)类。
A. 4　　B. 6
C. 8　　D. 10

50. 根据《测绘成果质量检查与验收》，下列不动产测量成果质量子元素中，权重值最大的是(　　)。
A. 界址测量　　B. 地形测量

C. 图件编制　　D. 面积计算

51. 根据《数字测绘成果质量检查与验收》，单位成果质量最终检查合格率达到(　　)以上，才能进行验收。

A. 70%　　B. 80%

C. 90%　　D. 100%

52. 根据《建立相对独立的平面坐标系统管理办法》，城市确需建立相对独立的平面坐标系统的，由申请单位向(　　)提交申请材料。

A. 省级自然资源主管部门　　B. 该城市人民政府

C. 该城市自然资源主管部门　　D. 国务院自然资源主管部门

53. 根据《公开地图内容表示规范》，下列说法中，不正确的是(　　)。

A. 香港特别行政区、澳门特别行政区在地图上应按省级行政单位表示

B. 表现地为我国境内的地图不得表示对社会公众开放的卫星导航定位基准站

C. 台湾地区地图的图幅范围，应当绘出钓鱼岛和赤尾屿

D. 表现地为我国境内的遥感影像，地面分辨率不得优于 0.1m

54. 根据《基础地理信息数据档案管理与保护规范》，当数据档案管理单位同时认可磁带和光盘作为归档介质时，同一项目所采用的光盘数大于(　　)片时，应当磁带为载体归档。

A. 4　　B. 6

C. 8　　D. 10

55. 永久性测量标志的建设单位应当对永久性测量标志设立明显标记，并委托当地有关单位(　　)。

A. 指派专人负责保管　　B. 派人保管，无须专人负责

C. 不定期保管　　D. 派人轮流保管

56. 根据《测绘资质分类分级标准》，下列专业类别中，属于测绘相关专业的是(　　)。

A. 地理　　B. 地图制图

C. 地理信息　　D. 地籍测绘

57. 测绘单位的(　　)负责质量方针、质量目标的贯彻实施。

A. 法定代表人　　B. 质量管理机构及质量检查人员

C. 行政领导及质量主管负责人　　D. 测绘生产人员

58. 根据《基础测绘条例》，下列关于基础测绘项目承担单位的义务，说法错误的是(　　)。

A. 具备相应的测绘资质和条件

B. 对基础测绘成果质量负责

C. 具备健全的保密制度和完善的保密设施

D. 定期更新基础测绘成果

59. 根据《测绘成果质量监督抽查管理办法》，对非本行政区域内测绘单位的质量监督抽查结果，应当抄告(　　)。

A. 测绘资质审批和注册机关　　B. 单位所在地自然资源主管部门

C. 单位所在地技术监督行政部门　　D. 国务院自然资源主管部门

60. 根据《关于切实做好国家基础测绘项目成果档案归档工作的通知》，基础测绘项目验收时，应由(　　)对项目成果档案的完整性、系统性、准确性进行检验。

A. 项目验收单位　　B. 生产委托方

C. 测绘成果保管单位　　D. 测绘产品质量监督检验机构

61. 根据《关于切实做好国家基础测绘项目成果档案归档工作的通知》，下列关于基础测绘项目电子文件归档范围与要求，说法错误的是(　　)。

A. 项目成果包括重要阶段成果和最终成果

B. 归档的电子文件须采取加密措施

C. 不得将归档的若干文件打包在一起

D. 同项目同类型子项目的数据格式应一致

62. 根据《中华人民共和国行政许可法》(以下简称《行政许可法》)，下列方式中，不能作为申请行政许可提出的方式的是(　　)。

A. 信函　　B. 传真

C. 口头　　D. 电子邮件

63. 根据《测绘成果管理条例》，重要地理信息数据公布时，应当注明(　　)。

A. 批准机关　　B. 审核、公布部门

C. 公布时间　　D. 公布范围及用途

64. 在合同条件下或第三方认证的情况下，可以作为质量管理体系的证实文件和认证的依据的是(　　)。

A. 质量方针　　B. 质量手册

C. 程序文件　　D. 作业文件

65. 根据《中华人民共和国民法典》(以下简称《民法典》)，在合同成立时，采用数据电文形式订立合同的，合同的成立地点为(　　)。

A. 承诺生效的地点　　B. 经常居住地

C. 收件人的主营业地　　D. 合同签订地

66. 根据《外国的组织或者个人来华测绘管理暂行办法》，未经依法批准将测绘成果携带或者传输出境的，由国务院自然资源主管部门处(　　)万元以下罚款。

A. 3　　B. 5

C. 7　　D. 9

67. 在中华人民共和国境内进行下列工程建设项目包括项目的勘察、设计、施工、监理以及与工程建设有关的重要设备、材料等的采购，必须进行招标，项目的具体范围和规模标准由(　　)制定，报国务院批准。

A. 国务院自然资源主管部门会同国务院有关部门

B. 国务院发展计划部门会同国务院有关部门

C. 国务院工商管理部门会同国务院有关部门

D. 国务院自然资源主管部门会同国务院发展计划部门

68. 采用联合体进行招标投标时，联合体各方均应当具备承担招标项目的相应能力，由同一专业的单位组成的联合体，单位的资质等级应以(　　)的为准。

A. 较高　　B. 较低

C. 符合招标范围的任意一方　　D. 联合体共同的资质

69. 县级以上地方人民政府计量行政部门根据本地区的需要，建立社会公用计量标准器具，经(　　)主持考核合格后使用。

A. 上级人民政府计量行政部门

B. 省、自治区、直辖市人民政府有关主管部门

C. 县级人民政府计量行政部门

D. 国家法定计量单位

70. 某乙级测绘资质仅具备测绘航空摄影专业倾斜航摄业务，该单位项目总监李工负责有关投标工作。下列项目中，该单位可以参与投标的是(　　)。

A. 广东省珠江口区域 $200km^2$ 的海岸地形测量项目

B. 粤赣高速沿线倾斜摄影服务采购项目

C. 焦作市北部山区倾斜摄影服务采购项目

D. 日照市岚山区农村“房地一体”权籍调查采购项目

71. 根据《不动产登记暂行条例》，不动产登记簿应当采用(　　)介质。

A. 电子　　B. 纸质

C. 光盘　　D. 磁盘

72. 某公司申请乙级测绘资质，根据《测绘资质管理办法》，该申请由(　　)审批。

A. 国家自然资源主管部门　　B. 所在地省级自然资源主管部门

C. 所在地市级自然资源主管部门　　D. 县级自然资源主管部门

73. 根据《测绘地理信息行业信用管理办法》，未按要求报送测绘资质年度报告，计入单位的(　　)信息。

A. 基本　　B. 严重失信

C. 一般失信　　D. 轻微失信

74. 根据《基础地理信息城市数据库建设规范》，数据库的数据由基本数据和扩展数据组成，下列数据属于扩展数据的是(　　)。

A. 水系数据　　B. 管线数据

C. 地貌数据　　D. 地籍数据

75. 根据《基础地理信息标准数据基本规定》，数据认定时，申请认定的数据生产单位无须提供的资料是(　　)。

A. 测绘资质证明文件

B. 数据生产设计书

C. 经注册测绘师签字认可的证明文件

D. 数据生产技术总结报告书

76. 没有国家标准而又需要在全国某个行业范围内统一的技术要求，可以制定行业标准。行业标准的制定部门为(　　)。

A. 国务院有关行政主管部门　　B. 工商行政部门

C. 社会团体　　D. 行业协会

77. 根据《测量标志保护条例》，负责永久性测量标志重建工作的部门或单位是(　　)。

A. 损毁测量标志的单位　　B. 标志所在地自然资源主管部门

C. 收取测量标志拆迁费用的部门　　D. 标志所在地县级人民政府

78. 根据《测绘成果质量监督抽查与数据认定规定》，下列内容，不属于基础地理信息标准数据认定内容的是(　　)。

A. 数据内容正确性　　B. 生产过程符合性

C. 数据基础符合性　　D. 生产单位合法性

79. 根据《基础地理信息公开表示内容的规定(试行)》，下列基础地理信息及相关要素中，可以公开表示的是(　　)。

A. 防波堤堤顶高度　　B. 北回归线标志塔详细坐标

C. 水文观测信息　　D. 国道最小曲率半径

80. 根据《质量管理体系　要求》，管理评审的输入信息不包含的是(　　)。

A. 审核结果　　B. 顾客反馈

C. 资源需求　　D. 纠正措施的状况

二、多项选择题(每题 2 分。每题的备选选项中，有 2 个或 2 个以上符合题意，至少有 1 个是错项。错选，本题不得分；少选，所选的每个选项得 0.5 分)

81. 根据《建立相对独立的平面坐标系统管理办法》，建立相对独立的平面坐标系统，申请表格中拟建坐标系统情况的内容主要有(　　)。

A. 中央子午线　　B. 投影面高程

C. 坐标原点设置　　D. 测绘资质等级

E. 主要技术负责人

82. 根据《基础测绘计划管理办法》，基础测绘规划的规划期应根据(　　)等因素进行综合考虑。

A. 基础测绘工作实际特点　　B. 经济建设

C. 生产力发展水平　　D. 社会发展

E. 国防建设

83. 测绘成果具有专业性、系统性、物质表现性、科学性和创造性，同时具备了作品具有的著作权的基本要素。下列专业的测绘成果，具有著作权特征的是(　　)。

A. 大地测量　　B. 航空摄影测量与遥感

C. 工程测量　　D. 海洋测绘

E. 房产测绘

84. 根据《测绘地理信息管理工作国家秘密范围的规定》，下列测绘成果的密级等级应定为机密的有(　　)。

A. 地物高度相对量测精度优于(含)5%的三维模型

B. 精度为5″的垂线偏差成果　　C. 精度为 6mGal 的重力异常成果

D. 1∶5 万国家基本比例尺地形图　　E. 基准站网观测数据

85. 下列原则中，属于测绘成果汇交原则的是(　　)。

A. 依法汇交　　B. 定期汇交

C. 有偿汇交　　D. 无偿汇交

E. 不得向第三方提供

86. 根据《对外提供涉密测绘成果管理办法》，下列情况中，申请使用国家秘密的成果不予以批准的情形有(　　)。

A. 对外提供的测绘成果资料妨碍国家安全的

B. 非涉密的测绘成果资料能够满足需要的

C. 申请材料残缺不全的

D. 申请材料虚假的

E. 申请人员身份不明确

87. 我国测绘成果的产权保护主要体现在(　　)。

A. 测绘成果作品著作权登记　　B. 成果显著位置标明版权所有者

C. 地图版权页载明地图作者　　D. 申请测绘知识产权许可

E. 使用协议明确产权归属

88. 下列比例尺的基础地理信息标准数据，若以图幅为单元，应按《国家基本比例尺地形图分幅和编号》规范规定执行的是(　　)。

A. 1∶1 000　　B. 1∶2 000

C. 1∶5 000　　D. 1∶10 000

E. 1∶50 000

89. 根据《测绘作业人员安全规范》，外业测绘人员在沼泽地区进行测绘时，需要配备的器具有(　　)。

A. 导航定位仪器　　B. 睡袋

C. 绳索　　D. 木板

E. 长约 1.5m 的探测棒

90. 根据《测绘作业人员安全规范》，在高海拔区域一旦发生(　　)等疾病时，应立即采取有效的救助措施，及时撤离高原地区送治。

A. 皮肤溃烂　　B. 高原反应

C. 感冒　　D. 紫外线灼伤

E. 冻伤

91. 根据《测绘地理信息业务档案管理规定》，下列关于地理国情普查(监测)的相关资料中，保管期限为永久期限的是(　　)。

A. 原始遥感数据　　B. 遥感解译样本数据

C. 外业工作底图　　D. 重要地理国情要素

E. 内业整理的监测(普查)数据

92. 根据《测绘资质分类分级标准》，不动产测绘专业的专业范围内容分为(　　)。

A. 地籍测绘　　B. 房产测绘

C. 行政区域界线测绘　　D. 地理国情普查

E. 不动产测绘监理

93. 根据《地图审核管理规定》，下列关于地图审图号的说法中，正确的有(　　)。

A. 经审核批准的地图，申请人应当在地图的适当位置显著标注审图号

B. 属于出版物的，应当在版权页标注审图号

C. 属于互联网地图服务的，应当在地图页面右下角标注审图号

D. 审图号到期，应当重新送审

E. 没有版权页的，应当在扉页标注审图号

94. 根据《测绘资质分类分级标准》，下列关于申请测绘资质单位提交资料的说法中，错误的是(　　)。

A. 申请单位应提交相应材料原件扫描件

B. 退休的专业技术人员的应提交其身份证及依法缴纳社会保险的材料

C. 符合专业标准规定的专业技术人员应提交劳务合同

D. 符合专业标准规定的技术装备的，应提交其使用权材料

E. 申请甲级测绘资质的，应当提供符合专业标准规定的测绘项目材料

95. 根据《测绘成果质量检查与验收》，下列情形中，批成果质量判定为批不合格的是(　　)。

A. 质量子元素得分小于 60 分　　B. 生产过程中使用检定不合格测量仪器

C. 详查和概查未同时合格　　D. 技术路线存在重大差异

E. 单位成果相对位置粗差比例为 10%

96. 根据《测绘成果质量检查与验收》，管线测绘成果“管线图质量”元素的检查子元素包含的内容有(　　)。

A. 数学精度　　B. 地理精度

C. 整饰质量　　D. 资料质量

E. 附件质量

97. 根据《测绘技术总结编写规定》，下列内容中，属于上交测绘成果归档资料及其清单的有(　　)。

A. 项目需求规格说明书　　B. 专业技术总结

C. 专业技术设计文件　　D. 检查报告

E. 测绘成果验收报告

98. 根据《测绘技术设计规定》，基础地理信息数据建库设计，数据库逻辑设计的方案内容应包括(　　)。

A. 空间定位参考　　B. 要素分类与代码

C. 数据安全控制技术　　D. 数据库类型

E. 数据库系统构成

99. 根据《测绘生产困难类别细则》，不能计算出更新修测工作量比例时，计算地形图更新修测工日定额所采用的地形图更新修测工日定额比率表的地形类别分为(　　)。

A. 城镇地区　　B. 水网地区

C. 一般地区　　D. 工矿区

E. 困难地区

100. 根据《基础地理信息数据档案管理与保护规范》，基础地理信息数据档案建(归)档检验项目主要有(　　)。

A. 数据成果　　B. 影像产品

C. 相关软件　　D. 文档材料

E. 目录数据

"测绘管理与法律法规"仿真试卷二

一、单项选择题(每题1分，每题的备选选项中，只有1个符合题意)

1. 我国对从事测绘活动的专业技术人员，实行(　　)制度，纳入全国专业技术人员职业资格证书制度统一规划。

A. 资格准入　　B. 职业准入

C. 执业准入　　D. 资质准入

2. 根据《测绘资质分类分级标准》，从事(　　)专业的技术人员属于测绘专业技术人员。

A. 土地规划　　B. 工程勘察

C. 印刷　　D. 土地管理

3. 根据《测绘资质分类分级标准》，取得大地测量专业乙级测绘资质证书的单位，不可以从事的业务是(　　)。

A. 三等水准测量　　B. 基线测量

C. 大地测量数据处理　　D. 专业重力测量

4. 根据《公开地图内容表示规范》，对于归属不明的岛屿，应当(　　)。

A. 明确其归属　　B. 作陆域设色

C. 留红色　　D. 不予表示

5. 根据《测绘资质管理办法》，测绘资质单位有下列情形的，应当依法吊销测绘资质证书的是(　　)。

A. 涂改、倒卖、出租、出借或者以其他形式转让测绘资质证书的

B. 以欺骗手段取得测绘资质证书从事测绘活动的

C. 测绘资质单位在从事测绘活动中，因泄露国家秘密被国家安全机关查处的

D. 承担国家投资的测绘项目，且经暂扣测绘资质证书3个月仍不汇交测绘成果资料的

6. 下列关于行政许可的设定，说法错误的是(　　)。

A. 根据《行政许可法》，法律可以设定行政许可；尚未制定法律的，行政法规可以设定行政许可

B. 必要时，国务院可以采取公告的形式设定行政许可

C. 尚未制定法律、行政法规的，地方性法规也可以设定行政许可

D. 确需立即实施行政许可的，省、自治区、直辖市人民政府规章可以设定临时性的行政

许可

7. 根据《测绘生产质量管理规定》，下列职责中，属于质量主管负责人职责的是(　　)。

A. 编制年度质量计划

B. 负责质量方针与质量目标的贯彻实施

C. 确定质量方针与质量目标

D. 签发质量手册

8. 设置基础性测量标志的，还应当设立由(　　)统一监制的专门标牌。

A. 县级自然资源主管部门　　B. 市级自然资源主管部门

C. 省级自然资源主管部门　　D. 国务院自然资源主管部门

9. 根据《测绘资质分类分级标准》，下列关于技术和质量保证体系要求的说法，错误的是(　　)。

A. 建立健全技术管理制度，明确项目需求、技术处理和技术总结等要求。其中简单、日常性的测绘项目可以制定《简易作业设计书》

B. 建立健全质量检查管理制度，明确过程检查、最终检查、质量评定、检查记录和检查报告等要求

C. 建立健全人员培训与岗位管理制度，明确岗位职责、岗前培训考核、继续教育等要求

D. 建立健全测绘仪器设备检定、校准管理制度，明确测绘仪器设备的检定、校准、日常管理等要求

10. 根据《不动产登记暂行条例》，不动产登记簿应由不动产登记机构(　　)。

A. 短期保存　　B. 永久保存

C. 长期保存　　D. 定期保存

11. 下列合同订立情形中，不属于《民法典》规定的合同无效情形的是(　　)。

A. 违反法律、行政法规的强制性规定

B. 以合同形式掩盖非法目的的

C. 订立合同显失公平的

D. 损害公共利益

12. 公开招标和邀请招标程序上的需要差异表现为(　　)。

A. 是否进行资格预审　　B. 是否组织现场考察

C. 是否解答招标单位的质疑　　D. 是否公开开标

13. 进入保密单位、军事禁区和法律法规规定的需要特殊审批的区域进行测绘活动时，除了持测绘作业证以外，还应当按照规定持(　　)的批准文件。

A. 当地测绘行政管理部门　　B. 有关部门

C. 当地人民政府　　D. 军事部门

14. 根据《地图审核管理规定》，下列地图中，不属于由国务院自然资源主管部门负责审查的是(　　)。

A. 历史地图　　B. 世界地图

C. 台湾地区地图　　D. 北京市行政区域地图

15. 根据《自然资源领域数据安全管理办法》，数据处理者在全数据生命周期中应记录数据处理、权限管理、人员操作等日志，并采用商业保密软件保护数据的完整性。涉及重要数据安全事件处置、溯源的，相关日志保存周期至少(　　)年。

A. 1　　B. 2

C. 3　　D. 4

16. 根据《国家永久性测量标志拆迁审批程序规定》，下列永久性测量标志经批准可以申请拆迁的是(　　)。

A. 国家大地原点　　B. 国家水准原点

C. 国家基本重力点　　D. 全球定位系统连续运行基准站

17. 根据相关规定，涉密人员离岗离职实行脱密期管理，核心涉密人员脱密期最短时间为(　　)。

A. 1 年　　B. 2 年

C. 6 个月　　D. 3 年

18. 根据《涉密基础测绘成果提供使用管理办法》，申请人使用目的或项目完成后，应当在(　　)个月内将所领取的涉密基础测绘成果送至保密行政管理部门设立的销毁工作机构或指定的单位销毁。

A. 1　　B. 2

C. 3　　D. 6

19. 企业产品标准应在发布后(　　)日内向政府备案。

A. 15　　B. 30

C. 45　　D. 60

20. 测绘计量检定人员须经(　　)考核认证，取得计量检定员证，方可从事测绘计量检定工作。

A. 省级以上自然资源主管部门　　B. 省级自然资源主管部门

C. 国务院自然资源主管部门　　D. 县级以上自然资源主管部门

21. 根据《测绘法》，中华人民共和国国界线的测绘，按照中华人民共和国与相邻国家缔结的边界条约或者协定执行，由(　　)组织实施。

A. 外交部

B. 国防部会同外交部

C. 外交部和国务院自然资源主管部门

D. 民政部和军队测绘部门

22. 根据《测绘地理信息管理工作国家秘密范围的规定》，涉及与军事、国家安全相关的国民经济重要设施精度优于(含)(　　)m 的点位坐标及其名称属性定为秘密级测绘成果。

A. 10　　B. 15

B. 20　　D. 50

23. 根据质量评分方法中的数学精度评分标准，允许中误差的绝对值为 1，成果中误差的绝对值为 0.75，则其质量分数为(　　)。

A. 60　　B. 75

C. 90　　D. 100

24. 下列内容中，不属于测绘项目成本预算方式依据的是(　　)。

A. 单位的机构组织模式　　B. 测绘产品价格

C. 分配机制　　D. 相关的会计制度

25. 下列评审方式中，不属于合同评审的方式的是(　　)。

A. 授权审批　　B. 会签

C. 会议评审　　D. 专家评审

26. 根据《测绘地理信息业务档案管理规定》，下列档案资料保管期限为 10 年的是(　　)。

A. 数字栅格图(DRG)接合图　　B. DOM 元数据、成果

C. 特征点、线数据集　　D. 似大地水准面处理软件及操作手册

27. 根据《测绘生产质量管理规定》，下列机构中，负责测绘成果质量最终检查的是(　　)。

A. 委托单位　　B. 质量检查机构

C. 质量主管负责人　　D. 质量监督检验机构

28. 对于乙方提供的图纸等资料以及属于乙方的测绘成果，甲方有义务保密，不得向第三人提供或用于本合同以外的项目，否则乙方有权要求甲方按本合同工程款总额的(　　)赔偿损失。

A. 10%　　B. 20%

C. 30%　　D. 40%

29. 乙方擅自转包本合同标的的，甲方有权解除合同，并可要求乙方偿付预算工程费(　　)的违约金。

A. 10%　　B. 20%

C. 30%　　D. 40%

30. 根据《基础地理信息数据档案管理与保护规范》，应定期对磁带机进行清洗。如果每天都有磁带操作，应至少每(　　)清洗一次磁带机。

A. 一周　　B. 10 日

C. 两周　　D. 一个月

31. 外国的组织或者个人来华测绘申请一次性测绘的，应当提交申请材料一式(　　)。

A. 两份　　B. 三份

C. 四份　　D. 五份

32. 根据《测绘资质分类分级标准》，工程测量专业共设有(　　)个专业子项。

A. 9　　B. 10

C. 11　　D. 12

33. 根据《基础地理信息数据档案管理与保护规范》，磁带与磁场源(永久磁铁、马达、变压器等)之间的距离不得小于(　　)。

A. 36mm　　B. 56mm

C. 76mm　　D. 96mm

34. 根据《对外提供我国涉密测绘成果审批程序规定》，某县人民政府需要对外提供属于国家秘密的测绘成果，不需要提交的申请材料是(　　)。

A. 对外提供我国涉密测绘成果申请表

B. 企业法人营业执照

C. 外方身份证明文件

D. 申请人与外方签订的合同

35. 根据《遥感影像公开使用管理规定(试行)》，公开使用的遥感影像空间位置精度不得高于(　　)m。

A. 30　　B. 40

C. 50　　D. 60

36. 地理信息系统专业技术设计书系统设计的主要内容不包含的是(　　)。

A. 系统总体设计　　B. 系统功能设计

C. 数据库设计　　D. 系统安全设计

37.《测绘成果质量检查与验收》规定，成果质量错漏扣分标准的错漏类型共分(　　)类。

A. 2　　B. 3

C. 4　　D. 5

38. 测绘项目的实施目标是对测绘生产过程进行有效控制，其主要内容不包含的是(　　)。

A. 进度控制　　B. 人力资源控制

C. 资金预算控制　　D. 质量控制

39. 下列内容中，不属于影响生产进度完成计划因素的是(　　)。

A. 资金的保障情况　　B. 测区内的作业条件

C. 作业人员的流动　　D. 项目委托方设计要求的变更

40. 下列关于注册测绘师应履行的义务的说法中，错误的是(　　)。

A. 应当履行岗位职责，保证执业活动成果质量，并承担相应责任

B. 同时可以受聘于两个测绘单位执业

C. 不准他人以本人名义执业

D. 应当更新专业知识，提高专业技术水平

41.《测绘成果质量检查与验收》规定，下列不属于成果质量检查验收依据的是(　　)。

A. 有关法律法规　　B. 相关国家标准、行业规范

C. 测绘总结报告　　D. 测绘任务书

42. 下列关于仪器设备的管理制度说法错误的是(　　)。

A. 仪器设备必须建立技术档案，其内容包括仪器规格、性能、附件、精度鉴定、损伤记录、修理记录及移交验收记录等

B. 仪器设备的借用、转借、调拨、大修、报废等应有一定的审批手续

C. 外业使用的仪器，必须由专人管理、使用维护、保养、使用等情况，及时解决有关问题

D. 仪器入库必须有严格的检查和登记制度，出库不必检查

43. 下列内容中，不属于最高管理者职责权限的是(　　)。

A. 应建立质量方针、质量目标

B. 确保关注顾客的要求，调动广大员工的积极性

C. 确定适宜的过程，获得必要的资源

D. 应确保质量管理体系所需的过程得到建立、实施和保持

44. 数学精度采用分段直线内插的方法计算质量分数；采用多项数学精度评分时，单项数学精度得分均大于(　　)分时，取其算术平均值或加权平均。

A. 60　　B. 70

C. 80　　D. 90

45. 下列内容中，不属于合同评审的内容范围的是(　　)。

A. 法规要求和质量技术要求

B. 人员资源保障和设备保障要求

C. 成果(或产品)交付期限、价款和结算方式

D. 发包单位资质情况

46. 下列条件中，不属于合同变更的条件的是(　　)。

A. 原测绘合同关系的有效存在

B. 当事人双方协商一致，不损害国家及社会利益

C. 合同要素内容发生变更

D. 须遵循法定形式

47. 根据《地图审核管理规定》，下列地图中，申请地图审核时，测绘单位提交资料可以不提交测绘资质证书的是(　　)。

A. 历史地图　　B. 示意性世界地图

C. 时事宣传地图　　D. 某县级市行政地图

48. 基础测绘规划的规划期应当根据基础测绘工作的实际特点和经济建设、社会发展以及国防建设的实际需要确定，一般至少为(　　)年，保持与国家国民经济和社会发展总体规划相衔接。

A. 3　　B. 5

C. 7　　D. 9

49. 下列关于测绘作业证的说法中，错误的是(　　)。

A. 每次注册核准有效期为 3 年

B. 由省、自治区、直辖市自然资源主管部门审核发放

C. 仅限在本省、自治区、直辖市区域内使用

D. 测绘人员从事测绘活动应当持有测绘作业证

50. 根据《民法典》，下列情形的合同，属于有效合同的是(　　)。

A. 损害社会公共利益的　　B. 限制民事行为能力人订立的纯获利益的

C. 以合法形式掩盖非法目的的　　D. 以胁迫手段强制订立的

51. 根据《测绘成果管理条例》，测绘项目出资人或者承担国家投资的测绘项目的单位应当自测绘项目验收完成之日起(　　)内，向测绘行政主管部门汇交测绘成果副本或者目录。

A. 1 个月　　B. 3 个月

C. 5 个月　　D. 7 个月

52. 根据《民法典》，当事人一方违约后，对方应当采取适当措施防止损失的扩大；没有采取适当措施致使损失扩大的，(　　)。

A. 不得就扩大的损失要求赔偿　　B. 可以就扩大的损失要求赔偿

C. 双方可适当商议赔偿款　　D. 有相关部门进行核查，作出判定

53. 根据《基础测绘条例》，基础测绘应急保障预案的内容不包括的是(　　)。

A. 应急保障组织体系　　B. 应急装备和器材配备

C. 应急响应　　D. 地理信息数据的应急测制和更新

54. 根据质量评分方法中的数学精度评分标准，同精度检测时，允许中误差的绝对值为 0.5，检测中误差为 0.3，则规范或相应技术文件要求的成果中误差应为(　　)。

A. 0.2　　B. 0.3

C. 0.4　　D. 0.5

55. 根据《测绘成果质量检查与验收》，用简单随机抽样，当批量为 560 时，应该选取的样本量为(　　)。

A. 24　　B. 30

C. 40　　D. 56

56. 根据《测绘技术设计规定》，项目设计中设计方案必须包括的内容有(　　)。

A. 已有资料情况　　B. 质量保证措施和要求

C. 引用技术标准　　D. 成果指标和规格

57. 根据《涉密基础测绘成果提供使用管理办法》，申请人隐瞒有关情况或提供虚假信息申请提供使用涉密基础测绘成果的，(　　)月内再次申请使用涉密基础测绘成果，审批机关可不予受理。

A. 4　　B. 5

C. 6　　D. 12

58. 根据卫星导航定位基准站数据密级划分，军事禁区内的基准站坐标、基准站网观测数据属于(　　)数据。

A. 机密级　　B. 秘密级

C. 绝密级　　D. 保密级

59. 通过(　　)可以完善作业流程与检查流程，加强过程检查的质量控制，保证各生产过程均处于受控状态，为后续项目的大规模展开提供可靠的生产、技术流程与质量控制的依据。

A. 试生产试验　　B. 工序成果质量控制
C. 二级检查　　D. 一级验收

60. 根据《测绘技术总结编写规定》，测绘技术总结编写的主要依据不包括的是(　　)。
A. 测绘任务书或合同的有关要求　　B. 顾客书面要求或口头要求的记录
C. 市场的需求或期望　　D. 成果质量验收报告

61. 根据《国家测绘局关于进一步加强涉密测绘成果行政审批与使用管理工作的通知》，各级测绘行政主管部门要严格督促涉密测绘成果使用单位在使用目的或项目完成后的(　　)个月内，销毁申请使用的涉密测绘成果。
A. 3　　B. 4
C. 5　　D. 6

62. 根据《不动产登记暂行条例》，国务院批准项目用海、用岛，中央国家机关使用的国有土地等不动产登记，由(　　)规定。
A. 国务院自然资源主管部门
B. 国务院自然资源主管部门会同有关部门
C. 国务院自然资源主管部门会同军事部门
D. 省级以上自然资源主管部门

63. 合同的权利和义务，除法律规定的以外，主要由(　　)确定。
A. 合同的条款　　B. 双方口头说明
C. 双方的意愿　　D. 私下协议

64. 根据《测绘成果质量监督抽查管理办法》，下列内容中，不属于自然资源主管部门组织实施质量监督抽查时应当实施的工作是(　　)。
A. 制定工作方案　　B. 开具通知单
C. 发布公告　　D. 召开首次会

65. 建议人为地方人民政府的，在建议审核公布重要地理信息数据时，不必向国务院自然资源主管部门提交的书面材料是(　　)。
A. 重要地理信息数据的详细数据成果资料
B. 重要地理信息数据获取的技术方案
C. 重要地理信息数据验收评估的有关资料
D. 建议人的基本情况

66. 根据《测绘作业人员安全规范》，测绘作业人员在野外水上作业时，说法错误的是(　　)。
A. 租用的船只必须满足平稳性、安全性要求，并具有营业许可证
B. 作业人员应穿救生衣，避免单人上船作业
C. 水上作业行船必须听从测绘人员指挥
D. 海岛、海边作业时，应注意涨落潮时间，避免发生事故

67. 根据《测绘技术设计规定》，下列内容中，不属于设计评审的重要内容和要求的

是(　　)。
A. 评审依据　　B. 评审目的
C. 参加评审人员　　D. 评审条件

68. 根据《测量标志保护条例》，下列行为属于有损测量标志安全和使测量标志失去使用效能的是(　　)。
A. 在建筑物上建设永久性测量标志
B. 距离永久性标志 50m 内射击
C. 在测量标志占地范围内照相留影
D. 距离永久性标志 100m 架设高压电线

69. 根据《测绘市场管理暂行办法》，测绘市场活动应遵循的原则不包含的是(　　)。
A. 平等互利　　B. 协商一致
C. 诚实守信　　D. 自愿平等

70. 根据《测绘作业人员安全规范》，测绘人员在人、车流量大的街道上作业时，下列做法中，错误的是(　　)。
A. 现场作业区设置安全警示标志牌
B. 现场作业人员佩戴安全防护带和防护帽
C. 穿着色彩醒目的安全警示反光马甲
D. 必要时安排专人担任安全警戒员

71. 根据《测绘标准体系》，下列不属于测绘标准分类的是(　　)。
A. 定义与描述类　　B. 获取处理类
C. 技术程序类　　D. 管理类

72. 根据《测绘资质分类分级标准》，不属于不动产测绘专业子项的是(　　)。
A. 地籍测绘　　B. 行政区域界线测绘
C. 房产测绘　　D. 工程测量

73. 根据《测绘生产成本费用定额》，县界以下境界的定额按省、市、县界定额的(　　)计算。
A. 45%　　B. 50%
C. 55%　　D. 60%

74. 根据《招标投标法》，投标人的下列投标行为中，做法正确的是(　　)。
A. 相互串通投标报价
B. 投标人以低于成本的报价竞标
C. 以他人名义投标
D. 法人联合体以一个投标人的身份共同投标

75. 某幅数字地形图测绘成果质量元素包括：数学精度、数据及结构正确性、地理精度、整饰精度、附件质量等质量元素，权值分别为 0.2、0.2、0.3、0.2 和 0.1。其中：数学精度质量子元素权值分别为 0.2、0.4 和 0.4，在最终检查其成果正确性中，其数学精度[数学基础(权值

0.2)得分为100分、平面精度(权值0.4)得分为75分、高程精度(权值0.4)得分为85分]，数据及结构正确性(权值0.2)得分为95分，地理精度(权值0.3)得分为75分，整饰精度(权值0.2)得分为85分，附件质量(权值0.1)得分为90分，则成果正确性质量元素赋权后得分为(　　)。

A. 151.5　　B. 84.3

C. 67.5　　D. 84

76. 根据《测绘成果质量检查与验收》，下列内容中，不属于测绘产品验收工作程序的是(　　)。

A. 组成批成果，确定样本量　　B. 作业过程检查

C. 批成果质量评定　　D. 编制检验报告

77. 下列内容中，属于ISO 9001质量管理体系标准的质量管理原则的是(　　)。

A. 系统协调原则　　B. 整体优化原则

C. 全员参与原则　　D. 操作实施和证实检查原则

78. 下列内容中，不属于质量管理体系认证的基本原则的是(　　)。

A. 独立性　　B. 科学性

C. 公正性　　D. 时效性

79. 根据《质量管理体系　要求》，下列内容中，不属于质量手册必要组成部分的是(　　)。

A. 质量管理体系的范围

B. 质量认证材料

C. 为质量管理体系编制的形成文件的程序或对其引用

D. 质量管理体系过程之间的相互作用的表述

80. 根据《测绘法》，未经批准擅自建立相对独立的平面坐标系统，最高可以处罚(　　)万元以下的罚款。

A. 20　　B. 30

C. 40　　D. 50

二、多项选择题(每题2分。每题的备选选项中，有2个或2个以上符合题意，至少有1个是错项。错选，本题不得分；少选，所选的每个选项得0.5分)

81. 根据《测绘技术总结编写规定》，专业技术总结上交的测绘成果和资料主要有(　　)。

A. 专业技术设计文件　　B. 专业技术总结

C. 作业过程中形成的重要记录　　D. 设计输入文件

E. 作业规范技术依据

82. 根据《基础地理信息数据档案管理与保护规范》，下列关于基础地理信息数据管理的说法错误的是(　　)。

A. 归档的数据成果和相关软件不允许压缩加密

B. 基础地理信息数据严禁采用非通用格式

C. 归档材料的完整性和准确性由单位项目负责人总负责

D. 数据说明文件应与基础地理信息数据成果存放在同一载体上

E. 档案形成单位和接收单位须对归档材料进行检验，并填写基础地理信息数据建(归)档检验登记表，一式两份，双方各持一份

83. 根据《基础地理信息数据档案管理与保护规范》，对归档材料进行检验时，对目录数据的检验内容包括(　　)。

A. 目录数据项完整性　　B. 目录数据项正确性

C. 目录数据项一致性　　D. 数据有效性

E. 病毒

84. 下列关于外国的组织或者个人超出一次性测绘批准文件的内容从事测绘活动的法律责任的说法中，正确的有(　　)。

A. 撤销批准文件，责令停止测绘活动

B. 责令限期离境

C. 对中方负有直接责任的主管人员和其他直接责任人员，依法给予行政处分

D. 构成犯罪的，依法追究刑事责任

E. 对形成的测绘成果依法予以收缴

85. 外国的组织或者个人来华测绘，合资、合作测绘不得从事(　　)活动。

A. 测绘航空摄影　　B. 真三维地图的编制

C. 省级及以下政区地图的编制　　D. 地方性教学地图的编制

E. 线路、水利工程测量

86. 根据《中华人民共和国保守国家秘密法》(以下简称《保守国家秘密法》)，下列内容中，应当确定为国家秘密的是(　　)。

A. 外交和外事活动中的秘密事项以及对外承担保密义务的秘密事项

B. 国民经济和社会发展中的秘密事项

C. 财政预算的秘密事项

D. 科学技术中的秘密事项

E. 维护国家安全活动和追查刑事犯罪中的秘密事项

87. 根据《基础测绘条例》，确定基础测绘成果更新周期的因素主要有(　　)。

A. 国民经济和社会发展对基础地理信息的需求

B. 测绘科学技术水平和测绘生产能力

C. 基础测绘年度计划和财政预算

D. 基础地理信息变化情况

E. 国家基础测绘规划

88. 县级以上人民政府其他有关部门和单位可通过(　　)等信息交流方式，来提高基础测绘成果的现势性。

A. 建立计划交换　　B. 成果通报
C. 目录汇总　　D. 签订共建共享协议
E. 签订项目合作协议

89. 测绘成果产权的财产权主要包括对测绘成果的(　　)。
A. 发布权　　B. 所有权
C. 持有权　　D. 转让权
E. 修改权

90. 外国的组织或者个人来华测绘应当遵循的基本原则有(　　)。
A. 必须遵守中华人民共和国的法律、法规和国家有关规定
B. 必须依法经国务院自然资源主管部门批准
C. 必须与中华人民共和国的有关部门和单位共同进行
D. 不得涉及中华人民共和国的国家秘密
E. 不得危害中华人民共和国的国家安全

91. 根据《测绘技术设计规定》，设计策划的内容主要有(　　)。
A. 设计的主要阶段
B. 设计评审、验证(必要时)和审批活动
C. 设计过程中职责和权限的规定
D. 各设计小组之间的接口
E. 适用的国际、国家或行业技术标准

92. 测绘合同变更的条件有(　　)。
A. 原测绘合同关系的有效存在
B. 当事人双方协商一致，不损害国家及社会公共利益
C. 合同主体双方发生变更
D. 合同变更要及时进行书面确认和必要的备案
E. 变更的合同必须遵循国家法律

93. 当事人订立合同，有书面形式、口头形式和其他形式，下列选项中属于书面形式的是(　　)。
A. 合同书　　B. 信件
C. 电子邮件　　D. 电子数据交换
E. 扫描件

94. 根据《测绘成果质量检查与验收》，下列水准测量成果错漏中，属于 A 类的有(　　)。
A. 高程系统错　　B. 点位密度不合理
C. 缺主要成果资料　　D. 上交资料缺项
E. 中误差超限

95. 我国测绘成果的产权保护主要体现在(　　)。
A. 在成果的显著位置标明版权所有者

B. 在图书扉页载明出版单位名称
C. 在地图版权页载明地图作者
D. 在使用协议上明确产权归属
E. 在互联网上刊登并以公告形式公布

96. 根据《公开地图内容表示规范》，下列内容的属性，属于公开地图不得表示的有(　　)。
A. 重要桥梁的限高　　B. 重要隧道的长度属性
C. 江河的通航能力　　D. 水库的库容属性
E. 管道的属性

97. 根据《测绘资质分类分级标准》，下列专业范围中，设置测绘监理专业子项的是(　　)。
A. 大地测量　　B. 摄影测量与遥感
C. 地图编制　　D. 地理信息系统工程
E. 海洋测绘

98. 根据《测绘地理信息业务档案管理规定》，测绘地理信息项目组织部门下达测绘地理信息项目计划时，应当以书面形式告知相应的档案管理机构，并在(　　)等文件中，明确提出测绘地理信息业务档案的归档范围、份数、时间、质量等要求。
A. 项目合同书　　B. 技术总结
C. 检验报告　　D. 设计书
E. 归档清单目录

99. 根据《测绘地理信息业务档案管理规定》，下列档案管理资料中，保存期限为永久性的是(　　)。
A. 电子地图数据体　　B. 纸质地形图
C. 海岸地形测量观测数据　　D. 测量标志委托保管书
E. 竣工验收资料

100. 根据《测绘成果质量检查与验收》，管线测量成果的质量元素主要有(　　)。
A. 数据质量　　B. 控制测量精度
C. 管线图质量　　D. 资料质量
E. 附件质量

“测绘管理与法律法规”仿真试卷三

一、单项选择题(每题 1 分，每题的备选选项中，只有 1 个符合题意)

1. 根据《测绘资质管理办法》，测绘资质证书有效期为(　　)年。

A. 3　　B. 5

C. 7　　D. 10

2. 根据《注册测绘师执业管理办法(试行)》，取得资格证书超过 1 年以上不满 3 年提出申请初始注册者，须提供不少于(　　)继续教育必修内容培训的证明。

A. 30 学时　　B. 45 学时

C. 60 学时　　D. 1 个注册有效期

3. 根据《测绘资质分类分级标准》，测绘成果(　　)应当持有省级以上自然资源主管部门颁发的涉密人员岗位培训证书。

A. 重要涉密人员　　B. 核心涉密人员

C. 要害涉密人员　　D. 一般涉密人员

4. 根据《测绘资质分类分级标准》，取得相应乙级测绘资质证书的单位可以从事的测绘活动是(　　)。

A. 专业重力测量　　B. 地图数据库开发

C. 海图编制　　D. 地理位置定位

5. 根据《测绘法》，擅自发布中华人民共和国领域和中华人民共和国管辖的其他海域的重要地理信息数据的，给予警告，责令改正，可以并处最高(　　)万元以下的罚款。

A. 10　　B. 20

C. 30　　D. 50

6. 根据《中华人民共和国招标投标法实施条例》，下列关于标底的说法中，错误的是(　　)。

A. 招标人可以自行决定是否编制标底

B. 一个招标项目只能有一个标底

C. 一个招标项目可以编制两个以上标底

D. 标底必须保密

7. 根据《测绘法》，海洋基础测绘工作由(　　)负责。

A. 军事测绘部门　　B. 自然资源部国土测绘司

C. 国家发展和改革委员会　　D. 国务院

8. 测绘项目质量目标将质量等级划分为(　　)。

A. 3 级　　B. 4 级

C. 5 级　　D. 6 级

9. 测绘单位对现有任务状况进行分析是贯标工作的(　　)阶段。

A. 组织策划和领导投入　　B. 体系总体设计和资源配备

C. 文件编制　　D. 质量管理体系运行和实施

10. 根据《公开地图内容表示规范》，利用涉及国家秘密的测绘成果编制地图的，应当依法使用(　　)经认定的保密处理技术进行处理。

A. 有关主管部门　　B. 外交部门

C. 军事主管部门　　D. 国务院自然资源主管部门

11. 用于基础测绘项目和规模化测绘地理信息生产的新技术、新工艺、新软件等，须得到(　　)同意或通过由项目组织方组织的检验、测试或鉴定。

A. 项目组织方　　B. 注册测绘师

C. 项目委托方　　D. 院总工程师

12. 根据《测绘资质分类分级标准》，业务范围载明了不动产测绘专业的乙级测绘资质单位，须合计具备(　　)台 GNSS 接收机、全站仪、手持测距仪。

A. 2　　B. 4

C. 6　　D. 8

13. 根据《注册测绘师执业管理办法(试行)》，下列有关注册测绘师的执业做法正确的是(　　)。

A. 注册测绘师从事执业活动，可按照当前的测绘产品价格标准进行统一收费

B. 注册单位与注册测绘师人事关系所在单位或聘用单位可以不一致

C. 测绘地理信息项目的设计文件经注册测绘师签字即可生效

D. 修改经注册测绘师签字盖章的测绘文件，必须由注册测绘师本人进行

14. 测绘地理信息项目组织部门下达测绘地理信息项目计划时，应当以书面形式告知相应的(　　)。

A. 档案保密要求　　B. 档案保管机构

C. 档案保管期限　　D. 档案保管人员

15. 建档单位应当在测绘地理信息项目验收完成起(　　)内，向项目组织部门所属的档案保管机构移交测绘地理信息业务档案，办理规定手续。

A. 1 个月　　B. 2 个月

C. 3 个月　　D. 4 个月

16. 根据《测绘成果质量检查与验收》，下列质量评定方式中，不属于成果质量检查与验收评定方式的是(　　)。

A. 单位成果质量评定　　B. 样本质量评定
C. 批成果质量评定　　D. 质量元素质量评定

17. 根据《测绘技术设计规定》，当设计方案采用新技术、新方案和新工艺时，应对(　　)进行验证。
A. 设计输入　　B. 设计输出
C. 设计策划　　D. 设计评审

18. 根据《外国的组织或者个人来华测绘管理暂行办法》，合资、合作测绘不得从事的活动是(　　)。
A. 工程测量　　B. 互联网地理信息服务
C. 导航电子地图制作　　D. 不动产测绘(地籍、房产)

19. 根据《测绘资质管理办法》，地图编制专业的测绘资质的审批和管理，由(　　)负责。
A. 自然资源部
B. 自然资源部测绘司
C. 省、自治区、直辖市人民政府自然资源主管部门
D. 县级人民政府自然资源主管部门

20. 根据《测绘资质分类分级标准》，从事互联网地图服务专业的测绘资质单位，不需要考核的内容是(　　)。
A. 地图安全审校人员数量　　B. 计算机专业技术人员数量
C. 专业软件情况　　D. 在线存储设备情况

21. 某测区面积为 $50km^2$ 的 1∶2 000 地形测图项目进行野外实地检查时，抽样检查的样本量应为(　　)幅。
A. 5　　B. 7
C. 9　　D. 11

22. 根据《基础地理信息标准数据基本规定》，下列机构中，负责认定 1∶1 万基础地理信息数据(不含测量控制点数据)的是(　　)。
A. 省级以上自然资源主管部门
B. 国务院自然资源主管部门
C. 数据表现地的省级自然资源主管部门授权的认定机构
D. 国务院自然资源主管部门委托的机构

23. 根据《地图审核程序规定》，地图审核批准书上不需要载明的内容是(　　)。
A. 送审单位　　B. 地图名称
C. 地图规格　　D. 地图印数

24. 根据《地图审核管理规定》，时事宣传地图、发行频率高于一个月的图书和报刊等插附地图的，应当自受理地图审核申请之日起(　　)个工作日内作出审核决定。
A. 7　　B. 10
C. 20　　D. 即送即审

25. 下列内容中，不属于合同的内容的是(　　)。
A. 项目实施进度安排　　B. 甲乙双方的义务
C. 提交成果及验收方式　　D. 合同评审方式的规定

26. 合同生效后，如乙方擅自中途停止或解除合同，乙方应向甲方(　　)倍返还定金。
A. 1　　B. 2
C. 3　　D. 无须返还

27. 合同签订后，乙方未进入现场工作前，由于甲方工程停止而终止合同的，甲方无权请求返还定金。双方没有约定定金的，偿付乙方预算工程费的(　　)。
A. 10%　　B. 20%
C. 30%　　D. 40%

28. 存储、处理国家秘密的计算机信息系统(以下简称"涉密信息系统")按照涉密程度实行(　　)保护。
A. 分类　　B. 统一
C. 分级　　D. 分项

29. 机关、单位对外交往与合作中需要提供国家秘密事项，或者任用、聘用的境外人员因工作需要知悉国家秘密的，应当报(　　)批准，并与对方签订保密协议。
A. 国务院有关主管部门或者省、自治区、直辖市人民政府有关主管部门
B. 测绘成果保管单位
C. 国务院自然资源主管部门
D. 测绘成果所在地的县级自然资源主管部门和人民政府有关主管部门

30. 下列测绘成果中，不属于绝密类测绘成果的是(　　)。
A. 国家大地坐标系、地心坐标系以及独立坐标系之间的相互转换参数
B. 1∶1 万、1∶5 万全国高精度数字高程模型
C. 地形图保密处理技术参数及算法
D. 分辨率高于 30′×30′，精度优于 5mGal 的重力异常成果

31. 国家或地方重大测绘地理信息项目业务档案验收应当由(　　)组织实施，并出具验收意见。
A. 国务院自然资源主管部门　　B. 国家档案管理部门
C. 相应的自然资源主管部门　　D. 相应的保密部门

32. 档案保管机构应当对保管期满的测绘地理信息业务档案提出鉴定意见，并报(　　)批准。
A. 上级自然资源主管部门　　B. 省级以上自然资源主管部门
C. 同级自然资源主管部门　　D. 上级档案保管机构

33. 因机构变动等原因，测绘地理信息业务档案保管关系发生变更的，原单位应当妥善保管测绘地理信息业务档案并向(　　)移交。
A. 上级机构　　B. 下级机构

C. 同级自然资源主管部门　　D. 指定机构

34. 某测绘资质单位要利用涉密的基础测绘成果，已经自然资源主管部门审查同意。根据《测绘成果管理条例》，下列有关测绘成果说明的内容中，自然资源主管部门可不书面告知的是(　　)。

A. 测绘成果的秘密等级　　B. 测绘成果的保密要求

C. 测绘成果的著作权保护要求　　D. 测绘成果的生产单位及技术指标

35.《基础测绘条例》规定，国家实行基础测绘成果定期更新制度。基础测绘成果更新周期确定的具体办法，由(　　)制定。

A. 国务院自然资源主管部门会同国务院发展和改革部门与国务院其他有关部门

B. 国务院自然资源主管部门会同国务院发展和改革部门

C. 国务院自然资源主管部门会同其他有关部门

D. 国务院自然资源主管部门会同军队测绘部门和国务院其他有关部门

36. 根据《注册测绘师执业管理办法(试行)》，超过(　　)周岁申请初始注册、延续注册以及变更注册的，均须提供健康证明。

A. 55　　B. 60

C. 65　　D. 70

37. 根据《测绘资质管理办法》，测绘单位取得测绘资质后，变更专业技术人员或者技术装备的，应当在(　　)内通过全国测绘资质管理信息系统申请更新有关信息。

A. 30 日　　B. 10 日

C. 15 日　　D. 45 日

38. 根据《房产测绘管理办法》，下列内容中不属于委托房产测绘情形的是(　　)。

A. 申请产权初始登记的房屋

B. 自然状况发生变化的房屋

C. 转移登记的房屋

D. 房屋权利人或者其他利害关系人要求测绘的房屋

39. 国界线测绘必须严格按照中华人民共和国与相邻国家缔结的边界条约或者协定进行，并由(　　)组织实施。

A. 外交部　　B. 民政部

C. 自然资源部主管部门　　D. 国务院

40. 因自然原因或者其他原因使标志物发生变化的，有关(　　)应当组织修测，确定新的标志物，并报该行政区域界线的批准机关备案。

A. 省级民政部门　　B. 县级以上人民政府民政部门

C. 县级以上自然资源主管部门　　D. 省自然资源主管部门

41. 根据《公开地图内容表示规范》，下列关于钓鱼岛属于我国领土的一部分的证据中，属于地质上的是(　　)。

A. 钓鱼岛等岛屿是中国最先发现、命名和利用的

B. 中外地图标绘钓鱼岛属于中国

C. 明朝时钓鱼岛就已经纳入中国海防管辖范围

D. 钓鱼岛地处我国东海大陆架

42. 根据《地图审核管理规定》，某设区的市行政区域范围内不涉及国界线的地图，应当由(　　)部门审核。

A. 省、自治区、直辖市人民政府自然资源主管部门

B. 设区的市级人民政府自然资源主管部门

C. 国务院自然资源主管部门

D. 有审核权的自然资源主管部门

43. 根据《地图审核管理规定》，地图内容审查专业人员应当经(　　)培训并考核合格，方能从事地图内容审查工作。

A. 省级以上自然资源主管部门

B. 具有中级以上地图编制专业技术职称

C. 从事地图内容审查工作三年以上

D. 国务院自然资源主管部门

44. 基础地理信息标准数据中，(　　)以小比例尺可以不含输电线数据。

A. 1：2 000　　B. 1：50 000

C. 1：100 000　　D. 1：250 000

45. 根据《测绘技术总结编写规定》，测绘技术总结是与测绘成果(或产品)有直接关系的技术性文件，是(　　)保存的重要技术档案。

A. 短期　　B. 永久

C. 长期　　D. 定期

46. (　　)需具有操作性，是策划和管理质量活动的基本文件，是质量手册的支持性文件。

A. 规范文件　　B. 程序文件

C. 记录文件　　D. 作业文件

47. 根据《基础地理信息数据档案管理与保护规范》，下列关于数据销毁的说法中，正确的是(　　)。

A. 经数据迁移后废弃的原介质、原数据档案的介质均需鉴定，经审批后直接销毁

B. 销毁数据档案时，异地存储的数据档案可以不用销毁

C. 当销毁光盘的数据档案时，须连同光盘一起销毁

D. 只有物理销毁时，数据档案销毁时数据档案管理单位应派员监销，防止泄密

48. 下列投标行为中，《招标投标法》没有禁止的是(　　)。

A. 相互串通投标报价　　B. 以低于成本的报价竞标

C. 以低于测绘产品收费标准报价　　D. 向招标人行贿

49. (　　)是将顾客或社会对测绘成果的要求(即明示的、通常隐含的或者必须履行的需求或者期望)转换成测绘成果(或者产品)、测绘生产过程或者生产体系规定的特性或者规范的一组

过程。

A. 测绘技术设计　　B. 测绘技术总结

C. 测绘技术评审　　D. 测绘技术编写

50. 下列关于测绘技术设计原则，描述不正确的是(　　)。

A. 技术设计应依据设计内容，充分考虑顾客的要求

B. 技术设计应先考虑局部，而后考虑整体

C. 积极采用适用的新技术、新方法和新工艺

D. 应重视数据安全措施，明确规定数据安全和备份方面的要求

51. 负责针对特定的项目、产品、过程或合同所规定的质量管理、资源提供、作业控制和工作顺序等内容的质量管理体系文件是(　　)。

A. 质量方针　　B. 质量目标

C. 质量手册　　D. 质量计划

52. 根据《质量管理体系　要求》，下列内容属于最高管理者的职责和权限的是(　　)。

A. 应确保质量管理体系所需的过程得到建立、实施和保持

B. 向最高管理者报告质量管理体系的业绩和任何改进的需求

C. 在建立、实施和保持质量管理体系以及持续改进等方面发挥作用

D. 确保在整个组织内提高满足顾客要求的意识

53. 测绘单位选择咨询机构帮助建立质量管理体系时，不用考虑的要素是(　　)。

A. 具有法律地位的实体，能够独立地承担民事责任

B. 咨询机构的收费标准和收费情况能否被接受

C. 经国家认证认可监督管理委员会(简称“国家认监委”)批准

D. 机构实力强，尤其是熟悉测绘行业，具有对测绘单位开展咨询的业绩

54. 根据《测绘成果质量监督抽查管理办法》，下列内容中，自然资源主管部门不用监督抽查的是(　　)。

A. 项目技术文件的完整性和符合性

B. 项目出资人相关材料说明

B. 项目使用仪器、设备检定情况

D. 相应测绘成果各项质量指标的符合性

55. 根据《测绘成果质量监督抽查管理办法》，监督检验工作完成之后，测绘成果质量检验单位应当在规定时间内将(　　)报送组织实施监督抽查的自然资源主管部门。

A. 监督检验报告、检验结论及有关资料

B. 检验地点及检验时间

C. 检验的技术人员及仪器设备情况说明

D. 检验依据、方法、程序等资料

56. 根据《测绘成果质量监督抽查管理办法》，测绘成果质量监督抽查工作应当遵循的原则是(　　)。

A. 随机抽查、公平、合理、合法

B. 公平、公正、公开、合法

C. 统一标准、公平、合法、保密

D. 随机抽查、公平、公正、保密

57. 根据《测绘质量监督管理办法》，粗制滥造、伪造测绘成果、以假充真的，由(　　)依法给予经济处罚。

A. 技术监督行政部门　　B. 工商行政管理部门

C. 测绘行政主管部门　　D. 公安部门

58. 根据《测绘生产质量管理规定》，测绘单位的(　　)对其单位提供的测绘产品承担产品质量责任。

A. 项目质量负责人　　B. 质量主管负责人

C. 质检部门负责人　　D. 法定代表人

59. 根据《测绘生产质量管理规定》，测绘单位必须(　　)，加强工序管理的各项基础工作，有效控制影响产品质量的各种因素。

A. 制定完整可行的工序管理流程表　　B. 进行质量分析控制

C. 进行质量责任落实　　D. 制定检验点质量控制流程

60. 根据《测绘生产成本费用定额》，下列费用中，不列入成本费用的是(　　)。

A. 直接费用　　B. 间接费用

C. 期间费用　　D. 折旧费用

61. 根据《注册测绘师执业管理办法(试行)》，下列有关注册测绘师继续教育的说法正确的是(　　)。

A. 在一个注册有效期内，必修内容和选修内容均不得少于 30 学时

B. 必修内容培训每次 30 学时，且须在一个有效期内参加 2 次不同内容的培训

C. 注册测绘师继续教育选修内容通过参加指定的网络学习 20 学时

D. 可以通过出版专业著作、承担科研课题等形式修满另外的 40 学时

62. 根据《外国的组织或者个人来华测绘管理暂行办法》，经省级人民政府批准，外国的组织或者个人来华开展科技、文化、体育等活动时，需要进行一次性测绘活动的，应当向(　　)提交申请资料。

A. 国务院自然资源主管部门和其所在地省级人民政府自然资源主管部门

B. 所在地省级人民政府测绘主管部门

C. 国务院自然资源主管部门

D. 军队测绘部门

63. 根据《测绘资质分类分级标准》，从事海洋测绘专业的乙级测绘资质单位不可以开展(　　)业务。

A. 海岸地形测量　　B. 水文测量

C. 海图编制　　D. 扫海测量

64. 从事提供或销售分辨率高于(　　)m 的卫星遥感影像活动的机构，应当建立客户登记制度，包括客户名称与性质、提供的影像覆盖范围和分辨率、用途、联系方式等内容。每(　　)一次向所在地省级以上自然资源主管部门报送备案。

A. 5　半年　　B. 10　半年

C. 5　一年　　D. 10　一年

65. 测绘项目进行招标时，重大测绘项目的评标委员会由(　　)及有关专家组成。

A. 招标单位与当地自然资源主管部门

B. 招标单位与当地自然资源主管部门和工商行政管理部门

C. 市级以上自然资源主管部门和工商行政管理部门

D. 省级以上自然资源主管部门和工商行政管理部门

66. 根据《测绘生产成本费用定额计算细则》，分院(中队、室)部人员占生产单位的人员的比例为(　　)。

A. 10%　　B. 16%

C. 20%　　D. 74%

67. 根据《民法典》，下列情形中，当事人可以解除合同的是(　　)。

A. 损害社会公共利益　　B. 以合法形式掩盖非法目的

C. 恶意串通损害国家利益的　　D. 因不可抗力致使不能实现合同目的

68. 根据《测绘生产成本费用定额计算细则》，下列类别地区外业工作项目定额时，不属于应在相应的测绘项目困难类别Ⅱ类所列定额的基础上提高 1~3 倍的情况的是(　　)。

A. 高山区　　B. 常年冰雪覆盖区

C. 无人区　　D. 荒漠区

69. 根据《基础地理信息数据档案管理与保护规范》，下列关于数据档案归档管理的说法中，正确的是(　　)。

A. 档案形成单位应在项目完成后三个月内完成归档

B. 基础地理信息数据应采用国家标准格式或通用格式

C. 项目分阶段或按子项目收集、积累、整理、检验和归档

D. 重要的原始基础地理信息数据不属于基础地理信息数据收集、积累、归档的范围

70. 下列测绘标志中，属于临时测绘标志的是(　　)。

A. 水准点　　B. 卫星定位点的木质觇标

C. 航空摄影的地面标志　　D. GNSS 地面跟踪站

71. 根据《注册测绘师制度暂行规定》，注册申请人以不正当手段取得注册的，在(　　)年内不得再次申请注册。

A. 1　　B. 2

C. 3　　D. 4

72. 测绘国家和行业标准化指导性技术文件发布后(　　)内必须复审。

A. 1 年　　B. 2 年

C. 3 年　　D. 4 年

73. 根据《测绘资质分类分级标准》，下列关于测绘成果和资料档案管理制度要求的说法，表述完整正确的是(　　)。

A. 应建立健全测绘成果和资料档案管理制度，明确测绘成果接收、整理、保管、使用、销毁以及建立台账等管理要求

B. 应建立健全测绘成果和资料档案网络化管理制度

C. 专门的测绘成果和资料档案库房，应具备防盗、防火、防潮、防光、防尘、防磁、防锈、防霉等措施

D. 存放有测绘成果和资料档案的存储硬盘，可以用来存放系统安装包的镜像数据资料

74. 根据《数字测绘成果质量检查与验收》，下列检查项中，不属于"逻辑一致性"质量子元素检查内容的是(　　)。

A. 概念一致性　　B. 拓扑一致性

C. 格式一致性　　D. 整理一致性

75. 根据《地图审核管理规定》，最终向社会公开的地图与审核通过的地图内容及表现形式不一致，或者互联网地图服务审图号有效期届满未重新送审的，自然资源主管部门应当责令改正、给予警告，可以处(　　)万元以下的罚款。

A. 3　　B. 5

C. 7　　D. 9

76. 根据《公开地图内容表示规范》，除已对社会公众开放的，公开地图可以表示的内容有(　　)。

A. 军事禁区设施　　B. 民用机场

C. 危险化学品集中存放地　　D. 专用铁路

77. 检验人员检查某测绘成果数学精度，数学精度质量子元素权值分别为 0.2、0.4 和 0.4，其数学基础采用方法检查均正确，未发现问题，平面和高程采用全站仪实地检测，经检测后统计计算，其中误差分别为平面位置中误差 0.375m，高程注记点中误差 0.247m；其限差分别为平面位置中误差图上 0.5mm，高程注记中误差 33m。该幅图的数学精度得分为(　　)。

A. 80　　B. 90

C. 100　　D. 110

78. 按照《质量管理体系　要求》，质量手册的内容不包含的是(　　)。

A. 质量管理体系的范围

B. 为质量管理体系编制的形成文件的程序

C. 质量管理体系过程之间的相互作用

D. 质量管理体系所要求的形成文件的程序和记录

79.《公开地图内容表示规范》强调中国完整领土，其目的是有利于(　　)：①增加我国能源的保有量；②强化全民国家海洋意识；③加强我国对南海的管理；④巩固国防保护国家安全。

A. ①②③　　B. ①②④

C. ②③④　　D. ①③④

80. 根据《测绘成果质量检查与验收》，下列质量元素中，不属于卫星遥感影像质量元素的是(　　)。

A. 数据质量　　B. 数据正确性和完整性

C. 影像质量　　D. 附件质量

二、多项选择题(每题 2 分。每题的备选选项中，有 2 个或 2 个以上符合题意，至少有 1 个是错项。错选，本题不得分；少选，所选的每个选项得 0.5 分)

81. 在测绘活动中形成的(　　)，必须由注册测绘师签字并加盖执业印章后方可生效。

A. 测绘成果　　B. 技术设计

C. 测绘成果质量文件　　D. 测绘设计总结报告

E. 工作手簿

82. 根据《关于切实做好国家基础测绘项目成果档案归档工作的通知》，基础测绘项目的成果档案应以(　　)为单元进行归档。

A. 测区　　B. 摄区

C. 测绘成果专业类型　　D. 子课题

E. 项目

83. 根据《基础地理信息数据档案管理与保护规范》，对归档材料进行检验时，相关软件的检验工作主要包括(　　)。

A. 载体外观及标识检验　　B. 特定软件完整性检验

C. 病毒检验　　D. 软件运行有效性检验

E. 说明材料完整性检验

84. 测绘作业证主要由(　　)等组成，按编号顺序组合。

A. 封皮　　B.《测绘法》相关条款

C. 内芯　　D. 外芯

E. 用证规定

85. 根据《测绘资质分类分级标准》，取得从事海洋测绘专业的乙级测绘资质的单位可以从事(　　)业务。

A. 海岸地形测量　　B. 海洋工程测量

C. 海图编制　　D. 深度基准测量

E. 水文测量

86. 根据《测绘资质管理规定》，测绘资质单位的名称、注册地址、法定代表人发生变更的，应当向测绘资质审批机关提出变更申请，并提交(　　)等材料原件的扫描件。

A. 变更申请文件　　B. 企业营业执照

C. 有关部门核准变更证明　　D. 测绘资质证书正、副本

E. 法定代表人身份证明

87. 针对从事非商业性测绘活动的外国组织或者个人来华测绘的，需要提交的资料有(　　)。

A. 外国组织或者个人来华测绘申请表

B. 中方控股的证明文件

C. 企业法人营业执照

D. 测绘活动的范围、路线、测绘成果形式

E. 测绘活动的仪器、软件、设备

88. 根据《不动产登记暂行条例》，下列不动产权利中，需依法办理登记的是(　　)。

A. 国有土地使用权　　B. 海域使用权

C. 地役权　　D. 抵押权

E. 典权

89. 下列专业测绘成果具有著作权特征的是(　　)。

A. 大地测量　　B. 工程测量

C. 海洋测绘　　D. 房产测绘

E. 地理信息系统工程

90. 根据《测绘地理信息业务档案管理规定》，下列内容中，属于测绘地理信息业务档案范畴的是(　　)。

A. 基础测绘项目档案　　B. 大地测量档案

C. 工程测量档案　　D. 地理国情监测(普查)档案

E. 公开地图制作档案

91. 根据《测绘技术设计规定》，下列人员中，负责确定设计输入并对其适宜性和充分性进行审核的是(　　)。

A. 设计技术负责人　　B. 设计策划负责人

C. 单位总工程师　　D. 技术设计人员

E. 项目委托单位负责人

92. 根据《测绘成果质量检查与验收》，下列重力测量成果错漏中，属于 A 类错漏的有(　　)。

A. 重力联测中误差超限　　B. 成果取舍、重测不合理

C. 漏绘点之记　　D. 标石严重倾斜

E. 缺主要成果资料

93. 根据《地图审核程序规定》，地理信息与地图司应当定期统计并上网公布审核批准的(　　)等基本信息。

A. 送审单位　　B. 地图名称

C. 审图号　　D. 地图规格

E. 地图印数

94. 地理信息系统专业技术设计书中，GIS 功能设计有(　　)。

A. 软硬件、网络的配置　　B. 数据采集加工
C. 元数据管理　　D. 地名管理
E. 数据发布与共享

95. 重要地理信息数据具有的特征是(　　)。
A. 时效性　　B. 有偿性
C. 权威性　　D. 准确性
E. 法定性

96. 下列选项中，属于合同评审的内容是(　　)。
A. 工程量　　B. 成果交付期限
C. 价款和结算方式　　D. 发包单位资信情况
E. 人员工作履历

97. 根据《测绘成果质量检查与验收》，GNSS 测量成果的质量元素“数据质量”包括的检查项有(　　)。
A. 资料完整性　　B. 数学精度
C. 高程精度　　D. 观测质量
E. 计算质量

98. 测绘项目成本预算有两种情况，一种是项目为生产承包制，另一种是项目生产经营承包制的，下列属于生产经营承包制的生产成本的是(　　)。
A. 直接承包费用　　B. 折旧费
C. 员工福利及他项费用　　D. 机构运行费用
E. 交通差旅费

99. 下列情形中，属于合同免责条款无效的是(　　)。
A. 在订立合同时显失公平的
B. 违反法律、行政法规的强制性规定
C. 造成对方人身伤害的
D. 因故意或者重大过失造成对方财产损失的
E. 一方以欺诈、胁迫的手段订立合同，损害国家利益

100. 测绘成果的人身权，主要是测绘成果的人身精神权利，包括对测绘成果的署名权和(　　)。
A. 发布权　　B. 持有权
C. 署名权　　D. 修改权
E. 保护数据完整权

“测绘管理与法律法规”仿真试卷四

一、单项选择题(每题 1 分，每题的备选选项中，只有 1 个符合题意)

1. 按现行《测绘资质分类分级标准》，我国测绘资质的专业范围共分为(　　)类。
A. 8　　B. 10
C. 12　　D. 14

2. 某乙级测绘单位具有工程测量资质，资质证书上载明的业务范围包括规划测量、建筑工程测量等。该单位承接的某单个建筑物测绘项目的建筑面积不应超过(　　)万平方米。
A. 5　　B. 10
C. 15　　D. 20

3. 对导航电子地图制作甲级测绘资质的审批，自然资源部将通过网上受理，并对申请材料进行审查，下列方式中，错误的是(　　)。
A. 引入第三方机构做技术性审查
B. 部机关内部会审
C. 必须进行实地核查或专家评议
D. 申请单位的基本信息由本机关网站公开

4. 根据《注册测绘师制度暂行规定》，某人经过考试合格取得“中华人民共和国注册测绘师资格证书”，下列关于其证书使用范围的说法，正确的是(　　)。
A. 全国范围内使用有效　　B. 限于其受聘单位
C. 限于有测绘资质单位　　D. 限于单位工商注册所在地

5. 张某是某测绘单位的在聘注册测绘师，因其承担的测绘项目的测绘成果出现质量问题而造成的经济损失，该单位可以依法向张某(　　)。
A. 追偿　　B. 处罚
C. 追究刑事责任　　D. 要求赔偿

6. 根据《外国的组织或者个人来华测绘管理暂行办法》，来华测绘的审批工作应由(　　)负责。
A. 国务院自然资源主管部门
B. 国务院自然资源主管部门会同军队测绘部门
C. 外交部

D. 省级以上自然资源主管部门

7. 根据《外国的组织或者个人来华测绘管理暂行办法》，申请测绘资质的合作企业自被受理初审之日起，一般最迟(　　)个工作日之内可获得测绘资质证书。

A. 8　　B. 20

C. 33　　D. 40

8. 根据国家财政和测绘主管部门颁布的《测绘生产成本费用定额》，测绘项目直接费用占项目成本费用的总数比例为(　　)。

A. 6%　　B. 12%

C. 24%　　D. 82%

9. 根据国家财政和测绘主管部门颁布的《测绘生产成本费用定额》，测绘生产年作业外业工日定额为(　　)工日。

A. 140　　B. 180

C. 220　　D. 260

10. 根据国家财政和测绘主管部门颁布的《测绘生产成本费用定额》，下列费用中，不列入成本费用的是(　　)。

A. 直接费用　　B. 间接费用

C. 期间费用　　D. 修购基金

11. 根据《测绘资质管理办法》，省级自然资源主管部门负责制定本行政区域内测绘资质巡查工作，每年巡查比例不少于本行政区域内各等级测绘资质单位总数的(　　)。

A. 5%　　B. 10%

C. 15%　　D. 20%

12. 根据《测绘生产成本费用定额》，从事工程测绘测区间搬迁距离在2 000~3 000km 时，长迁系数为(　　)。

A. 3%　　B. 5%

C. 6%　　D. 8%

13. 在测绘单位的合并、转制、监理等活动中，下列关于测绘单位的行为说法正确的是(　　)。

A. 测绘单位合并的，可以承继合并前的测绘资质等级和专业类别

B. 测绘单位转制的，不需要向相应的审批机关申请测绘资质

C. 测绘单位可以监理高等级测绘单位实施的同专业测绘项目

D. 测绘单位可以监理同等级测绘单位实施的不同专业测绘项目

14. 精度优于 $10\text{mm}+3\times10^{-6}D$ 的 GNSS 接收机的检定周期是(　　)。

A. 1 年　　B. 1.5 年

C. 2 年　　D. 2.5 年

15. 根据《建立相对独立的平面坐标系统管理办法》，某市经批准建立的相对独立的平面坐标系统的系统参数被改变，按规定该市申请人应(　　)。

A. 接受经济处罚　　B. 重新办理审批手续

C. 上报自然资源部说明情况　　D. 组织进行清理，并停止使用该系统

16. 根据《测绘法》，(　　)应根据全国基础测绘规划，编制全国基础测绘年度计划。

A. 国务院发展和改革部门

B. 国务院自然资源主管部门

C. 国务院

D. 国务院发展和改革部门会同国务院自然资源主管部门

17. 某甲级房产测绘单位在房产测绘活动中，由于在房产面积测算中弄虚作假、欺骗房屋权利人，情节严重。根据《房产测绘管理办法》，依法予以降级或者取消其房产测绘资质的机关是(　　)。

A. 所在地省级自然资源主管部门

B. 国务院建设行政主管部门

C. 国务院自然资源主管部门

D. 所在地省级房地产行政主管部门

18. 下列基础测绘计划内容，原则上应列入省级基础测绘年度计划的是(　　)。

A. 按基础地理信息更新周期，对基本比例尺地图及其数据库进行更新维护

B. 需中央财政安排的国家急需的其他基础测绘项目

C. 组织实施国家基础航空摄影，获取基础地理信息的遥感资料

D. 国家基础测绘公共服务体系的建立和完善

19. 根据《测绘标准化工作管理办法》，下列标准中，按标准层次和效力由高到低正确的排序是(　　)。

A. CH/Z　CH/T　CH　GB　　B. GB　CH　CH/T　CH/Z

C. GB　CH/T　CH/Z　CH　　D. CH　GB　CH/T　CH/Z

20. 根据《测绘标准化工作管理办法》，测绘行业标准和行业标准化指导性技术文件的编号由(　　)构成。

A. 行业标准代码、标准发布的顺序号、标准发布的年号

B. 行业标准代号、标准发布的顺序号、标准发布的年号

C. 行业标准符号、标准发布的顺序码、标准发布的年号

D. 行业标准代号、标准发布的顺序码、标准发布的年号

21. 根据《公开地图内容表示规范》，中国全图应遵守比例尺大于(　　)的地图，黄岩岛注记应当括注民主礁。

A. 1∶50 万　　B. 1∶100 万

C. 1∶200 万　　D. 1∶400 万

22. 根据《测绘计量管理暂行办法》，取得计量标准证书后，属社会公用计量标准的，由组织建立该项标准的政府计量行政主管部门审批核发(　　)方可使用，并向同级测绘主管部门备案。

A. 计量标准证书　　B. 计量合格证书

C. 计量检定证书　　D. 社会公用计量标准证书

23. 根据《中华人民共和国标准化法》(以下简称《标准化法》)，处理测绘产品是否符合标准的争议，一般以县级以上政府标准化部门设定的(　　)为准。

A. 行政机关裁决　　B. 检验机构的检验数据

C. 认证证书　　D. 权威认证

24. 根据《测绘质量监督管理办法》，审批测绘产品质量监督检查计划的部门是(　　)。

A. 国务院自然资源主管部门　　B. 省级以上自然资源主管部门

C. 省级以上技术监督管理部门　　D. 县级以上技术监督管理部门

25. 根据《测绘质量监督管理办法》，粗制滥造，伪造测绘成果，以假充真的，由(　　)依法给予经济处罚。

A. 技术监督行政部门　　B. 工商行政管理部门

C. 测绘行政主管部门　　D. 公安部门

26. 根据《测绘生产质量管理规定》，测绘单位的(　　)对其单位提供的测绘产品承担产品质量责任。

A. 项目质量负责人　　B. 质量主管负责人

C. 质检部门负责人　　D. 法定代表人

27. 根据《测绘生产质量管理规定》，测绘单位应当在关键工序、重点工序设置必要的(　　)，实施工序产品质量的现场检查。

A. 关键点　　B. 检验点

C. 敏感点　　D. 校正点

28. 根据《测绘成果质量监督抽查管理办法》，监督检验工作完成之后，测绘成果质量检验单位应当在规定时间内将(　　)报送组织实施监督抽查的自然资源主管部门。

A. 监督检验报告、检验结论及有关资料

B. 检验地点及检验时间

C. 检验的技术人员及仪器设备情况说明

D. 检验依据、方法、程序资料等

29. 外国的组织或者个人依法在中华人民共和国管辖的其他海域从事测绘活动的，由其按照(　　)的规定汇交测绘成果副本或者目录。

A. 军队测绘部门

B. 国务院自然资源主管部门

C. 国务院自然资源主管部门会同军队测绘部门

D. 国务院自然资源主管部门或省级自然资源主管部门

30. 根据《测绘资质分类分级标准》，下列有关测绘地理信息安全保障措施和管理制度要求，对于导航电子地图制作的说法中，正确的是(　　)。

A. 涉密网络应配备系统管理员、安全保密管理员和系统架构师

B. 软件开发不得在保密要害部门部位内进行

C. 涉密测绘成果对外提供应配置专人专机，专机需安装安全审计软件，进行事后审计

D. 配置蓝绿电源

31. 根据《测绘成果管理条例》，汇交测绘成果资料的范围由(　　)制定并公布。

A. 国务院自然资源主管部门

B. 国务院自然资源主管部门商国务院有关部门

C. 省级以上自然资源主管部门

D. 测绘成果保管单位

32. 根据《关于进一步加强涉密测绘成果管理工作的通知》，下列关于涉密测绘成果管理与使用的说法中，错误的是(　　)。

A. 未经行政审批，任何单位、部门和个人不得擅自提供使用涉密测绘成果

B. 未归档入库的涉密测绘成果必须经依法行政审批提供使用

C. 涉密测绘成果提供使用执行审批制度，负责成果管理的机构统一办理审批事项，不得多头审批、越级审批

D. 涉密测绘成果使用单位，项目完成后，必须按照有关规定及时销毁涉密测绘成果

33. 根据《涉密基础测绘成果提供使用管理办法》，保密管理条件要求涉密人员取得保密有关培训证书(在有效期内)或近(　　)年内接受保密培训情况说明。

A. 1　　B. 2

C. 3　　D. 5

34. 根据《公开地图内容表示规范》，下列内容中，公开地图不得表示的是(　　)。

A. 卫星导航定位基准站　　B. 重要桥梁长度

C. 公开机场　　D. 高压电线

35. 根据《测绘成果管理条例》，测绘项目出资人或者承担国家投资的测绘项目的单位应当自测绘项目验收完成之日起(　　)个月内，向测绘行政主管部门汇交测绘成果副本或者目录。

A. 1　　B. 2

C. 3　　D. 4

36. 根据《测绘成果管理条例》，(　　)依照有关保密法律、行政法规的规定，确定测绘成果的秘密范围和秘密等级。

A. 国家保密工作部门、国务院自然资源主管部门商军队测绘部门

B. 国家保密工作部门、国务院自然资源主管部门

C. 国务院自然资源主管部门商同军队测绘部门

D. 国家保密工作部门、军队测绘部门

37. 根据《地图审核管理规定》，申请人应当如实提交有关材料，反映真实情况，并对申请材料的(　　)负责。

A. 真实性　　B. 完整性

C. 科学性　　D. 合理性

38. 下列审图号中，属于国务院自然资源主管部门审图号的是(　　)。

A. GT(2008)002 号　　B. 京 S(2004)006 号

C. GS(2006)001 号　　D. GX(2007)003 号

39. 根据《测绘法》，某省的某地级市组织编制本市行政区域的基础测绘规划，应报(　　)批准后组织实施。

A. 该地级市人民政府　　B. 国务院

C. 国务院自然资源主管部门　　D. 所在地省级自然资源主管部门

40. 测绘项目资金预算控制通常由(　　)负责。

A. 总工程师　　B. 院长(总经理)

C. 项目委托方　　D. 项目监理方

41. 根据《民法典》，不动产登记费(　　)收取，具体收费标准由国务院有关部门会同价格主管部门规定。

A. 按件　　B. 按照不动产的面积

C. 按照不动产的体积　　D. 按照不动产价款的比例

42. 根据《测绘作业人员安全规范》，内业作业生产场所，小于(　　)m^2的重点设备库房应配置灭火器具。

A. 20　　B. 30

C. 40　　D. 50

43. 根据《地图审核管理规定》，自然资源主管部门应当自受理地图审核申请之日起(　　)作出审核决定。

A. 7 个工作日内　　B. 20 个工作日内

C. 即送即审　　D. 视情况而定

44. 根据《保守国家秘密法》，确定密级的机关、单位被撤销或者合并，有关变更密级和解密的工作由(　　)负责。

A. 原机关、单位的上级部门　　B. 同级保密工作部门

C. 承担其原职能的机关、单位　　D. 国家保密部门

45. 根据《基础地理信息标准数据基本规定》，1：50 000 基础地理信息标准数据由(　　)认定。

A. 数据表现地的省级自然资源主管部门

B. 国务院自然资源主管部门授权的机构

C. 数据表现地的省级自然资源主管部门委托的机构

D. 国务院自然资源主管部门会同军事测绘部门

46. 根据《基础地理信息标准数据基本规定》，基础地理信息标准数据生成过程中的质量检查由(　　)完成。

A. 生产单位　　B. 项目主管部门

C. 项目委托单位　　D. 单位质量负责人

47. 按照《公开地图内容表示规范》中钓鱼岛及其附属岛屿地图表示规定，比例尺大于

(　　)，且图幅范围包括钓鱼岛及其附属岛屿的地图，应当表示钓鱼岛及其附属岛屿。

A. 1：1 亿　　B. 1：5 000 万

C. 1：2 亿　　D. 1：8 000 万

48. 根据《地图审核管理规定》，互联网地图服务审图号有效期为(　　)年。审图号到期，应当重新送审。

A. 1　　B. 2

C. 3　　D. 4

49. 根据《地图审核管理规定》，经审核批准属于互联网地图服务的地图，应当在地图页面的(　　)标注审图号。

A. 左下角　　B. 右上角

C. 版权页　　D. 适当位置

50. 根据《测量标志保护条例》，拆迁基础性测量标志或者使基础性测量标志失去使用效能的，由(　　)批准。

A. 设置永久性测量标志的部门

B. 国务院自然资源主管部门或者省级人民政府管理测绘工作的部门

C. 国务院自然资源主管部门

D. 国务院自然资源主管部门或军队测绘部门

51. 测量标志受国家保护，禁止在距永久性测量标志(　　)m 范围内采石、爆破、射击、架设高压电线。

A. 10　　B. 50

C. 100　　D. 150

52. 根据《测绘生产困难类别细则》，困难类别图的最小图块为(　　)地形图分幅网格。

A. 1：10 000　　B. 1：25 000

C. 1：50 000　　D. 1：100 000

53. 根据《测绘生产困难类别细则》，在建筑与工业区进行 1：2 000 摄影测量，有规律的房屋与其他建筑物占图面(　　)以上，其困难类别定为Ⅲ类。

A. 40%　　B. 50%

C. 60%　　D. 70%

54. 按现行《测绘资质分类分级标准》，经过考核认定或通过考试成为注册测绘师人员，可以计入(　　)专业技术人员数量。

A. 初级　　B. 中级

C. 高级　　D. 教授级

55. 根据《地图审核管理规定》，地图涉及专业内容且没有明确审核依据的，应当由(　　)。

A. 有审核权的自然资源主管部门征求有关部门的意见

B. 国务院自然资源主管部门受理商外交部进行相应地图内容审查

C. 外交部审查

D. 省级以上自然资源主管部门审查

56. 根据《〈测绘合同〉示范文本》，对乙方所提供的测绘成果的质量有争议的，由测区所在地的(　　)裁决。

A. 市级以上测绘产品质量监督检验站

B. 测绘单位的总工程师

C. 省级测绘产品质量监督检验站

D. 国家认定的测绘成果鉴定机构

57. 根据《测绘技术设计规定》，测绘生产的主要技术依据是(　　)。

A. 技术设计文件　　B. 测绘技术标准

C. 测绘合同　　D. 作业规范文件

58. 根据《测绘技术设计规定》，下列不属于测绘技术设计应遵循的基本原则是(　　)。

A. 技术设计应根据技术输入内容，充分考虑顾客的要求

B. 技术设计方案应先考虑整体而后局部，且顾及发展

C. 积极采用适用的新技术、新方法和新工艺

D. 技术设计活动应按照策划、设计输入、设计输出、设计评审、验证(必要时)、审批和更改的原则

59. 根据《测绘地理信息管理工作国家秘密范围的规定》，下列事项中，属于秘密级国家秘密范围的是(　　)。

A. 泄露后会对国家重要军事设施、国家安全警卫目标造成严重威胁或者损害的

B. 泄露后会对国家整体军事防御能力造成严重威胁或者损害的

C. 泄露后会对社会稳定和民族团结造成严重损害的

D. 泄露后会对国家测绘地理信息核心技术水平、知识产权保护造成损害的

60. 根据《测绘成果质量监督抽查管理办法》，质量监督抽查不合格的测绘单位，整改完成后，必须向(　　)报送整改情况，申请监督复查。

A. 测绘成果质量监督抽查实施单位

B. 组织实施质量监督抽查的自然资源主管部门

C. 单位所在地自然资源主管部门

D. 测绘项目所在地自然资源主管部门

61. 根据《测绘成果质量检查与验收》，管线测量成果质量错漏中，当隐蔽管线点开挖平面位置埋深超限达(　　)(按全测区计算)时，成果质量为A类错漏。

A. 3%　　B. 5%

C. 10%　　D. 15%

62. 根据《测绘作业人员安全规范》，下列关于外业行车安全操作要求中，错误的是(　　)。

A. 夜间行车要保持灯光完好，降低行驶速度，充分判断地形及行进方向

B. 遇有暴风骤雨、冰雹、浓雾等恶劣天气时应低速行驶，视线不清时不准行车

C. 高原、山区行车气压低时应低挡行驶，少用制动，严禁滑行

D. 沙土地带行车应注意停车观察，低挡匀速行驶，避免中途停车

63. 根据《测绘生产质量管理规定》，测绘单位按照职责分工负责质量方针、质量目标的贯彻实施，(　　)有权签发有关质量文件及进行作业指导。

A. 法定代表人　　B. 质量主管负责人

C. 质检部门负责人　　D. 质检员

64. 根据《测绘成果质量监督抽查与数据认定规定》，下列内容中，不属于基础地理信息数据认定机构编写认定方案的是(　　)。

A. 认定依据　　B. 适用的数据范围

C. 采用的认定方法　　D. 认定人员的资格审查说明

65. 根据《测绘作业人员安全规范》，下列关于外业测绘人员野外宿营时，做法错误的是(　　)。

A. 应备好防寒、防潮、照明、通信等保障物品

B. 搭设帐篷时应了解地形情况，尽量选择干燥避风处和距离水源较近的地方

C. 帐篷周围应挖排水沟，在草原、森林地区，周围应开辟防火道

D. 治安情况复杂或野兽经常出没的地区，应设专人值勤

66. 根据《测绘技术总结编写规定》，技术总结的正、副封面的名称用(　　)文字表示。

A. 二号黑体　　B. 三号黑体

C. 四号仿宋体　　D. 小四号宋体

67. 根据《测绘成果质量检查与验收》，某测绘成果的某质量子元素分别出现B、C、D类错漏个数各1个，则一般情况下该成果的该质量子元素得分为(　　)分。

A. 75　　B. 83

C. 90　　D. 100

68. 下列关于测绘单位信用记录的说法中，正确的是(　　)。

A. 县级以上人民政府应当加强测绘单位信用体系建设

B. 县级以上人民政府自然资源主管部门应及时将随机抽查结果纳入测绘单位信用记录，依法将测绘单位信用信息予以公示

C. 某乙级测绘资质单位在测绘行业信用惩戒期内，该单位可以申请甲级资质

D. 某具备导航电子地图制作的甲级单位在测绘行业信用惩戒期内，该单位可以增加乙级的世界和全国政区地图编制专业类别

69. 根据《测绘资质分类分级标准》，下列专业范围中，设置测绘监理专业子项的是(　　)。

A. 大地测量　　B. 摄影测量与遥感

C. 地图编制　　D. 互联网地图服务

70. 根据《测绘成果质量检查与验收》，某测绘成果数学精度允许中误差为±15cm，高精度检查得到的成果中误差为±5cm，则该成果的数学精度得分为(　　)分。

A. 70　　B. 80

C. 90　　D. 100

71. 根据《数字测绘成果质量检查与验收》，下列检查项中，不属于“影像/栅格质量”质量子元素检查内容的是(　　)。

A. 分辨率　　B. 影像特性

C. 格网参数　　D. 影像重叠度

72. 根据《测绘地理信息管理工作国家秘密范围的规定》，下列测绘地理信息中，属于机密级的是(　　)。

A. 精度为±6″的垂线偏差成果　　B. 1∶5 000 的国家基本比例尺地形图

C. 2 000km 的国家等级水准网成果　　D. ±0.2m 的高程异常成果

73. 根据《质量管理体系　要求》，下列内容中，不属于组织对当生产和服务提供过程的输出不能由后续的监视或测量加以验证，使问题在产品使用后或服务交付后才显现时实施确认的内容是(　　)。

A. 为过程的评审和批准所规定的准则

B. 实施产品放行、交付和交付后活动

C. 设备的认可和人员资格的鉴定

D. 特定的方法和程序的使用

74. 根据《基础地理信息数据档案管理与保护规范》，基础地理信息数据档案的归档材料的完整性和准确性由(　　)总负责。

A. 档案管理单位　　B. 单位项目负责人

C. 档案形成单位　　D. 单位法定代表人

75. 根据《基础地理信息数据档案管理与保护规范》，基础地理信息数据档案归档的介质应有标识，下列标识中，可以不标注的是(　　)。

A. 题名　　B. 档号

C. 条形码　　D. 密级

76. 根据《〈测绘合同〉示范文本》，如果甲、乙签订合同后，乙方未进入现场工作前，由于甲方工程停止而终止合同的，甲方无权请求返还定金。双方没有约定定金的，偿付乙方(　　)。

A. 预算工程费的 30%　　B. 工程款总额的 30%

C. 预算工程费的 35%　　D. 工程款总额的 35%

77. 根据《〈测绘合同〉示范文本》，如果甲、乙签订合同后，如乙方擅自中途停止或解除合同，乙方应向甲方支付(　　)。

A. 预算工程费的 30%　　B. 双倍返还定金

C. 工程款总额的 20%　　D. 已付工程价款的 2 倍

78. 根据《质量管理体系　要求》，下列数据分析信息中，不属于质量数据分析应提供的有关信息是(　　)。

A. 与产品要求的符合性　　B. 过程和产品的特性及趋势

C. 顾客满意　　D. 过程的监视和测量

79. 根据《质量管理体系　要求》，下列措施中，属于质量纠正措施的是(　　)。

A. 确定不合格的原因　　B. 评价防止不合格发生的措施的要求

C. 确定并实施所需的精度　　D. 评审所采取的预防措施的有效性

80. 根据《质量管理体系　要求》，下列质量控制措施中，不属于“监视和测量设备的控制”措施的是(　　)。

A. 全站仪每年进行校准或检定

B. 全站仪在使用前进行竖盘指标差检验

C. 全站仪在使用前晾置半小时，使仪器与外界温度一致

D. 全站仪使用者定期培训

二、多项选择题(每题 2 分。每题的备选选项中，有 2 个或 2 个以上符合题意，至少有 1 个是错项。错选，本题不得分；少选，所选的每个选项得 0.5 分)

81. 根据《测绘技术设计规定》，测绘技术的设计活动应按照策划、设计输入、设计输出、审评、验证(必要时)、审批的程序进行的目的是确保技术设计文件满足规定要求的(　　)。

A. 适宜性　　B. 充分性

C. 法定性　　D. 有效性

E. 准确性

82. 根据《民法典》，下列合同中属效力待定合同的有(　　)。

A. 恶意串通、损害第三人利益的合同

B. 因乘人之危订立的合同

C. 因无权代理订立的合同

D. 无处分权人处分他人财产订立的合同

E. 以欺诈手段订立，不损害国家利益的合同

83. 根据《招标投标法》，下列关于评标的说法中，正确的有(　　)。

A. 招标人应当采取必要的措施，保证评标在严格保密的情况下进行

B. 评标委员会完成评标后，应当向招标人提出书面评标报告并确定合格的中标候选人

C. 招标人可以授权评标委员会直接确定中标人

D. 经评标委员会评审，认为所有投标都不符合招标文件要求的，可以否决所有投标

E. 任何单位和个人不得非法干预、影响评标的过程和结果

84. 根据《测绘生产困难类别细则》，确定测绘工作项目困难类别的因素包括(　　)。

A. 生产技术方法　　B. 测绘工作内容

C. 工期要求　　D. 技术工艺条件

E. 测区自然环境条件

85. 根据《测绘标准化工作管理办法》，下列情况中，测绘标准需要及时进行复审的是(　　)。

A. 重要测绘成果质量技术要求需要控制的

B. 不适应科学技术的发展和经济建设需要的

C. 相关技术发生了重大变化的

D. 标准实施中出现重大技术问题或有重要反对意见的

E. 国家标准和行业标准相关数字不统一的

86. 根据《测绘生产质量管理规定》，测绘单位应当在关键工序、重点工序设置必要的检验点，实施工序产品质量的现场检查。现场检验点设置的因素包括(　　)。

A. 作业规范要求　　B. 测绘任务的性质

C. 作业人员的水平　　D. 降低质量成本

E. 作业工序流程

87. 根据《保守国家秘密法》，下列行为属于违反涉密计算机信息系统管理的是(　　)。

A. 将保密设施、设备与涉密信息系统同步规划，同步建设，同步运行

B. 将涉密计算机、涉密存储设备接入互联网及其他公共信息网络

C. 使用非涉密计算机、非涉密存储设备存储、处理国家秘密信息

D. 擅自卸载、修改涉密信息系统的安全技术程序、管理程序

E. 在防护措施的情况下，于涉密信息系统与互联网及其他公共信息网络之间进行信息交换

88. 根据《测绘法》，任何单位或个人擅自发布已经国务院批准并授权国务院有关部门公布的重要地理信息数据的，由省级测绘行政主管部门依法(　　)。

A. 给予警告

B. 责令改正，可并处 50 万元以下罚款

C. 构成犯罪的，依法追究刑事责任

D. 没收所有重要地理信息数据成果

E. 对直接负责的主管人员和其他直接责任人员，依法给予处分

89. 某乙级房产测绘单位在房产测绘活动中，在房产面积测算中不执行国家标准、规范和规定。根据《房产测绘管理办法》，该单位可能承担的法律责任是(　　)。

A. 县级以上人民政府房地产行政主管部门给予警告

B. 被责令限期改正

C. 处于 1 万以上 5 万以下的罚款

D. 情节严重的，降低房产测绘资质

E. 情节严重的，取消房产测绘资格

90. 根据《测绘资质管理办法》，下列情形中，应向审批机关提交核准材料，申请换发新的测绘资质证书的是(　　)。

A. 测绘单位名称发生变更　　B. 注册地址发生变更

C. 法定代表人发生变更　　D. 专业技术人员发生变更

E. 测绘资质营业范围发生变更

91. 根据《公开地图内容表示规范》，下列关于公开地图精度的表述正确的有(　　)。

A. 地面分辨率不得优于 1.0m　　B. 等高线等高距不得小于 20m(不含)

C. 平面精度不优于 10m(不含)　　D. 高程精度不优于 15m(不含)

E. 数字高程模型格网不得小于 50m

92. 根据《测绘法》，下列资料中，由国务院测绘地理信息主管部门统一规定其样式的是(　　)。

A. 测绘单位的资质证书　　B. 测绘技术人员的执业证书

C. 测绘人员的测绘作业证件　　D. 测绘单位的测绘成果目录汇交表格

E. 测绘技术人员的执业印章

93. 根据《基础地理信息数据库基本规定》，基础地理信息数据库的组成部分支撑环境主要由(　　)构成。

A. 服务器设备　　B. 存储备份设备

C. 外围设备　　D. 内围设备

E. 网络环境

94. 根据《测绘技术设计规定》，设计评审的主要内容和要求包括(　　)。

A. 评审依据　　B. 评审目的

C. 评审条件　　D. 评审标准

E. 参加评审人员

95. 根据《测绘生产质量管理规定》，测绘任务实施前，应组织有关人员的技术培训，学习(　　)。

A. 合同要求　　B. 有关的技术标准

C. 操作规程　　D. 技术设计书

E. 测绘职业道德

96. 根据《测绘安全生产管理暂行规定》，省、自治区、直辖市测绘管理部门安全生产委员会的职责有(　　)。

A. 制定安全生产管理工作规划

B. 组织建立安全生产责任制，并监督落实

C. 根据整改计划落实并用好安全生产措施经费

D. 组织开展安全生产的定期或不定期检查，协调处理跨单位的事故隐患

E. 组织制订安全生产年度计划和整改措施计划

97. 根据《测绘技术总结编写规定》，测绘技术总结编写的主要依据包括(　　)。

A. 测绘任务书或测绘合同的有关要求

B. 测绘技术设计文件，相关的法律、法规、技术标准和规范

C. 文档簿(图历簿)以及作业过程中形成的重要生产记录

D. 测绘成果质量抽查报告

E. 测绘成果(或产品)的质量检查报告

98. 根据《基础地理信息数据档案管理与保护规范》，对归档材料进行检验时，文档材料的检

验内容包括(　　)检验。

A. 文档外观及标识　　B. 文档内容正确性

C. 文档内容一致性　　D. 文档内容完整性

E. 文档材料病毒性

99. 根据《质量管理体系　要求》，在质量管理体系中应用过程方法时，强调内容重要性的方面包括(　　)。

A. 理解和满足要求　　B. 职业健康与安全管理要求

C. 需要从增值的角度考虑过程　　D. 获得过程绩效和有效性的结果

E. 在客观测量的基础上，持续改进过程

100. 根据《质量管理体系　要求》，下列措施中，属于质量预防措施的是(　　)。

A. 评价确保不合格不再发生的措施的需求

B. 确定潜在不合格及其原因

C. 记录所采取措施的结果

D. 评审所采取的预防措施的有效性

E. 确定不合格的原因

"测绘管理与法律法规"仿真试卷五

一、单项选择题(每题1分，每题的备选选项中，只有1个符合题意)

1. 根据《测绘法》，(　　)应对永久性测量标志设立明显标志，并委托当地有关单位指派专人负责保管。

A. 县级以上人民政府　　B. 永久性测量标志建设单位

C. 乡级人民政府　　D. 国务院自然资源主管部门

2. 某测绘单位提供虚假材料申请测绘资质，审批机关作出不予批准的决定，纳入测绘单位信用记录。根据《测绘资质管理办法》，该单位在(　　)再次申请测绘资质的，审批机关不予受理。

A. 半年内　　B. 一年内

C. 二年内　　D. 三年内

3. 某测绘单位依法取得测绘资质后，出现不符合其测绘资质等级或者专业类别条件的，由(　　)主管部门责令限期改正。

A. 县级以上人民政府自然资源　　B. 市级以上人民政府自然资源

C. 省级以上人民政府自然资源　　D. 县级以上人民政府住建

4. 某乙级测绘单位具有不动产测绘资质，资质证书上载明的业务范围包含房产测绘。该单位承接规划许可证载单栋建筑面积不应超过(　　)万平方米。

A. 2　　B. 5

C. 10　　D. 15

5. 测绘单位的(　　)负责编制本单位年度质量计划。

A. 法定代表人　　B. 行政领导及总工

C. 质量管理机构及质量检查人员　　D. 测绘生产人员

6. 根据《招标投标法》，投标人中标某工程项目，合同金额为6 850万元，则履约保证金额为(　　)万元。

A. 650　　B. 700

C. 750　　D. 800

7. 根据《测绘生产成本费用定额》，测绘项目间接费用占项目成本费用总数比例为(　　)。

A. 6%　　B. 8%

C. 10%　　　D. 12%

8. 根据《招标投标法》，具备承担招标项目的能力的(　　)，按照招标文件的要求编制的文件，对招标问价提出的实质性条件作出响应。

A. 招标人　　　B. 注册测绘师

C. 投标人　　　D. 责任人

9. 根据《测绘资质管理办法》，测绘单位在从事测绘活动中，因泄露国家秘密被国家安全机关查处的，测绘资质审批机关应当(　　)。

A. 注销其测绘资质证书　　　B. 降低其测绘资质等级

C. 核减其相应业务范围　　　D. 对其通报批评

10. 根据《测绘资质分类分级标准》，导航电子地图制作安全保障措施要求涉密网络应配备的人员中，不需要的配备是(　　)。

A. 系统管理员　　　B. 安全保密管理员

C. 安全审计员　　　D. 系统总工程师

11. 根据《外国的组织或者个人来华测绘管理暂行办法》，申请测绘资质的合作企业自被受理初审之日起，一般最迟(　　)个工作日之内可获得测绘资质证书。

A. 8　　　B. 20

C. 33　　　D. 40

12. 根据《测绘法》，建立以地理信息数据为基础的信息系统，必须采用(　　)的基础地理信息数据。

A. 国家规定　　　B. 符合国家标准

C. 符合国家保密规定　　　D. 经过涉密技术处理

13. 在测绘活动中形成的技术设计和测绘成果质量文件，必须有注册测绘师(　　)后方可生效。

A. 签字并加盖执业印章　　　B. 签字并盖单位公章

C. 盖执业印章　　　D. 审核合格并签字

14. 干扰或者阻挠测量标志建设单位依法使用土地或者在建筑物上建设永久性测量标志的，可以根据情节处以(　　)的罚款。

A. 1万元以上5万元以下　　　B. 5万元以下

C. 1万元以上10万元以下　　　D. 10万元以下

15. 根据《测绘法》，地理信息生产、保管、利用单位应当对属于国家秘密的地理信息的获取、持有、提供、利用情况进行登记并长期保存，实行(　　)。

A. 可追溯管理　　　B. 监督管理

C. 信用管理　　　D. 跟踪管理

16. 根据《地图管理条例》，对于海图的编制和管理，一般按照(　　)的规定执行。

A. 国务院自然资源主管部门　　　B. 中央军事委员会

C. 省级自然资源主管部门以上　　　D. 国务院、中央军事委员会

17. 根据《建立相对独立的平面坐标系统管理办法》，下列原则中，建立相对独立的平面坐标系统无须遵循的是(　　)。

A. 必须因建设、城市规划和科学研究的需要

B. 必须经过批准，且必须经国务院会同军队测绘部门审批

C. 确实需要建立

D. 应当建立与国家坐标系统相联系

18. 根据《测量标志保护条例》，下列职责中，不属于测量标志保管人员的是(　　)。

A. 经常检查测量标志的使用情况，查收永久性测量标志使用后的完好状况

B. 制止、检举和控告移动、损毁、盗窃永久性测量标志的行为

C. 查询使用永久性测量标志的测绘人员的相关情况

D. 对测量标志定期维修，保证测量标志正常使用

19. 根据《测绘法》，下列情况中，建设相对独立的平面坐标系统，可不必由国务院自然资源主管部门批准的是(　　)。

A. 雄安新区规划需要　　　B. 因科学研究需要

C. 国家重大工程项目　　　D. 省级经济开发区

20. 根据《测量标志保护条例》，下列职责中，不属于省级自然资源主管部门测量标志管理的是(　　)。

A. 检查维护国家一、二等永久性测量标志

B. 组织贯彻实施有关测量标志保护的法律、法规和规章

C. 负责国家和本省统一设置的四等以上三角点、水准点和D级以上全球卫星定位控制点的迁建审批工作

D. 组织建立永久性测量标志档案

21. 我国国家标准由(　　)编制计划和组织草拟，并统一审批、编号、发布。

A. 国务院自然资源主管部门

B. 国务院标准化行政主管部门

C. 国家市场监督管理总局

D. 国家市场监督管理总局联合国家标准化管理委员会

22. 根据《地图审核管理规定》，负责协助审核的自然资源主管部门应当自收到协助审核材料之日起(　　)个工作日内，完成审核工作。

A. 5　　　B. 7

C. 9　　　D. 11

23. 根据《测绘成果质量监督抽查管理办法》，受检单位对监督检验结论有异议的，可以自收到检验结论之日起(　　)个工作日内向组织实施质量监督抽查的自然资源主管部门提出书面异议报告，并抄送检验单位。

A. 3　　　B. 5

C. 10　　　D. 15

24. 根据《关于加强测绘质量管理的若干意见》，负责非基础测绘项目的质量监督管理部门是(　　)。

A. 国务院自然资源主管部门　　B. 省级自然资源主管部门

C. 项目所在地的自然资源主管部门　　D. 组织实施该项目的自然资源主管部门

25. 检查、验收人员与被检查单位在质量问题的处理上有分歧时，属检查中的，由测绘单位的总工程师裁定，属最终成果验收的，由(　　)裁定。

A. 测绘单位上级质量管理机构　　B. 测绘单位上级主管部门

C. 区域测绘质检部门　　D. 测绘单位的负责人

26. 测绘成果汇交是指向法定的测绘公共服务和公共管理机构提交(　　)。

A. 测绘成果副本或者目录　　B. 测绘成果

C. 测绘原始数据　　D. 测绘成果图总结

27. 经国务院自然资源主管部门与其他有关部门对重要地理信息数据进行审核并报国务院，由(　　)批准，并由国务院或者国务院授权的部门公布。

A. 国务院　　B. 自然资源部

C. 工信部　　D. 省级自然资源主管部门

28. 根据《测绘地理信息业务档案管理规定》，具有重要查证保存的测绘地理信息业务档案的保存期限为(　　)。

A. 10 年　　B. 30 年

C. 永久保存　　D. 长期保存

29. 根据《涉密基础测绘成果提供使用管理办法》，下列情形中，测绘资质单位无须纳入测绘地理信息行业不良信用记录的是(　　)。

A. 提供虚假信息申请提供使用涉密基础测绘成果

B. 拒不接受和配合涉密基础测绘成果使用事中事后监管的

C. 未按规定保管和使用涉密基础测绘成果，存在重大失泄密隐患或发生失泄密的

D. 缺保密管理条件提交材料说明的

30. 重要地理信息数据经国务院批准并明确授权公布的部门后，要以(　　)形式公布，并在全国范围内发行的报纸或者互联网上刊登。

A. 公告　　B. 通告

C. 通知　　D. 公示

31. 根据《标准化法》，企业对有国家标准或者行业标准的产品，可以向国务院标准化行政主管部门或者国务院标准化行政主管部门授权的部门申请(　　)。

A. 产品标准认证　　B. 产品质量认证

C. 产品特征认证　　D. 产品合格证书

32. 根据《民法典》，土地承包经营权属于(　　)。

A. 所有权　　B. 用益物权

C. 担保物权　　D. 准物权

33. 县级以上人民政府自然资源主管部门应当会同本级人民政府(　　)主管部门，加强对不动产测绘的管理。

A. 不动产登记　　B. 房产测绘

C. 城乡建设　　D. 国土资源

34. 根据《测绘法》，外国组织或者个人在中华人民共和国领域和中华人民共和国管辖其他海域从事测绘活动，必须经(　　)批准，并遵守中华人民共和国的有关法律、行政法规的规定。

A. 国务院自然资源主管部门

B. 军队测绘部门

C. 国务院自然资源主管部门会同军队测绘部门

D. 外交部

35. 根据《测绘生产质量管理规定》，生产作业中的工序产品必须达到规定的质量要求，经(　　)，如实填写质量记录，达到合格标准后，方可转入下一工序。

A. 作业人员自查　　B. 作业人员互查

C. 监督检验机构抽查　　D. 作业人员自查、互检

36. 某测绘单位以欺骗、贿赂等不正当手段取得测绘资质证书的，根据《测绘资质管理办法》，该单位在(　　)再次申请测绘资质，审批机关不予受理。

A. 半年内　　B. 一年内

C. 两年内　　D. 三年内

37. 根据《建立相对独立的平面坐标系统管理办法》，下列关于建立相对独立的平面坐标系统的申请予以批准的情况是(　　)。

A. 申请材料内容虚假　　B. 已采用国际坐标系

C. 国家坐标系统能够满足需要的　　D. 已依法建有相关的相对独立的平面坐标系统

38. 根据《涉密基础测绘成果提供使用管理办法》，下列关于涉密测绘成果管理和使用的办法说法中，正确的是(　　)。

A. 无人机航摄成果可以及时获取即时发布

B. 对依法获取的涉密测绘成果，测绘单位可根据需要变更使用

C. 涉密测绘成果应先归档后依法提供使用

D. 对依法获取的涉密测绘成果，获取单位可直接向合作方提供

39. 测绘单位办理遗失测绘作业证件的补证的，有关部门应当自收到补证申请之日起(　　)日内完成补证工作。

A. 5　　B. 10

C. 20　　D. 30

40. 自然资源主管部门作出准予使用基础测绘成果决定的，应当自决定之日起(　　)个工作日内向申请人送达批准文件，并同时抄送申请人所在地的县级以上自然资源主管部门。

A. 3　　B. 5

C. 10　　D. 15

41. 根据《地图管理条例》，(　　)应当加强对地图出版活动的监督管理，依法对地图出版违法行为进行查处。

A. 县级以上人民政府出版行政主管部门

B. 市级以上人民政府出版行政主管部门

C. 省级以上人民政府出版行政主管部门

D. 国务院出版行政主管部门

42. 外国的组织和个人来华测绘，超出一次性测绘批准文件的内容从事测绘活动的，由(　　)撤销批准文件，责令停止测绘活动，处3万元以下罚款，对形成的测绘成果依法予以收缴。

A. 国务院自然资源主管部门

B. 本级人民政府

C. 从事测绘活动区域的自然资源主管部门

D. 军队测绘管理部门

43. 根据《地图审核管理规定》，时事宣传地图应当自受理地图审核申请之日起(　　)作出审核决定。

A. 7个工作日内　　B. 20个工作日内

C. 即送即审　　D. 视情况而定

44. 根据《房产测绘管理办法》，房产测绘单位在房产面积测算中弄虚作假、欺骗房屋权利人的，县级以上人民政府房地产行政主管部门给予警告并责令限期改正，并可处(　　)的罚款。

A. 1万元以上3万元以下　　B. 2万元以上3万元以下

C. 2万元以上5万元以下　　D. 3万元以上5万元以下

45. 根据《遥感影像公开使用管理规定(试行)》，公开使用的遥感影像空间位置精度不得高于(　　)m；不标注涉密信息，不处理建筑物、构筑物等固定设施。

A. 20　　B. 50

C. 100　　D. 150

46. 根据《测绘成果质量检查与验收》，测绘成果同精度检测时，在允许中误差(　　)倍内的误差值均应参与数学精度统计。

A. $\sqrt{2}$　　B. 2

C. $2\sqrt{2}$　　D. 3

47. 根据《测绘成果质量检查与验收》，判定最终检查批成果质量为良级等级的标准是(　　)。

A. 优良品率达到70%以上，其中优级品率达到20%以上

B. 优良品率达到75%以上，其中优级品率达到25%以上

C. 优良品率达到80%以上，其中优级品率达到25%以上

D. 优良品率达到80%以上，其中优级品率达到30%以上

48. 根据《数字测绘成果质量检查与验收》，下列检查项中，不属于"影像/栅格质量"质量元素检查内容的是(　　)。

A. 元数据　　B. 分辨率

C. 格网参数　　D. 影像特性

49. 某测绘单位测制1∶500大比例尺地形图共分幅176幅，按《数字测绘成果质量检查与验收》规定，其检查样本量至少需要(　　)幅。

A. 13　　B. 14

C. 15　　D. 16

50. 根据《基础测绘条例》，1∶100万至1∶5 000国家基本比例尺地图、影像图和数字化产品的更新周期为(　　)。

A. 5年更新一次　　B. 3年更新一次

C. 至少5年更新一次　　D. 至少3年更新一次

51. 根据《测绘地理信息管理工作国家秘密范围的规定》，下列事项中，属于绝密级国家秘密范围的是(　　)。

A. 泄露后会对国家安全、利益和领土主权及海洋权益造成严重威胁或者损害的

B. 泄露后会对国家安全、利益和领土主权及海洋权益造成严重威胁或者损害的

C. 泄露后会对社会稳定和民族团结造成严重损害的

D. 泄露后会对国家测绘地理信息核心技术水平、知识产权保护造成损害的

52. 根据《测绘技术设计规定》，下列内容中，不属于技术设计过程内容的是(　　)。

A. 设计输入　　B. 设计输出

C. 设计变更　　D. 设计验证

53. 根据《基础地理信息数据档案管理与保护规范》，磁带与磁场源(永久磁铁、马达、变压器等)之间的距离不得小于(　　)mm。

A. 30　　B. 38

C. 45　　D. 76

54. 根据《〈测绘合同〉示范文本》，测绘工程完工后，应根据合同约定使用的技术标准和技术要求，由(　　)组织验收。

A. 项目委托单位　　B. 项目承担单位

C. 质量监督检验部门　　D. 测绘行政主管部门

55. 根据《基础测绘计划管理办法》，市、县级基础测绘年度计划的编制程序由(　　)研究确定。

A. 省级发展和改革主管部门

B. 省级自然资源主管部门

C. 县级以上地方政府

D. 省级发展和改革主管部门会同自然资源主管部门

56. 基础测绘成果应急提供时，各级自然资源主管部门可无偿调用所缺的基础测绘成果，被调用方接到调用方加盖本机关印章的书面通知后，应在(　　)小时内准备好测绘资料，并及时

通知调用方领取。

A. 2　　B. 4

C. 8　　D. 24

57. 根据《保守国家秘密法》，在涉密岗位工作的人员，按照涉密程度分为核心涉密人员、重要涉密人员和一般涉密人员，实行(　　)管理。

A. 分级　　B. 分类

C. 统一　　D. 分区

58. 根据国家财政和测绘主管部门颁布的《测绘生产成本费用定额》，数字线划地图(DLG)成图，若需要房檐改正的，定额增加(　　)。

A. 10%　　B. 15%

C. 20%　　D. 25%

59. 根据《测绘成果质量检查与验收》，数字测绘成果产品进行同精度检测时，其中误差的计算公式是(　　)。

A. $M=\pm\sqrt{\frac{\sum_{i=1}^{n}\Delta_i^2}{n}}$　　B. $M=\pm\sqrt{\frac{\sum_{i=1}^{n}\Delta_i^2}{2n}}$

C. $M=\pm\sqrt{\frac{\sum_{i=1}^{n}\Delta_i^2}{n-1}}$　　D. $M=\pm\sqrt{\frac{\sum_{i=1}^{n}\Delta_i^2}{3n}}$

60. 根据《测绘作业人员安全规范》，进入沼泽地区作业时，应配备必要的绳索、木板和长约(　　)m 的探测棒。

A. 0.6　　B. 0.9

C. 1.2　　D. 1.5

61. 根据《质量管理体系　要求》，管理评审的输出内容应包括有关方面的任何决定和措施，其中错误的是(　　)。

A. 预防措施和纠正措施的状况　　B. 对质量管理体系的变更需求

C. 持续改进的机会　　D. 保持形成文件的信息

62. 根据《质量管理体系　要求》，下列内容中，不属于质量管理体系文件必要组成部分的是(　　)。

A. 形成文件的质量方针和质量目标

B. 质量手册

C. 组织确定的为确保其过程有效策划、运行和控制所需的文件，包括记录

D. 各类质量管理程序、规范和作业指导书

63. 根据《基础地理信息城市数据库建设规范》，下列数据中，不属于数据库扩展数据组成部分的是(　　)。

A. 地貌数据　　B. 三维模型数据

C. 地籍数据　　D. 地名地址数据

64. 根据《公开版地图质量评定标准》，下列地图质量差错中，属于严重差错的是(　　)。

A. 符号(等级)、注记(字体、字号)的设计不合理，造成关系不清

B. 重要专题内容的分区、分类、分级等出现重大科学性的差错

C. 普通居民地符号、注记的差错

D. 境界线综合不当、描绘变形超限

65. 根据《测绘技术设计规定》，下列项目设计书组成要素中，不属于"概述"内容的是(　　)。

A. 项目来源　　B. 内容和目标

C. 投入测绘仪器类型及数量　　D. 任务量和完成期限

66. 根据《测绘技术设计规定》，下列内容中，不属于测绘项目设计的目的是(　　)。

A. 制定切实可行的技术方案

B. 保证成果的技术先进性

C. 保证测绘成果(或产品)符合技术标准和满足顾客要求

D. 获得最佳的经济效益和社会效益

67. 根据《地图管理条例》，(　　)没有明确审核依据的，由国务院测绘地理信息行政主管部门商外交部进行审核。

①世界地图　②历史地图　③时事宣传地图

A. ②③　　B. ①②

C. ①③　　D. ①②③

68. 下列内容中，表示项目实施进度安排的是(　　)。

A. 相关技术规范颁布时间　　B. 工程费用支付时间

C. 技术标准指定时间　　D. 每项工作计划完成的具体时间

69. 测绘项目合同中，下列内容中，属于甲方义务的是(　　)。

A. 对技术设计书的审定　　B. 编制完成技术设计书

C. 组织测绘队伍进场作业　　D. 确保测绘项目如期完成

70. 国界线测绘成果包括边界线地图、未定国界的勘测资料等属于国家(　　)资料，直接涉及国家安全和利益。

A. 机密级　　B. 秘密级

C. 绝密级　　D. 特密级

71. 测绘单位确定贯标工作一般选择(　　)帮助建立质量管理体系。

A. 自然资源主管部门　　B. 监理单位

C. 咨询机构　　D. 认证机构

72. 测绘单位必须接受测绘主管部门和技术监督行政部门的质量监督管理，拒绝接受监督检查的，其产品质量按(　　)处理。

A. 不合格　　B. 批不合格

C. 样本不合格　　D. 质量差

73. 根据《〈测绘合同〉示范文本》，下列内容中，不需要在合同中载明的是(　　)。

A. 承揽人身份证号码　　B. 承揽人测绘资质等级

C. 承揽人住所　　D. 承揽人名称

74. 根据《基础地理信息数据档案管理与保护规范》，基础地理信息数据可根据实际情况确定异地存储的距离，建议异地存储的距离应大于(　　)km。

A. 50　　B. 100

C. 150　　D. 200

75. 根据《测绘技术设计规定》，下列内容中，不属于测绘项目进度安排需要做的工作是(　　)。

A. 划分作业区的困难类别

B. 根据经费预算安排仪器设备和测绘人员

C. 根据设计方案，统计计算各工序的工作量

D. 根据统计的工作量和计划投入的生产实力，参照生产定额，列出年度计划

76. 根据《测绘成果质量监督抽查与数据认定规定》，下列内容中，不属于基础地理信息标准数据认定方法的是(　　)。

A. 资料审核　　B. 计算机数学分析

C. 专家评审　　D. 关键参数测试

77. 根据《测绘成果质量监督抽查与数据认定规定》，检验单位和数据认定单位归档的资料保存期应不少于(　　)年，并便于查询、检索。

A. 2　　B. 3

C. 4　　D. 5

78. 根据《测绘技术总结编写规定》，测绘技术总结的项目总结应由承担项目的(　　)负责编写或组织编写。

A. 法人单位　　B. 国家注册测绘师

C. 单位总工程师　　D. 法定代表人

79. 根据《高程控制测量成果质量检验技术规程》，下列关于高程控制测量单位成果划分方式，错误的是(　　)。

A. 以水准测量方式进行高程控制测量成果检验时，以测站为单位

B. 以三角高程方式进行高程控制测量成果检验时，以测段为单位

C. 以 GNSS 高程测量进行高程控制测量成果检验时，以点为单位

D. 按工序成果检验时，选埋工序以点位为单位，观测工序以测段为单位

80. 根据《测绘成果质量检查与验收》，根据需要对样本外成果进行概查时，一般只记录 A 类、B 类错漏和普遍性问题。当单位成果未检出 A 类错漏且 B 类错漏个数少于(　　)个时，判概查合格；否则判概查为不合格。

A. 6　　B. 5

C. 4　　D. 3

二、多项选择题(每题 2 分。每题的备选选项中，有 2 个或 2 个以上符合题意，至少有 1 个是错项。错选，本题不得分；少选，所选的每个选项得 0.5 分)

81. 根据《测绘资质分类分级标准》，从事互联网地图服务专业的主要业务包括(　　)。

A. 地理位置定位　　B. 导航电子地图制作

C. 地理信息上传标注　　D. 地图数据库开发

E. 无线互联网调用地图

82. 外国的组织或者个人与我国有关部门或者单位采用合作方式申请测绘资质的企业应当提供的材料有(　　)。

A.《测绘资质管理规定》中要求提供的申请材料

B. 中方控股的证明文件

C. 企业法人营业执照

D. 国务院测绘地理信息主管部门规定应当提供的其他材料

E. 在中国境内从事测绘活动的业绩证明

83. 根据《中华人民共和国计量法实施细则》(以下简称《计量法实施细则》)，使用测绘计量标准器具必须具备的条件有(　　)。

A. 经计量检定合格　　B. 未过设备的质保期

C. 具有正常工作所需的环境条件　　D. 具有职称的保存、维护、使用人员

E. 具有完善的管理制度

84. 测绘资质管理是指测绘行业资格部门对测绘资质制定具体规定，对从事测绘活动的单位进行(　　)等行政行为。

A. 测绘资质审查　　B. 发放测绘资质证书

C. 依法对测绘活动进行监督　　D. 查处无证测绘

E. 测绘工作范围的审核

85. 根据《建立相对独立的平面坐标系统管理办法》，申请建立相对独立的平面坐标系统应提交的材料，正确的有(　　)。

A. 建立独立平面坐标系统申请书

B. 属于工程项目的申请人的有效身份证明

C. 立项批准文件

D. 能够反映建设单位测绘成果及资料档案管理设施和制度的证明文件

E. 建立城市相对独立的平面坐标系统的，应当提供该市人民政府同意建立的文件(复印件)

86. 根据《测绘成果质量监督抽查管理办法》，自然资源部按年度制定全国质量监督抽查计划，重点组织实施(　　)的质量监督抽查。

A. 重大测绘项目　　B. 基础测绘项目

C. 重点工程测绘项目　　D. 涉及国家安全的项目

E. 与人民群众生活密切相关、影响面广的测绘项目成果

87. 根据《测绘资质管理办法》，审批机关应当将申请测绘资质的方式、(　　)、程序、期限、审批结果等向社会公开。

A. 依据　　B. 条件

C. 费用　　D. 材料目录

E. 审批人员

88. 某地图出版社编辑通过互联网上传标注了含有按照国家有关规定在地图上不得表示的内容，根据《地图管理条例》，对此国务院测绘行政部门可对其作出(　　)处理。

A. 处以 10 万元以下的罚款　　B. 情节严重的，注销其地图出版资格

C. 责令改正　　D. 给予警告

E. 构成犯罪的，依法追究刑事责任

89. 下列内容中，属于重要地理信息数据内容的是(　　)。

A. 涉及国家主权、政治主张的地理信息数据；国界、国家面积、国家海岸线长度等地理信息数据

B. 省级界线长度及行政区域面积

C. 冠以“全国”“中国”“中华”等字样的地理信息数据

D. 沿海省、自治区、直辖市海岸线长度

E. 国家版图重要特征点、地势地貌分区位置等地理信息数据

90. 违反《测绘法》规定，建立地理信息系统，采用不符合国家标准的基础地理信息数据的，(　　)，对负有直接责任的主管人员和其他直接责任人员，依法给予行政处分。

A. 给予警告　　B. 责令改正

C. 可以并处 50 万元以下的罚款　　D. 给予严重警告

E. 通报批评

91. ISO 9000 族标准质量管理体系贯标中审核、评审和体系改进阶段的工作包括(　　)。

A. 培训内部质量管理体系审核员

B. 制订内部审核计划

C. 在质量管理体系运行期间，控制覆盖体系的内部审核

D. 开展管理评审

E. 生产管理体系运行和改进

92. 根据《测绘作业人员安全规范》，测绘外业中行车的基本要求安全措施，正确的有(　　)。

A. 货运汽车车厢内载人，应按照公安交通部门的有关规定执行

B. 驾驶员应严格遵守有关交通安全法规、安全操作规程和安全运行的各种要求，具备野外环境下驾驶车辆的技能

C. 车辆必须安装卫星导航定位装置

D. 驾驶员应了解所运送物品的性能，保证人员和物品的安全

E. 危险物品与人员混装运送时，人员要注意安全

93. 根据《关于加强涉密测绘成果管理工作的通知》，严禁在公共信息网络上登载发布使用未经省、自治区、直辖市自然资源主管部门进行保密技术处理的(　　)。

A. 公开版地图　　B. 涉密测绘成果

C. 行政区划图　　D. 旅游图

E. 涉密测绘成果的衍生产品

94. 根据《测绘技术总结编写规定》，测绘技术总结的组成部分包括(　　)。

A. 概述　　B. 技术设计执行情况

C. 安全生产执行情况　　D. 成果(或产品)质量说明和评价

E. 上交和归档的成果(或产品)检查报告

95. 根据《测绘技术总结编写规定》，编写专业技术总结时，测绘“成果(或产品)质量说明与评价”的内容应包括(　　)。

A. 说明和评价项目最终测绘成果(或成果)的质量情况

B. 测绘成果(或产品)完成的数量情况

C. 产品达到的技术质量指标

D. 说明项目实施中质量保障措施

E. 说明最终测绘成果(或产品)的质量检查报告的名称和编号

96. 根据《测量标志保护条例》，关于测量标志拆迁审批，下列内容属于国务院自然资源主管部门的审批职责的是(　　)。

A. 国家一、二等三角点(含同等级的大地点)、水准点(含同等级的水准点)

B. 国家三、四等三角点(含同等级的大地点)、水准点(含同等级的水准点)

C. 国家平面控制网、高程控制网和空间控制网的加密网点

D. 国家天文点、重力点(包括地壳变形监测点等具有物理因素的点)、GNSS 点(B 级精度以上)

E. 国家明确规定需要重点保护的其他永久性测量标志等

97. 根据《测绘生产质量管理规定》，测绘单位的质量管理、检验机构及质量检查人员，应负责(　　)。

A. 编制年度质量计划　　B. 贯彻技术标准及质量文件

C. 编制测绘项目的技术设计书　　D. 组织实施内部的质量审核工作

E. 对作业过程进行现场监督和检查，处理质量问题

98. 根据《公开地图内容表示规范》，以下情况中，必须附南海诸岛附属图的是(　　)。

A. 海南省地图

B. 图名明确为海南岛的地图

C. 不以中国为主要表现地的区域地图

D. 图名明确为南海北部，西部等涉及南海四至范围的局部地图

E. 完整表示海南岛的区域地图

99. 根据《测绘标准法工作管理办法》，下列情形之中，可以制定测绘标准化指导性技术文件的有(　　)。

A. 建立和维护测绘基准和测绘系统必须遵守的技术要求

B. 技术尚在发展中，需要有相应的测绘标准文件引导其发展或具有标准化价值，尚不能制定为标准的项目

C. 采用国际标准化组织以及其他国际组织技术报告的

D. 需要控制的重要测绘成果质量的技术要求

E. 国际基础测绘项目及有关重大专项实施过程中，没有国家标准和行业标准而又需要统一的技术要求

100. 根据《测绘资质分类分级标准》，下列测绘地理信息安全保障措施中，符合基本要求的有(　　)。

A. 涉密存储介质专人管理，建立台账

B. 涉密设备与存储介质应粘贴密级标识

C. 涉密存储介质接入互联网

D. 涉密网络与公共信息网络间实行物理隔离

E. 涉密计算机内接端口封闭管理

"测绘管理与法律法规"仿真试卷六

一、单项选择题(每题1分，每题的备选选项中，只有1个符合题意)

1. 我国对从事测绘活动的专业技术人员，实行(　　)管理制度。

A. 执业资格　　B. 职称资格

C. 行业准入　　D. 专业资格

2. 根据《测绘资质分类分级标准》，用于申请甲级测绘资质的专业技术人员中，退休的专业技术人员不得超过(　　)人。

A. 1　　B. 2

C. 3　　D. 4

3. 根据《测绘法》，建设和运行维护的卫星导航定位基准站不符合国家标准、要求的，给予警告，责令限期改正，没收违法所得和测绘成果，可并处下列罚款范围内，(　　)万元的罚款。

A. 十　　B. 二十

C. 二十五　　D. 三十五

4. 根据《测绘生产成本费用定额》，测绘项目期间费用占项目成本费用的总数比例为(　　)。

A. 6%　　B. 12%

C. 50%　　D. 82%

5. 根据《测绘生产成本费用定额》，测绘生产年作业期内业工日定额为(　　)工日。

A. 160　　B. 180

C. 200　　D. 220

6. 下列选项中，测绘人员对于测绘作业证使用正确的是(　　)。

A. 将测绘作业证转借他人的

B. 利用测绘作业证进行欺诈及其他违法活动的

C. 在出入住宅小区时主动出示测绘作业证

D. 擅自涂改测绘作业证的

7. 测绘成果最终检查由测绘单位的(　　)负责实施。

A. 总工程师　　B. 项目质量负责人

C. 注册测绘师　　D. 质量管理机构

8. 下列关于测绘资质申请不予受理的情况中，说法错误的是(　　)。

A. 申请事项依法不属于本审批机关职责范围的，应当即时作出不予受理的决定，并告知申请单位向有关审批机关申请

B. 隐瞒有关情况或者提供虚假材料申请测绘资质的，审批机关应当依照《行政许可法》的规定作出不予受理的决定或者不予批准的决定

C. 申请测绘资质的单位提供虚假材料申请测绘资质的，审批机关作出不予受理的决定或者不予批准的决定。该单位在一年内再次申请测绘资质的，审批机关不予受理

D. 测绘单位以欺骗、贿赂等不正当手段取得测绘资质证书的，该单位在一年后再次申请测绘资质，审批机关应当受理

9. 中华人民共和国注册测绘师注册证每次注册后有效期为(　　)。

A. 2 年　　B. 3 年

C. 4 年　　D. 5 年

10. 根据《测绘资质管理办法》，各级自然资源主管部门应当加强测绘市场信用体系建设，将测绘单位的(　　)纳入测绘资质监督管理范围。

A. 业务资料　　B. 信用信息

C. 合同资料　　D. 财务信息

11. 负责受理单位和个人提出的公布重要地理信息数据建议的是(　　)。

A. 国务院新闻办　　B. 自然资源部

C. 省级人民政府办公厅　　D. 省级人民政府信息公开管理部门

12. 根据《测绘市场管理暂行办法》，对已列入《测绘收费标准》的测绘产品，计费不得低于《测绘收费标准》规定的(　　)。

A. 75%　　B. 80%

C. 85%　　D. 90%

13. 测绘成果汇交的特征不包括(　　)。

A. 法定性　　B. 无偿性

C. 完整性　　D. 系统性

14. 根据《外国的组织或者个人来华测绘管理暂行办法》，外国的组织或者个人来华进行合作测绘或者一次性测绘的，应当保证(　　)全程参与集体测绘活动。

A. 中方测绘人员　　B. 合作双方测绘人员

C. 外国测绘人员　　D. 有关测绘人员

15. 根据《民法典》，下列情形中的合同，能够依法变更的是(　　)。

A. 以胁迫方式订立的损害国家利益的合同

B. 因乘人之危订立而被当事人撤销的合同

C. 无权处分而又未获得权利人追认的效力未定合同

D. 依法生效的合同

16. 根据《民法典》，当事人订立合同时，应当具有相应的(　　)。

A. 民事权利能力　　B. 民事行为能力

C. 民事责任能力　　D. 民事权利能力和民事行为能力

17. 根据《地图管理条例》，自然资源主管部门应当自受理地图审核申请之日起(　　)个工作日内作出审核决定。

A. 5　　B. 10

C. 15　　D. 20

18. 根据《民法典》，在合同成立时，采用数据电文形式订立的合同，无主营业地时合同的成立地点应为(　　)。

A. 承诺生效的地点　　B. 经常居住地

C. 收件人的主营业地　　D. 合同签订地

19. 根据《民法典》，当事人采用合同书形式订立合同的，自(　　)。

A. 双方当事人制作合同书时合同成立

B. 双方当事人表示受合同约束时合同成立

C. 双方当事人签字或者盖章时合同成立

D. 双方当事人达成一致意见时合同成立

20. 根据《公开地图内容表示规范》，下列关于地图绘制的说法错误的是(　　)。

A. 海南省全图的图幅范围必须表示南海诸岛

B. 台湾地区地图必须表示钓鱼岛、赤尾屿(以"台湾岛"命名的地图除外)

C. 香港特别行政区、澳门特别行政区在地图上应当按省级行政单位表示

D. 广东省全图必须包括南沙群岛

21. 关于联合体投标，下列表述中，正确的是(　　)。

A. 联合体中应当至少有一方具备承担招标项目的相应能力

B. 由同一专业的单位组成的联合体，按照资质等级较高的单位确定资质等级

C. 联合体内应当签订共同投标协议，并将共同投标协议连同投标文件一并提交招标人

D. 联合体中标的，联合体应当指定一方与招标人签订合同

22. 根据《计量法实施细则》，使用实行强制检定的工作计量器具的单位和个人，应当向当地(　　)指定的计量检定机构审定周期检定。

A. 省级以上计量行政主管部门　　B. 县级以上人民政府计量行政主管部门

C. 省级以上自然资源主管部门　　D. 国务院计量行政主管部门

23. 根据《测绘成果管理条例》，自然资源主管部门应当在收到汇交的测绘成果副本或目录后，出具(　　)。

A. 无偿汇交收据　　B. 汇交凭证

C. 汇交通知书　　D. 限期汇交证明

24. 根据《测绘生产质量管理规定》，测绘单位的(　　)按照职责分工负责质量方针、质量目标的贯彻实施，签发有关的质量文件及作业指导书。

A. 项目负责人　　B. 法定代表人

C. 专业测绘工程师　　D. 质量主管负责人

25. 测绘成果保管是指测绘成果保管单位依照国家有关档案法律、行政法规的规定，采取科学的防护措施和手段，对测绘成果进行(　　)、保存和管理的活动。

A. 归档　　B. 汇交

C. 备份　　D. 分类

26. 按照《测绘法》和国家有关重要地理信息数据审核公布管理的规定，重要的地理信息数据由(　　)审核。

A. 国务院自然资源主管部门　　B. 当地自然资源主管部门

C. 省级以上自然资源主管部门　　D. 军队测绘部门

27. 测绘单位提供的测绘产品质量不合格，给用户造成损失的，测绘单位必须承担赔偿责任，同时由自然资源主管部门给予(　　)。

A. 记过　　B. 警告

C. 通报批评　　D. 降低其测绘资格证书等级

28. 根据《测绘成果质量监督抽查管理办法》，检验单位应当自收到受检单位书面异议报告之日起(　　)个工作日内作出复验结论，并报组织实施质量监督抽查的自然资源主管部门。

A. 5　　B. 7

C. 10　　D. 15

29. 测绘技术总结是与测绘成果(或产品)有直接关系的技术性文件，是(　　)的重要技术档案。

A. 长期保存　　B. 临时保存

C. 短期保存　　D. 永久保存

30. 我国基础测绘的分级管理共分为(　　)级。

A. 二　　B. 三

C. 四　　D. 五

31. 全国基础测绘规划由(　　)组织编制，报国务院批准后组织实施。

A. 国务院自然资源主管部门

B. 国务院计划发展部门

C. 国务院自然资源主管部门会同军队测绘部门

D. 国务院自然资源主管部门会同国务院其他有关部门、军队测绘部门

32. 取得计量授权证书的被授权单位在授权证书期满前(　　)个月，应按《测绘计量管理暂行办法》向原发证机关申请复查。

A. 3　　B. 4

C. 5　　D. 6

33. 下列标准编号中属于强制性测绘行业标准的是(　　)。

A. GB××××(顺序号)—××××(发布年号)

B. CH/T××××(发布年号)—××××(顺序号)

C. CH××××(发布年号)—××××(顺序号)

D. CH××××(顺序号)—××××(发布年号)

34. 为社会提供公证数据的产品质量检验机构，必须取得(　　)认证。

A. 国务院自然资源主管部门　　B. 省级以上人民政府计量行政部门

C. 省级自然资源主管部门　　D. 县级以上人民政府计量行政部门

35. 根据《地图管理条例》，国家实行地图审核制度，向社会公开的地图，应当报送有审核权的自然资源主管部门审核，收费标准按(　　)执行。

A. 地图面积　　B. 件

C. 双方合同　　D. 不得收取费用

36. 根据《地图审核管理规定》，应急保障等特殊情况需要使用地图的，应(　　)。

A. 7 个工作日内　　B. 20 个工作日内

C. 即送即审　　D. 视情况而定

37. 根据《测绘地理信息管理工作国家秘密范围的规定》，下列测绘成果不属于机密级的是(　　)。

A. 精度为±2″的垂线偏差成果　　B. 1∶5 000 的国家基本比例尺地形图

C. 高程精度为 15m 的数字高程模型　　D. ±0.2m 的高程异常成果

38. 根据《测绘计量管理暂行办法》，S3 级以上水准仪检定周期为(　　)。

A. 3 年　　B. 2 年

C. 1 年　　D. 半年

39. 根据《测绘资质分类分级标准》，下列专业类别中，属于测绘专业的是(　　)。

A. 地理　　B. 地质

C. 工程勘察　　D. 地理国情监测

40. 下列内容中，不属于测绘生产突发事故应急处理预案的是(　　)。

A. 应急设备　　B. 组织体系

C. 应急处理　　D. 事故责任

41. 行政区域界线毗邻的县级以上地方各级人民政府应当建立行政区域界线联合检查制度，每(　　)年联合检查一次。

A. 1　　B. 3

C. 5　　D. 7

42. 属于国家秘密测绘成果的保密期限，一律定为(　　)保存。

A. 永久　　B. 长期

C. 短期　　D. 定期

43. 下列标准中，属于管理类标准的是(　　)。

A.《测绘成果质量检查与验收》　　B.《全球导航卫星系统(GNSS)测量规范》

C.《数字地图产品模式》　　D.《测绘技术设计规定》

44. 根据《测绘生产质量管理规定》，下列职责中，属于测绘单位的法定代表人职责的

是(　　)。

A. 组织编制测绘项目的技术设计书，并对设计质量负责

B. 对提供的测绘产品承担产品质量责任

C. 组织实施内部质量审核工作

D. 按照职责分工负责质量方针、质量目标的贯彻实施

45. 根据《测绘法》，使用财政资金的测绘项目和涉及测绘的其他使用财政资金的项目，有关部门在批准立项前应当征求(　　)的意见。

A. 本级人民政府自然资源主管部门　B. 军队测绘部门

C. 本级人民政府发展和改革主管部门　D. 省级以上自然资源主管部门

46. 根据《测绘作业人员安全规范》，测绘内业场所，如小于(　　)m^2的重点防火区以及资料、档案、设备库房等均应配备灭火器具。

A. 30　B. 40

C. 50　D. 60

47. 用以存放测绘仪器的库房，其室内的温度不能有剧烈的变化，最好保持在(　　)℃。

A. 4~8　B. 8~12

C. 12~16　D. 16~20

48. 根据《测绘作业人员安全规范》，在行人通过的道路或居民地附近造(维修)标时，必须将现场围好，悬挂"危险"标志，禁止无关人员进入现场且作业半径不得小于(　　)m。

A. 10　B. 15

C. 20　D. 25

49. 根据《基础地理信息数据档案管理与保护规范》，基础地理信息数据的数据档案进行转存新格式拷贝后，原数据档案应继续保存(　　)年。

A. 1　B. 2

C. 3　D. 4

50. 根据《基础地理信息数据档案管理与保护规范》，对于已使用磁带的运输环境要求说法中正确的是(　　)。

A. 温度选定范围为5~32℃，相对湿度选定范围为20%~80%

B. 温度选定范围为-23~49℃，相对湿度选定范围为25%~35%

C. 温度选定范围为17~20℃，相对湿度选定范围为35%~45%

D. 温度选定范围为20~23℃，相对湿度选定范围为20%~80%

51. 下列关于测绘合同的甲方应尽义务中，说法正确的是(　　)。

A. 完成对乙方提交的技术设计书审定工作

B. 完成对乙方的项目参与人员审定工作

C. 完成对乙方的项目监理工作

D. 完成项目实施进度安排

52. 根据《测绘技术设计规定》，下列内容中，不属于测绘技术设计文件的组成部分是(　　)。

A. 项目技术设计书　B. 专业技术设计书

C. 相应的技术设计更改文件　D. 行业技术标准

53. 测绘技术设计输入通常称为(　　)。

A. 设计策划　B. 设计目标

C. 设计依据　D. 设计验证

54. 根据《测绘技术设计规定》，项目设计是对项目进行的综合性整体设计，一般由(　　)负责编写。

A. 项目质检单位　B. 项目委托单位

C. 项目监理单位　D. 承担项目的法人代表单位

55. 根据《测绘技术设计规定》，项目设计中设计方案必须包括的内容是(　　)。

A. 已有资料情况　B. 质量保证措施和要求

C. 引用技术标准　D. 成果指标和规格

56. 根据国家财政和测绘主管部门颁布的《测绘生产成本费用定额》，从事大地测量外业测区间搬迁距离在1 000~2 000km时，长迁系数为(　　)。

A. 3%　B. 4%

C. 5%　D. 6%

57. 根据《关于进一步加强涉密测绘成果管理工作的通知》，各测绘资质单位或者测绘项目出资人依法开展测绘活动获取的涉密测绘成果，需要向其他法人或者组织提供使用的，必须按管理权限报测绘成果所在地的(　　)批准同意。

A. 国务院自然资源主管部门　B. 省级以上自然资源主管部门

C. 市级以上自然资源主管部门　D. 县级以上自然资源主管部门

58. 根据《测绘计量管理暂行办法》，申请承担测绘计量器具新产品样机试验的，向(　　)申请授权。

A. 当地省级政府计量行政主管部门　B. 国务院计量行政主管部门

C. 相应的政府计量行政主管部门　D. 当地省级以上自然资源主管部门

59. 测绘产品验收过程中，凡委托验收中产生质量问题分歧的，负责裁定质量分歧的是(　　)。

A. 测绘单位质量管理机构　B. 测绘单位法定代表人

C. 测绘单位总工程师　D. 自然资源主管部门质量管理机构

60. 根据《测绘地理信息业务档案管理规定》，建档单位应当在测绘地理信息项目验收完成之日(　　)内，向项目组织部门所属的档案保管机构移交测绘地理信息业务档案，办理归档手续。

A. 2个月　B. 3个月

C. 4个月　D. 5个月

61. 在测绘项目生产过程中，用以维持测绘单位正常运作的各种费用称为(　　)。

A. 期间费用　B. 经营成本

C. 生产成本　　D. 部门费用

62. 根据《测绘生产质量管理规定》，负责测绘项目的技术设计书审批工作的单位是(　　)。

A. 项目委托单位　　B. 项目承担单位

C. 项目监理单位　　D. 项目质检单位

63. 根据《〈测绘合同〉示范文本》，下列不属于测绘项目合同内容的是(　　)。

A. 测绘范围　　B. 测绘技术依据和质量标准

C. 测绘技术总结　　D. 甲乙双方的义务

64. 根据《测绘法》，不汇交测绘成果资料的，责令限期汇交；逾期不汇交的，可对(　　)单位处5万元以上20万元以下的罚款。

A. 甲级测绘资质　　B. 乙级测绘资质

C. 承担国家投资的测绘项目　　D. 测绘项目出资

65. 根据《地图审核管理规定》，省级地图内容审查工作机构应当自收到地图内容协助审查任务书之日起(　　)日内完成，并出具加盖地图内容审查专用章的地图内容审查意见书。

A. 5　　B. 10

C. 15　　D. 20

66. 按照《公开版地图质量评定标准》，对于专题底图的统一地图字数的计算，按使用统一底图的图幅字数的(　　)计算。

A. 70%　　B. 80%

C. 90%　　D. 100%

67. 一幅1∶2 000标准分幅(50cm×50cm)比例尺地形图，则其实地面积为(　　)km^2。

A. 0.6　　B. 0.8

C. 1.0　　D. 1.2

68. 根据国家财政和测绘主管部门颁布的《测绘生产成本费用定额》，进行重力测量基本点选埋定额增加(　　)。

A. 20%　　B. 30%

C. 40%　　D. 50%

69. 关于普通地图的编绘原图的质量特性构成内容的说法，正确的组成是(　　)。

A. 数学精度，数据完整性与正确性，地理精度，整饰质量，附件质量

B. 平面精度，高程精度，数据完整性与正确性，整饰质量，附件质量

C. 平面精度，高程精度，要素精度，整饰质量，附件质量

D. 平面精度，要素精度，整饰质量，数据完整性与正确性，附件质量

70. 根据《测绘市场管理暂行办法》，下列关于测绘市场的合同管理的说法中，错误的是(　　)。

A. 测绘项目当事人应当签订书面合同

B. 签订书面合同应当使用统一的测绘合同文本

C. 在合同中应当明确合同标的和技术标准

D. 发生纠纷应当报测绘地理信息部门解决

71. 根据"测绘地理信息业务档案保管期限表"，项目工作总结与技术总结的保存期限为(　　)。

A. 永久　　B. 30年

C. 20年　　D. 10年

72. 根据《测绘成果质量检查与验收》，数字测绘成果产品进行高精度检测时，其中误差的计算公式是(　　)。

A. $M = \pm\sqrt{\frac{\sum_{i=1}^{n}\Delta_i^2}{n}}$　　B. $M = \pm\sqrt{\frac{\sum_{i=1}^{n}\Delta_i^2}{2n}}$

C. $M = \pm\sqrt{\frac{\sum_{i=1}^{n}\Delta_i^2}{n-1}}$　　D. $M = \pm\sqrt{\frac{\sum_{i=1}^{n}\Delta_i^2}{3n}}$

73. 根据《测绘成果质量检查与验收》，测绘成果验收工作实施过程中，不需要按100%抽取样本的资料是(　　)。

A. 以"测段"为单位的检验批　　B. 项目设计书

C. 检查记录　　D. 仪器检定书

74. 根据《测绘成果质量检查与验收》，房产分幅图质量元素"要素质量"中重要地理名称错漏超过(　　)时，属于"A"类漏错。

A. 5%　　B. 10%

C. 15%　　D. 20%

75. 根据《测绘成果质量检查与验收》，图类单位测绘成果产品进行数字精度检测时，检测点(边)数量视地物复杂程度、比例尺等具体情况确定，每幅图一般各选(　　)个。

A. 5~35　　B. 10~40

C. 15~45　　D. 20~50

76. 根据《测绘生产质量管理规定》，对首件产品进行质量检验以验证技术设计时，其首件产品质量检验点的设置，应由(　　)根据实际需要自行确定。

A. 委托单位　　B. 测绘单位

C. 质检单位　　D. 测绘地理信息主管部门

77. 根据《测绘资质分类分级标准》，下列对测绘地理信息安全保障措施和管理制度的基本要求的说法中，正确的是(　　)。

A. 对属于个人隐私的地理信息的获取、持有、提供、利用情况进行登记并长期保存，实行可追溯管理

B. 外国公民经签订保密责任书，接受保密教育后，可以从事涉密测绘业务

C. 用于存储1∶500地形图数据的移动硬盘可接入政务外网

D. 建立健全涉密测绘外业安全保密管理制度，落实监管人员和保密责任，外业所用涉密计算机纳入涉密单机进行管理

78. 下列原则中，不属于2000版ISO 9000质量管理体系标准的质量管理原则的是(　　)。

A. 经济原则　　B. 以顾客为关注焦点原则

C. 过程方法原则　　D. 全员参与原则

79. 根据《测绘成果质量监督抽查与数据认定规定》，下列资料中，不属于委托或申请认定单位应向认定机构提交的是(　　)。

A. 认定委托书或申请书

B. 测绘资质证书(正本、副本)原件

C. 经注册测绘师签字并加盖执业印章，或单位技术负责人签字的数据证明文件

D. 数据生产质量检查及验收的全部文档资料

80. 根据《测绘成果质量监督抽查与数据认定规定》，“抽查合格率”应在监督抽查工作总结的(　　)部分说明。

A. 概述　　B. 监督抽查实施情况

C. 抽查结果的综合分析与评价　　D. 质量保证能力检查结果及其分析

二、多项选择题(每题2分。每题的备选选项中，有2个或2个以上符合题意，至少有1个是错项。错选，本题不得分；少选，所选的每个选项得0.5分)

81. 根据《测绘资质分类分级标准》，下列测绘地理信息安全保障措施中，正确的有(　　)。

A. 设立测绘地理信息安全保密工作机构

B. 建立健全测绘地理信息安全保密管理制度

C. 从事涉密测绘业务的人员不限国籍

D. 明确涉密测绘成果使用审批流程和责任人

E. 未经批准，涉密测绘成果不得带离保密要害部门部位

82. 根据《外国的组织或者个人来华测绘管理暂行办法》，外国组织或者个人申请来华一次性测绘的，应当需要提交的资料包括(　　)。

A. 项目实施方案

B. 项目立项批准文件

C. 按照法律法规规定应当提交的有关部门的批准文件

D. 外国组织或者个人的身份证明和有关资信证明

E. 测绘活动的范围、路线、测绘精度及测绘成果的形式的说明

83. 根据《公开地图内容表示规范》，除已对社会公众开放的，公开地图不得表示的内容有(　　)。

A. 军事禁区设施　　B. 重要战略物资储备库

C. 危险化学品集中存放地　　D. 铁路专用线

E. 民用机场

84. 下列情况中，关于仪器的安全运送与仪器的使用维护，说法正确的是(　　)。

A. 短途搬运仪器时，一般仪器可不装入运输箱内，也不用专人陪同

B. 长途搬运仪器时，要防止日晒雨淋

C. 仪器拆卸次数多少对其测量精度没有影响

D. 仪器开箱前，严禁怀抱着仪器开箱

E. 在连接外部所有仪器设备时，应抓住线往外拔出

85. 根据《计量法实施细则》，国家实行法定计量单位制度，对计量基准器具的使用必须具备的条件有(　　)。

A. 经国家鉴定合格　　B. 经计量鉴定合格

C. 具有正常工作所需要的环境条件　　D. 具有完善的管理制度

E. 具有职称的保存、维护、使用人员

86. 根据《测绘计量管理暂行办法》，测绘产品质量监督检验机构取得计量认证合格证书后，在测绘产品(　　)中提供作为公证的数据，具有法律效力。

A. 质量监督检验　　B. 委托检验

C. 标准化管理　　D. 产品质量评价

E. 成果鉴定

87. 根据《地图审核管理规定》，下列地图中，属于国务院自然资源主管部门负责审核的是(　　)。

A. 世界性和全国性地图(含历史地图)　　B. 香港特别行政区地图

C. 涉及国界线的省区地图　　D. 省行政区域内的地图

E. 涉及两个以上省级行政区的地图

88. 根据《外国的组织或者个人来华测绘管理暂行办法》，外国的组织或者个人与中华人民共和国有关部门或者单位合资、合作，可以从事的测绘活动是(　　)。

A. 工程测量　　B. 测绘航空摄影

C. 行政区域界限测绘　　D. 地形图

E. 普通地图编制

89. 建立相对独立的平面坐标系统，应当坚持的原则有(　　)。

A. 必须是因建设、城市规划和科学研究需要

B. 确实要建立、必须有明确的目的和理由

C. 必须按规定程序经省级以上自然资源主管部门批准

D. 应当与国家坐标系统相联系

E. 符合经济、实用原则

90. 根据《房产测绘管理办法》，用于房屋权属登记等房产管理的房产成果，房地产行政主管部门应对(　　)等内容进行审核。

A. 施测单位的资格　　B. 测绘成果的适用性

C. 测绘成果施测时间　　D. 界址点准确性

E. 面积测算依据与方法

91. 关于测绘资质单位信用信息主要来源，下列表述中，正确的有(　　)。

A. 测绘地理信息行政主管部门征集　　B. 政府有关部门公开

C. 测绘资质单位申报　　D. 经查实的公众举报

E. 采用欺骗、盗窃、胁迫、利用计算机网络侵入或者其他不正当手段获得的信息

92. 根据《测绘技术总结编写》，测绘技术总结的作用主要有(　　)。

A. 为用户(或下工序)对成果(或产品)的合理使用提供方便

B. 为测绘单位持续质量改进提供依据

C. 为测绘生产提供依据

D. 为测绘技术设计、有关技术标准、规定的定制提供资料

E. 为测绘单位提高经济效益和社会效益

93. 关于测量标志管理体制，下列内容中，属于各级人民政府的管理职责的是(　　)。

A. 组织贯彻实施有关测量标志保护的法律、法规和规章

B. 负责国家一、二等永久性测量标志的拆迁审批

C. 加强对测量标志保护工作的领导，采取有效措施加强测量标志保护工作

D. 对在测量标志保护工作中做出显著成绩的单位和个人，给予奖励

E. 将测量标志保护经费列入当地政府财政预算和年度计划

94. 根据《房产测绘管理办法》，下列情形之中，房屋权利申请人、房屋权利人或者其他利害关系人应当委托房产测绘单位进行房产测绘的是(　　)。

A. 申请产权初始登记的房屋　　B. 自然状况发生变化的房屋

C. 房屋权利人发生变化的房屋　　D. 规划中的房屋

E. 房屋权利人或者其他利害关系人要求测绘的房屋

95. 根据《基础地理信息公开表示内容的规定(试行)》，下列基础地理信息及相关要素中，可以公开表示的有(　　)。

A. 船闸尺度　　B. 海岸线

C. 拦水坝的材质、长度、宽度　　D. 专用供氧点

E. 无线电塔

96. 根据《测绘作业人员安全规范》，测绘内业生产安全管理对作业人员安全操作的要求，说法正确的是(　　)。

A. 仪器设备的安装、检修和使用，须符合安全要求

B. 仪器设备带故障运行时，作业员要特别小心

C. 擦拭、检修仪器设备应首先断开电源，并在电闸处挂置明显警示标志

D. 因故停电时，凡用电的仪器设备，应立即断开电源

E. 作业人员应熟悉操作规程，必须严格按有关规程进行操作

97. 根据《测绘生产成本费用定额计算细则》，下列属于测绘生产成本费用的是(　　)。

A. 折旧费　　B. 直接材料费

C. 机构运营费用　　D. 直接人工费

E. 养老保险金

98. 根据《测绘生产困难类别细则》，一般地区进行不动产测绘(地籍、房产)时，下列描述应定为Ⅱ类困难类别的是(　　)。

A. 地面起伏不大的丘陵地　　B. 竹林覆盖面积占图面 10%的地区

C. 居民地占图面 15%的隐蔽地区　　D. 地貌较完整的山地

E. 水系发达的地区

99.《测绘法》的制定，是为加强测绘管理，促进测绘事业发展，保障测绘事业为(　　)服务。

A. 经济建设　　B. 文明建设

C. 国防建设　　D. 生态保护

E. 维护国家地理信息安全

100.《基础测绘条例》规定，实施基础测绘项目，不使用全国统一的测绘基准和测绘系统或者不执行国家规定的测绘技术规范和标准的，可以(　　)。

A. 责令限期改正　　B. 给予严重警告

C. 处 10 万元以下罚款　　D. 降低资质等级

E. 对负有直接责任的主管人员和其他直接责任人员依法给予处分

“测绘管理与法律法规”仿真试卷七

一、单项选择题(每题 1 分，每题的备选选项中，只有 1 个符合题意)

1. 根据《注册测绘师执业管理办法(试行)》，下列关于依法取得“中华人民共和国注册测绘师资格证书”的人员办理注册程序的内容说法中，正确的是(　　)。

A. 注册单位与注册测绘师人事关系所在单位或聘用单位可以不一致

B. 注册证和执业印章每一注册有效期为 5 年，期满需要继续执业的，可提出延续注册申请

C. 变更注册单位须及时办理变更注册手续，距离原注册有效期满 3 个月以内申请变更注册的，可同时申请延续注册

D. 超过 65 周岁申请初始注册、延续注册及变更注册的，均须提供身体健康证明

2. 根据《测绘资质管理办法》，测绘资质申请受理后，测绘资质审批机关应当自受理申请之日起(　　)个工作日内作出审批决定。

A. 10　　B. 15

C. 20　　D. 30

3. 根据《测绘法》，确实无法避开，需要拆迁永久性测量标志或者使永久性测量标志失去使用效能的，应当经(　　)批准。

A. 省级自然资源主管部门　　B. 省级以上自然资源主管部门

C. 国务院自然资源主管部门　　D. 军队测绘部门

4. 根据《测绘质量监督管理办法》，下列关于质检中心、质检站职责的说法错误的是(　　)。

A. 按照测绘主管部门或者技术监督行政部门下达的测绘产品质量监督检验计划，承担质量监督检验工作

B. 在测绘资格审查认证及年检工作中，承担有关测绘标准实施监督、质量管理评价及产品质量检测、检验

C. 受用户的委托，承担测绘项目合同的技术咨询及产品质量检验、验收

D. 向测绘主管部门和技术监督行政主管部门不定期报送测绘产品质量分析报告

5. 根据《测绘生产成本费用定额》，从事界线测绘测区间搬迁距离在 3 000km 以上时，长迁系数为(　　)。

A. 2%　　B. 4%

C. 6%　　D. 8%

6.《测绘计量管理暂行办法》中规定，尺类仪器设备的检定周期为(　　)。

A. 1 年　　B. 2 年

C. 3 年　　D. 5 年

7. 根据《测绘资质分类分级标准》，下列关于技术装备的描述中，正确的是(　　)。

A. 某单位现有 2 台大疆经纬 M300 RTK 带第三方五镜头相机的无人机飞行器；满足申请乙级测绘资质倾斜航摄业务对应的技术装备条件

B. 某单位现有 1 台 FreeScan Trak 的手持三维激光扫描仪以及 VirtuoZo 摄影测量系统、Erdas 遥感图像处理系统各 1 套；满足申请乙级测绘资质倾斜航摄业务的对应的技术装备条件

C. 摄影测量系统是指能够对遥感图像信息进行数字化、复原、几何校正、增强、统计分析、信息提出、分类、识别等图像加工的系统

D. 遥感图像处理系统是指从影像、点云等数据获取到过程数据处理、成果输出，均采用数字化或智能化等形式进行的系统

8. 根据《招标投标法》，依法必须进行招标的项目，招标人应当自确定中标人之日起(　　)日内，向有关行政监督部门提交招标投标情况的书面报告。

A. 5　　B. 10

C. 15　　D. 20

9. 根据《测绘作业证管理规定》，测绘作业证审核部门应当自收到办证申请，并确认各种报表及各项手续完备之日起(　　)日内完成发证工作。

A. 10　　B. 20

C. 30　　D. 40

10. 根据《测绘作业证管理规定》，测绘作业证每次注册核准有效期为(　　)年。

A. 1　　B. 2

C. 3　　D. 4

11. 根据《注册测绘师制度暂行规定》，下列关于注册测绘师的执业责任，说法错误的是(　　)。

A. 在测绘活动中形成的技术设计和测绘成果质量文件，必须由注册测绘师签字并加盖执业印章后方可生效

B. 修改经注册测绘师签字盖章的测绘文件，应由该注册测绘师本人进行

C. 因特殊情况，该注册测绘师不能进行修改的，应由其他注册测绘师修改，并签字、盖章承担全部责任

D. 因测绘成果质量问题造成的经济损失，接受委托的单位应承担赔偿责任。接受委托的单位依法向承担测绘业务的注册测绘师追偿

12. 根据《建立相对独立的平面坐标系统管理办法》，申请人的申请材料不齐全或者不符合法

定形式的，自然资源主管部门应当场或者(　　)日内一次性告知申请人需要补正的全部内容。

A. 1　　B. 3

C. 5　　D. 7

13. 某公司申请不动产测绘专业和互联网地图服务专业甲级资质，对该公司技术人员数量的计算方法是(　　)。

A. 两个专业的技术人员数量不累加计算

B. 两个专业的技术人员数量累加计算值的 50%

C. 两个专业的技术人员数量累加计算值的 80%

D. 两个专业的技术人员数量累加计算

14. 根据《注册测绘师制度暂行规定》，因测绘成果质量问题造成的经济损失由(　　)承担赔偿责任。

A. 签字盖章的注册测绘师

B. 签字盖章的注册测绘师与注册的测绘单位

C. 注册测绘师所在的测绘单位的质检人员

D. 注册测绘师注册的测绘单位

15. 下列测绘成果中，应当异地备份存放的是(　　)。

A. 房产测绘成果　　B. 国家基本比例尺地形图

C. 水利工程测量成果　　D. 导航电子地图数据

16. 根据《测绘计量管理暂行办法》，申请承担测绘计量器具新产品定型鉴定的，向(　　)部门申请授权。

A. 法定计量检定机构　　B. 省级政府计量行政主管部门

C. 省级自然资源主管部门　　D. 国务院计量行政主管部门

17. 根据《公开地图内容表示规范》，南海诸岛地图应当表示南沙群岛以及曾母暗沙、黄岩岛等岛屿岛礁，可不表示(　　)群岛。

A. 东沙　　B. 西沙

C. 北沙　　D. 中沙

18. 根据《公开地图内容表示规范》，表现地为我国境内的地图，下列内容中可以表示其属性的是(　　)。

A. 江河的宽度　　B. 重要桥梁的限高、限宽、净空、载重量

C. 重要隧道的高度和宽度　　D. 公路的路面铺设材料

19. 根据《注册测绘师制度暂行规定》，取得"中华人民共和国注册测绘师资格证书"的人员，经过(　　)后方可以注册测绘师的名义执业。

A. 登记　　B. 注册

C. 备案　　D. 审批

20. 根据《测量标志保护条例》，(　　)应当按照国家有关的测量标志维修规程，对永久性测量标志定期组织维修，保证测量标志的正常使用。

A. 设置永久性测量标志的部门　　B. 县级以上自然资源主管部门

C. 测量标志所在地乡级人民政府　　D. 测量标志委托保管人

21. 根据《地图审核管理规定》，申请地图审核，直接引用古地图时，可以不提交(　　)。

A. 地图审核申请表　　B. 需要审核的地图最终样图

C. 地图编制单位的测绘资质证书　　D. 需要审核的地图最终样品

22. 根据《测绘生产困难类别细则》，在建筑与工业区进行 1：1 000 遥感外业控制测量，无规律的房屋占图面(　　)以上的平地，其困难类别定为Ⅲ类。

A. 40%　　B. 45%

C. 50%　　D. 55%

23. 关于测绘仪器三防正确的是(　　)。

A. 外业三防类的为一年(含一年以内)　　B. 检修三防类的为一年(含一年以内)

C. 内业三防类的为一年(含一年以内)　　D. 保管三防类的为二年(含二年以内)

24. 对某城镇地区 $10km^2$ 的 1：500 地形图进行更新修测(更新修测工日定额比率为 30%)，已知每幅图的数据采集与编辑额定工日为 15 天，则该项目的工日定额是(　　)天。

A. 2 400　　B. 720

C. 1 200　　D. 3 120

25. 根据《标准化法》，标准的废止由(　　)批准、发布。

A. 质量技术监督部门　　B. 政府有关行政主管部门

C. 标准化协会　　D. 原标准的审批机关

26. 下列地理信息数据中，不需要自然资源主管部门审核就能向社会公布的是(　　)。

A. 涉及国家主权的地理信息数据　　B. 国界线长度

C. 国家海岸线长度　　D. 某个沿海省的滩涂面积

27. 根据《测绘生产困难类别细则》，进行普通地理图编制时，图上居民地小于(　　)个/dm^2 的草原、沙漠荒漠等地区，困难类别定为Ⅰ类。

A. 20　　B. 25

C. 30　　D. 35

28. 根据《基础测绘条例》，不属于我国基础测绘工作组成部分的是(　　)。

A. 进行基础航空摄影，获取基础地理信息的遥感资料

B. 测制和更新大比例尺地形图

C. 测制和更新影像图和数字化产品

D. 建立、更新基础地理信息系统

29. 根据《地图审核管理规定》，下列内容中，不属于审图号组成部分的是(　　)。

A. 审图机构代号　　B. 通过审核的年份

C. 序号　　D. 地图类型简称

30. 根据《测绘技术设计规定》，设计审批的依据不包括(　　)。

A. 设计输出　　B. 设计输入内容

C. 验证报告　　D. 设计评审

31. 某测绘公司，持有甲级测绘资质，在一次测绘获得中擅自将持有的 1∶5 万比例尺地形图进行复制，提交给外资公司使用，被该市国家安全部门查处。测绘资质审批机关应给予其(　　)的处罚。

A. 降为乙级资质　　B. 核减专业范围

C. 注销资质证书　　D. 暂扣资质证书 6 个月

32. 根据《测绘法》，外国的组织或者个人在中华人民共和国领域和中华人民共和国管辖的其他海域从事测绘活动，必须经(　　)批准，并遵守中华人民共和国的有关法律、行政法规的规定。

A. 国务院自然资源主管部门

B. 军队测绘部门

C. 国务院自然资源主管部门会同军队测绘部门

D. 外交部

33. 我国国家标准由(　　)编制计划和组织草拟，并统一审批、编号、发布。

A. 自然资源部　　B. 国务院标准化行政主管部门

C. 国家市场监督管理总局　　D. 国家标准化管理委员会

34. 根据《测绘地理信息管理工作国家秘密范围的规定》，下列内容中，不属于秘密级测绘成果的是(　　)。

A. 军事禁区平面精度 10m 的实景影像

B. 国家等级重力控制点成果

C. 国家等级全球导航卫星系统(GNSS)大地控制点

D. 精度在±3″至±6″的垂线偏差成果

35. 根据《外国的组织或者个人来华测绘管理暂行办法》，下列内容中，不属于对一次性测绘主要监督检查的是(　　)。

A. 是否涉及国家安全和秘密

B. 是否按照国务院测绘自然资源部门批准的内容进行

C. 是否保证了中方测绘人员全程参与具体测绘活动

D. 是否按照《测绘资质管理办法》的有关要求

36. 根据《测绘地理信息业务档案管理规定》，下列资料中，保存期限为 30 年的是(　　)。

A. 测绘项目可行性研究报告　　B. 测绘项目验收报告

C. 测绘项目财务审计决算报告　　D. 坐标系统审批、发布公告

37. 根据《行政区域界线管理条例》，省、自治区、直辖市的行政区域界线详图是由(　　)部门负责编制而成。

A. 国家自然资源主管部门　　B. 国务院外交部

C. 国务院民政部　　D. 省、自治区、直辖市人民政府

38. 根据《行政区域界线管理条例》，故意损毁或者擅自移动界桩或者其他行政区域界线标志物的，应当支付修复标志物的费用，并由所在地负责管理该行政区域界线标志的人民政府民政部门处(　　)元以下的罚款。

A. 1 000　　B. 2 000

C. 3 000　　D. 4 000

39. 根据《测绘成果管理条例》，测绘成果需要对外提供的，按照(　　)规定的审批程序执行。

A. 国务院自然资源主管部门　　B. 军队测绘部门

C. 国务院和中央军事委员会　　D. 自然资源部

40. 根据《测绘计量管理暂行办法》，承担测绘任务的单位和个体测绘业者，其所使用的测绘计量器具必须经(　　)检定合格，方可申请测绘资格证书。

A. 政府计量行政主管部门

B. 政府自然资源主管部门

C. 经政府计量行政主管部门考核合格的测绘检定机构或测绘计量标准

D. 国家法定计量检定机构

41. 根据我国《招标投标法》，招标人和中标人按照招标文件和中标人的投标文件订立书面合同的完成时间，应当自中标通知书发出之日起(　　)日内。

A. 15　　B. 30

C. 45　　D. 60

42. 根据《地图审核管理规定》，关于应急保障等特殊情况需要使用地图的审核，下列说法正确的是(　　)。

A. 按法定行政许可限时审查

B. 原则上实行即送即审

C. 原则上在法定行政许可时限内尽快办理

D. 不得超过法定行政许可时限审查

43. 根据《基础地理信息数据档案管理与保护规范》，存储基础地理信息数据的介质更换重新拷贝工作应在(　　)天内完成。

A. 10　　B. 20

C. 30　　D. 60

44. 关于测量标志拆迁审批，下列内容中，不属于省级自然资源主管部门审批的职责的是(　　)。

A. 国家三、四等三角点(含同等级的大地点)、水准点(含同等级的水准点)

B. 省级自然资源主管部门建立的不同等级的三角点、水准点

C. 省级自然资源主管部门明确需要保护的其他永久性测量标志

D. 国家平面控制网、高程控制网和空间定位网的加密网点

45. 湖北省武汉市洪山区一家单位要利用国家级 A、B 级 GNSS 点成果，应当依法提出明确的利用目的和范围，报(　　)审批。

A. 洪山区自然资源主管部门　　B. 武汉市自然资源主管部门

C. 湖北省自然资源厅　　D. 自然资源部

46. 根据《保守国家秘密法》，从事国家秘密载体制作、复制、维修、销毁，涉密信息系统集成，或者武器装备科研生产等涉及国家秘密业务的企业事业单位，应当经过保密审查，具体办法由(　　)规定。

A. 国家保密行政管理部门　　B. 国务院

C. 省级以上保密行政管理部门　　D. 县级以上保密行政管理部门

47. 根据《测绘成果质量检查与验收》，判定最终检查批成果质量为优等级的标准是(　　)。

A. 优良品率达到85%以上，其中优级品率达到60%以上

B. 优良品率达到90%以上，其中优级品率达到50%以上

C. 优良品率达到80%以上，其中优级品率达到30%以上

D. 优良品率达到70%以上，其中优级品率达到20%以上

48. 根据《测绘生产困难类别细则》，在建筑与工业区进行1∶500地形图摄影测量，居民地和其他建筑物及花、树等绿化园林占图面65%的地区，其困难类别定为(　　)。

A. Ⅰ　　B. Ⅱ

C. Ⅲ　　D. Ⅳ

49. 根据《测绘法》，外国的组织或者个人在中华人民共和国领域从事测绘活动，应当与中华人民共和国(　　)进行，并不得涉及国家秘密和危害国家安全。

A. 有关部门或者单位合资、合作　　B. 测绘部门或者单位合作

C. 军队部门或者单位合资、合作　　D. 有关部门或者单位合作

50. 根据《基础地理信息数据档案管理与保护规范》，对于未使用磁带的运输环境要求说法中正确的是(　　)。

A. 温度选定范围为5~32℃，相对湿度选定范围为35%~45%

B. 温度选定范围为-23~49℃，相对湿度选定范围为20%~80%

C. 温度选定范围为17~20℃，相对湿度选定范围为25%~35%

D. 温度选定范围为20~23℃，相对湿度选定范围为20%~80%

51. 根据《测绘技术设计规定》，测绘技术设计输出的主要内容不包括(　　)。

A. 项目设计书　　B. 专业技术设计书

C. 相应的技术设计更改单　　D. 外业踏勘报告

52. 根据《测绘成果质量监督抽查与数据认定规定》，实施测绘成果监督抽查抽样时，抽样人员应出示(　　)、工作证等证明文件。

A. 测绘成果质量监督抽查通知单　　B. 测绘成果质量检验抽样单

C. 检验样品确认通知单　　D. 测绘成果质量监督结果通知单

53. 根据《基础地理信息数据档案管理与保护规范》，基础地理信息数据档案的归档要求说法中，错误的是(　　)。

A. 档案形成单位应在项目完成后两个月内完成归档

B. 基础测绘数据成果应与文档材料分开归档

C. 归档的基础地理信息数据应为最终版本

D. 归档的数据和相关软件，一般不压缩、不加密

54. 根据《测绘地理信息管理工作国家秘密范围的规定》，下列测绘地理信息成果中属于秘密级的是(　　)。

A. ±0.1m的高程异常成果　　B. 30m等高距的等高线

C. 高程精度15m的数字表面模型成果　　D. 1∶1万的国家基本比例尺地形图

55. 根据《基础地理信息数据档案管理与保护规范》，对归档材料进行检验时，相关软件的检验内容不包括(　　)。

A. 载体外观及标识检验　　B. 特定软件完整性检验

C. 病毒检验　　D. 软件运行有效性检验

56. 乙方为甲方测量了10km^{2}带状地形图，合同约定工程款为10万元。为展示该带状地形图的需要，乙方又向甲方提供了周边5km^{2}的地形图，甲方将该地形图用于另一工程的设计。根据《〈测绘合同〉示范文本》，乙方有权向甲方提出并可获得(　　)。

A. 5km^{2}地形图的测绘费用　　B. 2万元的赔偿

C. 10万元的赔偿　　D. 20万元的赔偿

57. 根据《测绘成果质量监督抽查与数据认定规定》，下列不属于检验单位和认定机构开展检验和认定工作时应遵照的基本原则是(　　)。

A. 客观公正，公平公开，作风廉洁，并对结果的准确性负责

B. 按检验单位和认定机构的质量管理体系有效运行，做好各项记录

C. 未经任务下达部门或委托方同意，不得公布受检单位、受检测绘项目

D. 抽查工作结束后，应做好总结，为自然资源主管部门提供有效质量信息

58. 中央财政投资完成的测绘项目，由承担测绘项目的单位向(　　)汇交测绘成果资料。

A. 国务院自然资源主管部门　　B. 省级自然资源管理部门

C. 军队测绘部门　　D. 市级自然资源管理部门

59. 根据《测绘法》，不汇交测绘成果资料的，责令限期汇交；逾期不汇交的，对测绘项目出资人处以重测所需费用(　　)的罚款。

A. 1倍以上2倍以下　　B. 1倍以上3倍以下

C. 2倍以下3倍以下　　D. 2倍以上4倍以下

60. 某单位承担一项重大测绘项目，6月10日完成技术设计书编写，6月20日项目组织方批准技术设计书，下列说法错误的是(　　)。

A. 作业小组6月11日进测区进行选点埋石

B. 作业小组6月10日将有关材料运进测区

C. 作业小组6月9日进行作业培训

D. 作业小组6月8日完成踏勘报告编写

61. 根据《测绘成果质量检查与验收》，当多项数学精度评分时，单项数学精度得分均大于

60分，取其(　　)。

A. 算术平均值或加权平均值　　B. 几何平均值

C. 最大值平均值　　D. 最小值平均值

62. 国家秘密的保密期限，应当根据事项的性质和特点，按照维护国家安全和利益的需要，限定在必要的期限内；除另有规定外，绝密级不超过(　　)年。

A. 30　　B. 20

C. 10　　D. 5

63. 国家秘密的密级、保密期限和知悉范围变更的，应当及时(　　)通知知悉范围内的机关、单位或者人员。

A. 电话　　B. 书面

C. 邮寄　　D. 登门

64. 根据《测绘生产质量管理规定》，测绘单位必须建立内部质量审核制度。经成果质量过程检查的测绘产品，必须通过(　　)的最终检查，评定质量等级，编写最终检查报告。

A. 质检机构　　B. 总工程师

C. 监理单位　　D. 项目负责人

65. 根据《房产测绘管理办法》，当事人对房产测绘成果有异议时，可以委托(　　)鉴定。

A. 省级以上测绘产品质量监督检验机构

B. 所在地自然资源主管部门

C. 国家认定的房产测绘成果鉴定机构

D. 省级以上自然资源主管部门

66. 测绘仪器防雾措施要求内业仪器一般在1年应对仪器外表全面清擦，并用电吹风机烘烤光学零件外露表面，但温度升高不得超过(　　)℃。

A. 30　　B. 40

C. 50　　D. 60

67. 根据《测绘作业人员安全规范》，进入沼泽地区外业测绘工作，下列说法错误的是(　　)。

A. 应配备必要绳索、木板和长约1.5m的探测棒

B. 过沼泽地时，应组成纵队行进，禁止单人涉险

C. 遇到繁茂绿草地，应先铺木板，再用探测棒探深，摸索前进

D. 应保持身体干燥，防止皮肤溃烂

68. 根据《测绘生产成本定额费用》，凡在高寒(≤-10℃)、高温(≥35℃)、高原(海拔≥2 000m)的地区进行野外作业，测绘生产成本的"高寒、高温、高原"系数是(　　)。

A. 4%　　B. 6%

C. 8%　　D. 12%

69. 根据《测绘生产成本定额费用》，测区面积不满1幅的1∶500~1∶5 000比例尺地形图，测绘生产项目成本核算的面积系数计算公式是(　　)。

A. 标准图幅价格×1.1　　B. 标准图幅价格×1.2

C. 标准图幅价格×1.3　　D. 标准图幅价格×1.4

70. 根据《基础测绘条例》，若基础测绘成果质量出了问题，首先对其负责的是(　　)，其对质量不符合要求要承担行政责任和民事责任。

A. 政府行政主管部门　　B. 项目承担单位

C. 注册测绘师　　D. 单位法人

71. 作为国家意志的实际执行者的国家机关在决策时，(　　)使用国家所有的测绘成果，包括基础测绘成果。

A. 有权有偿　　B. 无权无偿

C. 有权无偿　　D. 无权有偿

72. 数字测绘成果质量元素根据技术设计、成果类型或者用途等具体情况，可以扩充或调整。扩充或调整质量元素应经过(　　)批准。

A. 测绘单位质量负责人　　B. 测绘单位法定代表人

C. 测绘质量检验机构　　D. 生产委托方

73. 根据《互联网信息服务管理办法》，未在其网站主页上标明其经营许可证编号或者备案编号的，由省、自治区、直辖市电信管理机构责令改正，处(　　)元的罚款。

A. 2 000~30 000　　B. 3 000~30 000

C. 4 000~50 000　　D. 5 000~50 000

74. 根据《测绘技术设计规定》，技术设计文件审批单位是(　　)。

A. 设计评审单位　　B. 技术设计单位

C. 承担测绘任务的法人单位　　D. 测绘任务的委托单位

75. 根据《测绘成果质量检查与验收》，数字测绘成果产品进行数学精度检测，检测点(边)数量少于(　　)个时，以误差的算术平均值代替中误差。

A. 10　　B. 20

C. 30　　D. 40

76. 下列设计中，不属于地理信息系统的系统设计文档的是(　　)。

A. 系统总体设计　　B. 系统功能设计

C. 系统安全设计　　D. 系统详细设计

77. 根据《测绘技术设计规定》，测绘项目设计的过程是(　　)。

A. 设计策划、设计输入、设计输出、设计评审、设计验证(必要时)、设计审批和更改

B. 设计策划、设计输入、设计输出、设计验证(必要时)、设计评审、设计审批

C. 设计输入、设计策划、设计输出、设计验证(必要时)、设计评审、设计审批

D. 设计输入、设计策划、设计输出、设计验证(必要时)、设计评审、设计审批

78. 技术总结编写完成后，(　　)应对技术总结编写的客观性、完整性等进行审查并签字，并对技术总结的编写负责。

A. 项目技术负责人　　B. 项目经理

C. 单位负责人　　D. 单位技术负责人

79. 根据《测绘生产质量管理规定》，测绘单位可以按照测绘项目的实际情况实行项目质量负责人制度。项目质量负责人对该项目的产品质量负(　　)。

A. 经济责任　　B. 直接责任

C. 管理责任　　D. 组织责任

80. 根据《质量管理体系　要求》，下列关于最高管理者的职责和权限，最重要的是(　　)。

A. 确保组织内的职责、权限得到规定和沟通

B. 确保质量管理体系所需的过程得到建立、实施和保持

C. 报告质量管理体系的绩效和任何改进的需求

D. 确保在整个组织内提高满足顾客要求的意识

二、多项选择题(每题 2 分。每题的备选选项中，有 2 个或 2 个以上符合题意，至少有 1 个是错项。错选，本题不得分；少选，所选的每个选项得 0.5 分)

81. 下列内容中，属于国界线测绘主要成果的是(　　)。

A. 边界线位置和走向的文字说明　　B. 边界议定书

C. 边界条约　　D. 界桩点坐标

E. 边界线地形图

82. 根据《注册测绘师制度暂行规定》，下列情形中，注册申请人不予注册的有(　　)。

A. 不具有完全民事行为能力的

B. 刑事处罚尚未执行完毕的

C. 因在测绘活动中受到刑事处罚，自刑事处罚执行完毕之日起至申请注册之日止不满 3 年的

D. 因受到刑事处罚，自刑事处罚执行完毕之日起至申请注册之日止不满 3 年的

E. 刑事处罚执行完毕，不满一年的

83. 根据《测绘成果质量检查与验收》，测绘成果抽样检验前应明确(　　)组成。

A. 成果类型　　B. 单位成果

C. 质量元素　　D. 样本量

E. 抽样方式

84. 测绘行政主管部门审查同意法人或者其他组织需要利用属于国家秘密的基础测绘成果的，应当以书面形式告知测绘成果的(　　)。

A. 秘密等级　　B. 保密要求

C. 使用范围　　D. 使用期限

E. 相关著作权保护要求

85. 根据《地图审核管理规定》，下列地图中，不需要进行相应地图内容审查的是(　　)。

A. 景区地图　　B. 全国性中小学教学地图

C. 历史地图　　D. 公共交通线路图

E. 街区地图

86. 根据《测绘技术设计规定》，测绘技术设计的过程主要包括(　　)。

A. 设计输入　　B. 设计输出

C. 设计变更　　D. 设计评审

E. 设计验证

87. 根据《招标投标法》，在投标有效期内，招标人要完成的主要工作有(　　)。

A. 资格审查　　B. 评标

C. 投标修改　　D. 定标

E. 与中标人签订合同

88. 根据《测绘安全生产管理暂行规定》，安全生产监督检查的主要工作内容包括(　　)。

A. 安全生产法规制度的贯彻

B. 各级安全生产责任制和安全生产措施的落实

C. 安全教育的实施，事故隐患的整改

D. 安全生产管理员的培训落实情况

E. 伤亡事故的调查处理及报告制度的执行情况

89. 根据《基础地理信息数据库基本规定》，基础地理信息数据库的数据检查内容包括(　　)。

A. 数学基础　　B. 数据完整性

C. 数据正确性　　D. 属性精度

E. 位置精度

90. 根据《基础测绘条例》，下列关于基础测绘设施建设的优先原则，正确的有(　　)。

A. 基础地理信息国家重点实验实施项目建设优先

B. 航空摄影测量、卫星遥感等基础测绘设施建设优先

C. 数据传输基础设施建设优先

D. 基础测绘应急保障设施建设优先

E. 国家保密资料档案馆基础设施建设优先

91. 根据《测绘标准化工作管理办法》，测绘地方标准应当由省级自然资源主管部门向自然资源部备案，备案材料主要包括(　　)。

A. 地方标准批文

B. 地方标准文本

C. 标准编制说明及相关材料等

D. 申请人企业法人营业执照或机关、事业单位法人证书

E. 能够反映申请单位的测绘成果与资料档案管理制度的证明文件

92. 测绘项目的成本主要有(　　)。

A. 人工　　B. 时间

C. 设备折旧或租用　　D. 技术或专利

E. 消耗材料

93. 根据《房产测绘管理办法》，自然状况发生变化的房屋，(　　)应当委托房产测绘单位进行房产测绘。

A. 房屋权利申请人　　B. 房屋权利人

C. 房地产行政主管部门　　D. 房产登记部门

E. 其他利害关系人

94. 根据《计量法实施细则》，为社会提供公证数据的产品质量检验机构，必须计量认证的内容有(　　)。

A. 计量检定、测试设备的性能　　B. 测试设备的工作环境

C. 人员的操作技能　　D. 县级以上计量行政部门计量认证

E. 检测数据公正可靠的管理制度

95. 根据《测绘法》，国家设立和采用全国统一的(　　)，其数据由国务院自然资源主管部门审核。

A. 长度基准　　B. 时间基准

C. 重力基准　　D. 高程基准

E. 大地基准

96. 根据《测绘法》，下列内容中，由颁发资质证书的部门决定的处罚是(　　)。

A. 罚款　　B. 吊销测绘资质证书

C. 暂扣测绘资质证书　　D. 降低资质等级

E. 行政处分

97. 根据《关于加强涉密测绘成果管理工作的通知》，涉密单位建立健全保密管理制度的内容主要有(　　)。

A. 加强请示汇报制度　　B. 建立保密管理领导责任制

C. 设立保密工作机构　　D. 配备保密管理人员

E. 签署安全责任书

98. 根据《测绘技术总结编写规定》，技术设计执行情况的主要内容包括(　　)。

A. 说明项目总结所依据的各专业技术总结

B. 说明和评价项目实施过程中，项目设计书和有关的技术标准、规范执行情况

C. 重点描述项目实施过程中出现的主要技术问题和处理方法、特殊情况的处理及其达到的效果

D. 生产任务安排与完成情况

E. 说明项目实施中质量保障措施的执行情况

99. 根据《测绘地理信息行业信用管理办法》，下列内容中，属于严重失信信息的是(　　)。

A. 测绘资质单位将承包的项目转包

B. 未按规定汇交测绘成果资料

C. 侵犯商业秘密或者知识产权

D. 超资质等级从事测绘活动

E. 提供虚假测绘地理信息行政许可申请材料

100. 根据《公开地图内容表示规范》，下列关于南海诸岛地图四至范围的说法中，正确的是(　　)。

A. 东面绘出菲律宾的马尼拉

B. 西面绘出柬埔寨的金边

C. 北面绘出中国大陆和台湾岛北回归线以南部

D. 对于不表示国外地区的地图，南面绘出曾母暗沙

E. 对于不表示邻国间界线的地图，南面绘出曾母暗沙和马来西亚的海岸线

“测绘管理与法律法规”仿真试卷八

一、单项选择题（每题 1 分，每题的备选选项中，只有 1 个符合题意）

1. 根据《测绘资质分类分级标准》，界线和不动产测绘专业的业务范围共有(　　)类专业子项。

A. 2　　B. 3

C. 4　　D. 5

2. 根据《测绘资质管理办法》，申请测绘资质的单位自被受理申请之日起，一般需要(　　)个工作日可获得测绘资质证书。

A. 15　　B. 30

C. 45　　D. 60

3. 根据《公开地图内容表示规范》，表现地为我国境内的地图平面精度应当不优于(　　)m（不含）。

A. 5　　B. 10

C. 15　　D. 20

4. 根据《测绘资质分类分级标准》，下列业务类型中，不属于互联网在线服务专业的是(　　)。

A. 地面移动测量　　B. 地理位置定位

C. 地理信息上传标注　　D. 地理数据库开发

5. 根据《测绘法》，互联网地图服务提供者应使用(　　)，建立地图数据安全管理制度，采取安全保障措施，加强对互联网地图新增内容的核校，提高服务质量。

A. 正式出版的地图

B. 经依法审核批准的地图

C. 经省级以上测绘地理信息局审核批准的互联网地图

D. 具有资质的单位编制的互联网地图

6. 根据《测绘生产成本费用定额》(2009 年版)，海洋测绘中，当需要进行水下声学定位时，相应的定额费用需要增加(　　)。

A. 40%　　B. 50%

C. 60%　　D. 100%

7. 根据《反不正当竞争法》，经营者的不正当竞争行为给被侵害的经营者造成的损失难以计算，应对赔偿的金额是(　　)。

A. 受害人在侵权期间所获得的利润

B. 侵权人在侵权期间所获得的利润

C. 侵权人在侵权期间因侵权所获得的利润

D. 侵权人在侵权期间所获得的利润 2 倍

8. 军事测绘的基本比例尺地图为(　　)地形图，属于国家机密。

A. 1∶5 万　　B. 1∶25 万

C. 1∶50 万　　D. 1∶100 万

9. 申请测绘资质的单位，要根据自身业务发展需要和自身条件确定要申请的(　　)，并按照规定向可以受理本单位资质申请的测绘资质管理机构提交申请材料。

A. 测绘地域　　B. 业务范围

C. 资质等级　　D. 资质等级和业务范围

10. 测绘资质证书有效期满需要延续的，测绘单位应当在有效期满(　　)前，向测绘资质审批机关申请办理延续手续。

A. 90 日　　B. 60 日

C. 30 日　　D. 15 日

11. 行政区域界线详图是反映(　　)以上行政区域界线标准画法的国家专题地图。

A. 乡(镇)级　　B. 县级

C. 市(地区)级　　D. 省级

12. 根据《基础测绘条例》，我国的基础测绘属于(　　)。

A. 公益性事业　　B. 社会性事业

C. 社会企业　　D. 教育事业

13. 根据《测绘生产质量管理规定》，重大测绘项目实施首件产品的质量检验，对技术设计进行验证。首件产品质量检验点的设置，由(　　)确定。

A. 测绘单位根据实际需要自行　　B. 所在地测绘行政主管部门

C. 测绘产品质量监督检验站　　D. 测绘产品质量监督检验测试中心

14. 对某区域 $10km^2$ 基本满幅的 1∶2 000 地形图进行抽样检查时，应检查的最小面积约为(　　)km^2。

A. 1　　B. 3

C. 5　　D. 7

15. 根据《中华人民共和国标准化法实施条例》，对生产不符合强制性标准的产品，标准化行政主管部门可处以该批产品(　　)20%～50%的罚款。

A. 违法所得　　B. 非法收入

C. 销售金额　　D. 货值金额

16. 根据《测绘标准化工作管理办法》，测绘标准复审周期一般不超过(　　)年。

A. 2　　B. 3

C. 4　　D. 5

17. 投标人拿到招标文件后，应进行全面细致的调查研究。若有疑问或不清楚的问题需要招标人予以澄清和解答的，应在收到招标文件后的(　　)内以书面形式向招标人提出。

A. 60 天　　B. 45 天

C. 30 天　　D. 15 天

18. 招标文件应当规定一个适当的投标有效期，以保证招标人有足够的时间完成评标和与中标人签订合同。在此时间内，投标人有义务保证投标文件的有效性。投标有效期的起始计算时间为(　　)。

A. 投标人提交投标文件截止之日　　B. 招标人确定评标之日

C. 投标人接到招标文件之日　　D. 招标文件开始发出之日

19. 根据《招标投标法》，下列施工项目不属于必须招标范围的是(　　)。

A. 大型基础设施项　　B. 使用世界银行贷款建设项目

C. 政府投资的经济适用房建设项目　　D. 施工主要技术采用特定专利的建设项目

20. 根据《测绘成果质量检查与验收》，下列内容中，不能作为测绘成果质量检查验收依据的是(　　)。

A. 有关测绘合同或委托检查验收文件

B. 有关的法律法规和技术标准

C. 测绘项目承担单位的质量管理制度

D. 技术设计书和测绘任务书

21. 实时差分服务数据属于(　　)。

A. 绝密级国家秘密事项　　B. 机密级国家秘密事项

C. 秘密级国家秘密事项　　D. 受控管理的内容

22. 某乙级测绘资质单位的业务范围含大地测量专业，根据《测绘资质分类分级标准》，下列作业限制范围中，错误的是(　　)。

A. 不得从事二等及以上水准、天文测量

B. 不得从事 B 级及以上卫星定位测量

C. 不得从事专业重力测量

D. 不得从事基线测量

23. 某县重点工程建设项目施工中无法避开一个永久性测量标志，建设单位拟对该永久性测量标志进行拆迁。根据最新《测绘法》，下列说法中错误的是(　　)。

A. 所需迁建费用由工程建设单位承担

B. 应当经省、自治区、直辖市人民政府自然资源主管部门批准

C. 应当经市、县级自然资源主管部门批准

D. 涉及军用控制点的，应当征求军队测绘部门的同意

24.《基础地理信息标准数据基本规定》属于(　　)类测绘标准。

A. 定义与描述　　B. 检验与测试

C. 成果与服务　　D. 管理

25. 根据《关于汇交测绘成果目录和副本的实施办法》，下列关于汇交测绘成果目录和副本的说法，错误的是(　　)。

A. 汇交测绘成果目录和副本实行无偿汇交

B. 委托测绘的项目，其完成的测绘成果目录和副本由委托方负责汇交

C. 必须汇交成果副本的，除地图一式两份外，其他均为一式一份

D. 汇交的测绘成果副本，依法批准后可以向第三方提供

26. 精度优于 $5\text{mm}+10\times10^{-6}D$ 的全站仪的检定周期是(　　)年。

A. 1　　B. 1.5

C. 2　　D. 2.5

27. 根据《测绘地理信息行业信用管理办法》，信用信息征集不包括(　　)渠道。

A. 测绘资质单位主动申报　　B. 测绘项目的发包单位提供

C. 利用网络侵入获取　　D. 承办单位自行征集

28. 根据《测绘生产质量管理规定》，重大测绘项目应实施(　　)，对技术设计进行验证。

A. 对全部产品进行质检　　B. 按一定比例抽取产品进行质检

C. 对首件产品进行质检　　D. 对全部产品进行随机抽样质检

29. 根据《测绘法》，不汇交测绘成果资料的，责令限期汇交；逾期不汇交的，对测绘项目出资人处以(　　)的罚款。

A. 重测绘所需费用 1 倍以上 2 倍以下　　B. 重测绘所需费用 2 倍以上

C. 1 万元以上 5 万元以下　　D. 5 万元以上 20 万元以下

30. 根据《地图审核管理规定》，审核通过的互联网地图服务，申请人应当每(　　)将新增标注内容及核查校对情况向作出审核批准的自然资源主管部门备案。

A. 6 个月　　B. 3 个月

C. 1 个月　　D. 年

31. 从事电子地图、真三维地图制作的单位，必须取得(　　)资质。

A. 地图编制　　B. 导航电子地图制作

C. 地形图测绘　　D. 互联网地图服务

32. 根据《地图管理条例》，互联网地图服务单位使用未经依法审核批准的地图提供服务，或者未对互联网地图新增内容进行核查校对的，责令改正，给予警告，可以处(　　)以下的罚款。

A. 10 万元　　B. 20 万元

C. 30 万元　　D. 50 万元

33. 下列内容中，不属于测绘项目质量控制基本依据的是(　　)。

A. 测绘合同书　　B. 项目资金安排计划

C. 测绘技术设计书　　D. 有关国家标准和行业标准

34. 根据《测绘计量管理暂行办法》，测绘计量标准在合格证书期满前(　　)，应按规定向

原发证机关申请复查。

A. 3 个月　　B. 6 个月

C. 9 个月　　D. 12 个月

35. 根据《测绘成果质量检查与验收》，同类单位成果数学精度检测时，在允许中误差(　　)倍内的误差值均应参与数学精度统计。

A. 2　　B. $2\sqrt{2}$

C. 3　　D. $3\sqrt{2}$

36. 根据《测绘计量管理暂行办法》，省级以上自然资源主管部门建立的各项最高等级的测绘计量标准，以及政府计量行政主管部门授权建立的社会公用计量标准，必须有计量溯源，并且向(　　)申请建标考核。

A. 上一级政府计量行政主管部门　　B. 同级政府计量行政主管部门

C. 上一级政府自然资源主管部门　　D. 同级政府自然资源主管部门

37. 根据《测绘地理信息管理工作国家秘密范围的规定》，泄露后会对社会稳定和民族团结造成损害的国家秘密事项，其秘密等级应定属为(　　)。

A. 绝密级　　B. 机密级

C. 秘密级　　D. 特密级

38. 根据《数字测绘成果质量检查与验收》，“高程精度”质量子元素检查项进行质量评定时，检查点应分布均匀，位置易于辨认，不少于(　　)个。

A. 20　　B. 30

C. 40　　D. 50

39. 根据《关于汇交测绘成果目录和副本的实施办法》，下列内容不包含在数字线划图(DLG)成果目录中的是(　　)。

A. 成果名称　　B. 要素类型

C. 图幅编号　　D. 生产方式

40. 根据《测绘作业人员安全规范》，在人烟稀少或草原、林区作业时，下列说法正确的是(　　)。

A. 作业人员应携带定位导航仪器，但不必携带地形图

B. 要特别注意配备防治蛇、虫叮咬的面罩及药品

C. 宿营地应选择通风干燥避风的场所，夜间不得使用灯光

D. 行进路线及点位附件，根据需要留下明显标志

41. 测绘成果的验收工作应在测绘成果(　　)合格后进行。

A. 互检　　B. 过程检查

C. 抽检　　D. 最终检查

42. 根据《关于汇交测绘成果目录和副本的实施办法》，下列内容中，不属于应当汇交测绘成果目录范围的是(　　)。

A. 具有稳固地面标志的空间大地测量成果的目录

B. $5km^2$面积的 1∶500~1∶2 000 比例尺地形图的目录

C. 整幅的 1∶5 000~1∶100 万比例尺地形图的目录

D. 用于测制各种比例尺地形图和专业测绘的航空摄影测量底片的目录

43. 根据《基础测绘条例》，建立和更新国家基础地理信息系统属(　　)的职责。

A. 国务院自然资源主管部门　　B. 省级人民政府自然资源主管部门

C. 市县级人民政府自然资源主管部门　　D. 军队测绘部门

44. 根据《地图审核管理规定》，经审核批准的地图，申请人应当在地图或者附着地图图形的产品的适当位置显著标注审图号，并向作出审核批准的自然资源主管部门免费送交(　　)。

A. 样本一式两份　　B. 样本一式四份

C. 原件一式两份　　D. 原件一式四份

45. 根据《测绘技术设计规定》，为确定设计输出达到规定目标的适宜性、充分性和有效性所进行的活动是(　　)。

A. 设计评审　　B. 设计验证

C. 审批　　D. 修改

46. 根据《测绘技术设计规定》，设计评审的内容不包括(　　)。

A. 设计评审依据与目的　　B. 评审内容与方式

C. 评审人员　　D. 评审结果

47. 根据《互联网信息服务管理办法》，互联网信息服务提供者和互联网接入服务提供者的记录备份应当保存(　　)日，并在国家有关机关依法查询时，予以提供。

A. 15　　B. 30

C. 45　　D. 60

48. 根据《测绘工作证管理规定》，(　　)和需要持测绘作业证的其他人员应当领取测绘作业证。

A. 测绘外业作业工作人员

B. 测绘内业作业人员

C. 测绘外业作业工作人员、内业作业人员

D. 测绘管理人员

49. 根据《基础地理信息数据档案管理与保护规范》，基础地理信息数据的数据档案应自入馆之日起(　　)日内完成异地存储工作。

A. 30　　B. 45

C. 60　　D. 75

50. 根据《测绘作业人员安全规范》，测绘外业作业时，流速较大但水深在(　　)m 以内允许徒涉。

A. 0.2　　B. 0.4

C. 0.6　　D. 0.8

51. 根据《测绘作业人员安全规范》，测绘内业作业时，面积大于(　　)m^2的作业场所的安

全出口不少于2个。

A. 70　　B. 80

C. 90　　D. 100

52. 为使测绘仪器防霉，作业中暂停使用的测绘生产仪器每周至少通电(　　)，同时使各个功能正常运转。

A. 0.5h　　B. 1h

C. 1.5h　　D. 2h

53. 根据《基础地理信息数据档案管理与保护规范》，基础地理信息数据的储存库房内可以配置(　　)灭火器。

A. 酸式　　B. CO_2

C. 碱式　　D. 干粉

54. 根据《测绘技术设计规定》，下列内容中，不属于大地测量专业技术设计书的主要技术指标和规格的是(　　)。

A. 作业和成果的坐标系、高程基准　　B. 时间系统、投影方法

C. 比例尺、分幅编号及其空间单元　　D. 数据精度或技术等级

55. 根据《测绘作业人员安全规范》，在戈壁、沙漠和高原等人烟稀少、条件恶劣的地区应采用(　　)方式作业。

A. 单车　　B. 双车

C. 三车　　D. 四车

56. 根据《基础地理信息数据档案管理与保护规范》，关于基础地理信息数据的归档介质磁带的使用，在堆叠或搬运时，最多不超过(　　)盒。

A. 4　　B. 6

C. 8　　D. 10

57. 根据《数字测绘成果质量检查与验收》，质量元素得分值(无权值)计算测绘单位成果质量得分值的正确公式为(　　)。

A. $S = \frac{\sum_{i=1}^{n} s_i}{n}$　　B. $S = \min(s_i)\quad(i = 1, 2, \cdots, n)$

C. $S = \sum_{i=1}^{n} s_i \times p_i$　　D. $S = \frac{\sum_{i=1}^{n} s_i \times p_i}{n}$

58. 根据《测绘成果质量检查与验收》，下列质量评定方法中，不属于测绘成果质量评定方法的是(　　)

A. 抽样检查方法　　B. 数学精度评分方法

C. 质量错漏扣分方法　　D. 质量子元素计算方法

59. 根据《数字测绘成果质量检查与验收》，下列关于测绘成果质量检验报告的内容说法，错误的是(　　)。

A. 报告涂改无效

B. 报告需要检验单位公章和骑缝章

C. 无编制人，审核人、批准人签字无效

D. 送样委托检验，检验报告需对送样负责

60. 根据《测绘技术总结编写规定》，下列内容中，属于专业技术总结"测绘成果(或产品)质量情况"的是(　　)。

A. 总结专业测绘生产中的经验、教训和遗留问题

B. 说明和评价专业技术活动过程中，专业技术涉及文件执行情况

C. 描述作业过程中采用新技术、新方法、新材料时，应详细描述和总结其应用情况

D. 说明和评价测绘成果的质量情况(包括必要的精度统计)，产品达到的技术指标

61. 根据《测绘法》，对测绘成果质量负责的单位是(　　)。

A. 委托测绘任务的单位　　B. 质量监督检验单位

C. 完成测绘任务的单位　　D. 监理单位

62. 开标应当在招标文件确定的提交投标文件截止时间的(　　)公开进行；开标地点应当为招标文件中预先确定的地点。

A. 3日后　　B. 7日后

C. 同一时间　　D. 15日后

63. 根据《测绘成果管理条例》，国家要对重要的地理信息数据实行(　　)制度。

A. 统一监督与管理　　B. 统一审核与管理

C. 统一公布与监督　　D. 统一审核与公布

64. 根据《涉密基础测绘成果提供使用管理办法》，(　　)应当按照批准决定的内容，及时向申请人提供涉密基础测绘成果，对提供情况进行登记并长期保存。

A. 县级以上自然资源主管部门　　B. 测绘成果保管单位

C. 测绘项目的出资人　　D. 省级以上测绘自然资源主管部门

65. 根据《基础地理信息公开表示内容的规定(试行)》，下列基础地理信息中，可以公开表示的有(　　)。

A. 火车隧道长度　　B. 等高距小于50m的等高线

C. 航道水深　　D. 等同于国家等级控制点的地震台

66. 根据《测绘技术设计规定》，技术设计文件报批之前，(　　)必须对其进行全面审核，并在技术设计文件和(或)产品样品上签署意见并签名(或盖章)。

A. 测绘项目出资人　　B. 具有质量监督权的自然资源主管部门

C. 承担测绘任务的法人单位　　D. 承担测绘项目监理职责的法人单位

67. 根据《基础地理信息数据档案管理与保护规范》，下列内容中，不属于基础地理信息数据归档内容的是(　　)。

A. 基础地理信息数据成果　　B. 文档材料

C. 相关软件　　D. 外业观测手簿

68. 下列部门中，负责我国行政区域界线管理工作的是(　　)。

A. 各级人民政府民政部门　　B. 各级自然资源行政管理部门

C. 各级监督检查部门　　D. 地方建设行政管理部门

69. 根据《房产测绘管理办法》，房产测绘单位在房产面积测算中弄虚作假、欺骗房屋权利人的，由县级以上人民政府房地产行政主管部门给予警告并责令限期改正，并可处以(　　)的罚款；情节严重的，由发证机关予以降级或者取消其房产测绘资格。

A. 2 000 元以下　　B. 5 000 元以下

C. 1 万元以下　　D. 1 万元以上 3 万元以下

70. 下列内容中，属于测绘项目生产承包制中可直接计入项目的相关费用的是(　　)。

A. 生产人员交通差旅费　　B. 折旧费

C. 住户公积金　　D. 承包部门开支的各项费用

71. 测绘单位各级人员进行文件学习属于贯标工作的(　　)阶段的事项。

A. 组织策划和领导投入　　B. 体系总体设计和资源配备

C. 文件编制　　D. 质量管理体系运行和实施

72. 根据《测绘成果质量检查与验收》，质量检验机构应对样本进行(　　)。

A. 全数检查　　B. 详查

C. 抽样检查　　D. 概查

73. 下列关于测绘档案归档的说法，正确的是(　　)。

A. 归档资料的完整性和准确性由单位总工程师负责

B. 文档材料归档一份，数据成果拷贝归档两份

C. 基础测绘成果应与文档材料分开归档

D. 归档后的数据成果不得替换

74. 根据《测绘市场管理暂行办法》，下列内容中，不属于测绘合同委托方的权利的是(　　)。

A. 检验承揽方的测绘资质证书

B. 检验承揽方的法人证明资料

C. 明确规定承揽方完成的成果验收方式

D. 对承揽方未履行合同造成的经济损失，提出赔偿

75. 最终检查批成果合格后，批成果质量等级评定为良级，按《测绘成果质量检查与验收》，其评定标准是(　　)。

A. 优良品率达到 85%以上，其中优级品率达到 60%以上

B. 优良品率达到 90%以上，其中优级品率达到 50%以上

C. 优良品率达到 95%以上，其中优级品率达到 45%以上

D. 优良品率达到 80%以上，其中优级品率达到 30%以上

76. 根据《注册测绘师执业管理办法(试行)》，下列岗位必须由注册测绘师充任的是(　　)。

A. 最高管理者　　B. 测绘单位法定代表人

C. 质检负责人　　D. 财务人事主管

77. 根据《测绘成果质量检查与验收》，当测绘单位未评定批成果质量等级，以验收单位评定的(　　)作为批成果质量等级。

A. 详查质量等级　　B. 样本质量等级

C. 抽样质量等级　　D. 概查质量等级

78. 根据《注册测绘师执业管理办法(试行)》，下列报告或文件必须注册测绘师签字并加盖执业印章后生效的是(　　)。

A. 测绘合同　　B. 测绘任务书

C. 测绘技术总结　　D. 测绘项目监理报告

79. 根据《数字测绘成果质量检查与验收》，单位成果质量评定等级为合格的，其质量得分 S 的分值应为(　　)。

A. 90 分$\leqslant S<$100 分　　B. 75 分$<S\leqslant$90 分

C. 60 分$\leqslant S<$75 分　　D. 50 分$\leqslant S\leqslant$60 分

80. 根据《测绘成果质量检查与验收》，测绘成果质量验收工作中，当对质量问题的判定存在分歧时，由(　　)裁定。

A. 测绘单位负责人　　B. 测绘单位总工程师

C. 委托方或项目管理单位　　D. 监理单位

二、多项选择题(每题 2 分。每题的备选选项中，有 2 个或 2 个以上符合题意，至少有 1 个是错项。错选，本题不得分；少选，所选的每个选项得 0.5 分)

81. 违反《测绘法》规定，(　　)更新的地图或者互联网地图服务不符合国家有关地图管理规定的，依法给予行政处罚、处分；构成犯罪的，依法追究刑事责任。

A. 购买　　B. 编制

C. 出版　　D. 展示

E. 登载

82. 目前，测绘项目的发包方式主要有(　　)。

A. 招标发包　　B. 协议发包

C. 直接发包　　D. 通知发包

E. 协商发包

83. 根据《基础测绘条例》，下列关于基础测绘的技术要求中，说法正确的是(　　)。

A. 使用国家统一基准和系统

B. 使用同样的仪器和软件

C. 执行国家测绘技术规范和标准

D. 建立相对独立的平面坐标系统应当与国家坐标系统相联系

E. 使用统一的时间基准和长度基准

84. 根据《测绘资质管理办法》，(　　)发生变更的，应当向审批机关提交有关部门的核准材料，申请换发新的测绘资质证书。

A. 测绘单位名称　　B. 注册地址

C. 公司人员　　D. 法定代表人

E. 仪器设备

85. 测绘技术设计书中的质量控制设计通常包括(　　)。

A. 精度指标要求　　B. 组织管理措施

C. 资源保证措施　　D. 质量控制措施

E. 数据安全措施

86. 根据《测绘技术设计规定》，设计审批的依据主要包括(　　)。

A. 设计评审　　B. 评审时间

C. 验证报告　　D. 验证方法

E. 设计输入内容

87. 根据《测绘法》，卫星导航定位基准站的建设和运行维护不符合国家标准、要求的，可给予的行政处罚有(　　)。

A. 警告　　B. 没收违法所得和测绘成果

C. 责令停业整顿　　D. 没收相关设备

E. 处 30 万元以上 50 万元以下的罚款

88. 外国的组织或个人未与中华人民共和国有关部门或者单位合资、合作，擅自在中华人民共和国领域从事测绘活动的，应对其(　　)。

A. 责令停止违法行为　　B. 没收测绘成果和测绘工具

C. 通报批评　　D. 情节严重的，责令限期离境

E. 构成犯罪的，依法追究刑事责任

89. 根据《基础测绘条例》，基础测绘的工作应当遵循的原则有(　　)。

A. 按需发展　　B. 统筹规划

C. 分级管理　　D. 定期更新

E. 保障安全

90. 根据《测绘作业人员安全规范》，从事地下管线外业工作的人员，需要配备的设备是(　　)。

A. 防护帽　　B. 安全灯

C. 警示服　　D. 通信设备

E. 工作牌

91. 根据目前我国测绘成果的汇交制度，测绘成果汇交的主体有(　　)。

A. 测绘项目的委托单位　　B. 测绘项目的出资人

C. 承担测绘项目的测绘单位　　D. 中方部门或者单位

E. 市、县级自然资源主管部门

92. 行政区域界线的标准画法，是指根据国务院及各省、自治区、直辖市人民政府批准的(　　)，按照一定的编绘方式编制的反映各级行政区域界线画法的地图。

A. 行政区域界线协议书　　B. 行政区域界线协议书附图

C. 边界线走向和界桩位置说明　　D. 勘界有关成果

E. 中华人民共和国省级行政区域界线详图集

93. 根据《测绘法》，自然资源主管部门的地籍管理职责主要包含(　　)。

A. 编制并下发执行地籍测绘预算

B. 会同土地行政主管部门制定地籍测绘规划

C. 建立并管理地籍测绘档案

D. 按照地籍测绘规划组织管理地籍测绘工作

E. 组织地籍管理规范的制定与实施

94. 根据《〈测绘合同〉示范文本》，测绘合同载明需要履行的内容主要包括(　　)。

A. 甲乙双方正式签订测绘项目合同

B. 项目承揽方按要求完成测绘工作

C. 测绘项目通过委托方的质量鉴定

D. 测绘项目委托单位按时交付项目酬金

E. 合同约定的附加工作和额外测绘工作及其酬金给付

95. 根据《测绘生产成本费用定额计算细则》，下列属于测绘单位经营成本的是(　　)。

A. 折旧费　　B. 员工福利及他项费用

C. 机构运营费用　　D. 生产人员交通差旅费

E. 项目销售费用

96. 根据专业测绘活动内容的不同，下列专业的设计，属于工程测量专业技术设计范畴的是(　　)。

A. 基础地理信息数据建库　　B. 地籍测量

C. 竣工测量　　D. 变形测量

E. 地图制图与印刷

97. 下列测绘仪器设备中，属于外业测量设备的是(　　)。

A. GNSS 测量系统　　B. 全站仪

C. 数字摄影测量工作站　　D. 航空摄影机

E. 数字成图系统

98. 根据《保守国家秘密法》，下列机关或单位可以确定绝密级国家秘密的是(　　)。

A. 中央国家机关及其授权机关、单位　　B. 省级机关及其授权机关、单位

C. 市级机关及其授权机关、单位　　D. 县级机关及其授权机关、单位

E. 乡镇级机关及其授权机关、单位

99. 根据《数字测绘成果质量　要求》，数字栅格地图的质量元素主要有空间参考系以及(　　)。

A. 逻辑一致性　　B. 栅格质量
C. 元数据质量　　D. 附件质量
E. 表征质量

100. 根据《质量管理体系　要求》，质量体系管理文件中，必须由最高管理者批准的是(　　)。
A. 质量方针　　B. 质量手册
C. 程序文件　　D. 作业文件
E. 质量计划

"测绘管理与法律法规"仿真试卷九

一、单项选择题(每题 1 分，每题的备选选项中，只有 1 个符合题意)

1. 根据《测绘法》，(　　)应当按照规定检查、维护永久性测量标志。
A. 县级以上人民政府自然资源主管部门
B. 县级以上人民政府
C. 乡级人民政府
D. 测量标志建设单位

2. 根据《测绘资质管理办法》，测绘资质申请单位符合法定条件的，测绘资质审批机关应当于作出正式批准决定之日起(　　)个工作日内向申请单位颁发测绘资质证书。
A. 5　　B. 7
C. 10　　D. 20

3. 根据《注册测绘师制度暂行规定》，对以不正当手段取得中华人民共和国注册测绘师资格证书的，由发证机关收回。自收回该证书之日起，当事人(　　)内不得再次参加注册测绘师资格考试。
A. 终身　　B. 2 年
C. 5 年　　D. 3 年

4. 根据《测绘法》，土地权属界址线发生变化时，(　　)应当及时进行变更测绘。
A. 测绘单位　　B. 省级自然资源主管部门
C. 有关当事人　　D. 自然资源部所属部门

5. 根据《测绘资质分类分级标准》，下列关于技术和质量保证体系要求的说法中，正确的是(　　)。
A. 配备与业务相适应的质检人员应当是测绘相关专业技术人员
B. 地理专业的人员，可以作为质检人员
C. 地理信息专业的人员，可以作为质检人员
D. 技术和质量管理机构负责人应当具备高级及以上测绘专业技术职称

6. 根据《保守国家秘密法》，国家秘密的保密期限，除另有规定外，秘密级不超过(　　)。
A. 10 年　　B. 20 年
C. 30 年　　D. 50 年

7. 目前，基础测绘项目一般采用(　　)方式确定测绘承担单位。

A. 招标发包　　B. 直接发包

C. 委托发包　　D. 投标方式

8. 根据《测绘成果质量监督抽查管理办法》，下列原则中，不属于测绘成果质量监督抽查工作应当遵循的原则是(　　)。

A. 便利　　B. 公正

C. 公开　　D. 公平

9. 根据《行政许可法》，行政许可采取统一办理的，办理时间一般不超过(　　)日。

A. 15　　B. 30

C. 45　　D. 60

10. 根据《标准化法》，对需要在全国范围内统一的技术标准，应当制定(　　)。

A. 地方标准　　B. 行业标准

C. 企业标准　　D. 国家标准

11. 根据《招标投标法》，评标委员会由招标人的代表和有关技术、经济方面的专家组成，成员为 5 人以上，其中经济、技术等方面的专家不得少于成员总数的(　　)。

A. 2/3　　B. 1/2

C. 2/5　　D. 1/3

12. 根据《测绘市场管理暂行办法》，对已交付使用的测绘成果，因不符合合同规定的质量标准出现质量不合格并造成损失的，应由(　　)承担相应责任。

A. 项目单位　　B. 测绘单位

C. 质检单位　　D. 项目单位和测绘单位

13. 凡测绘项目委托验收中产生的分歧可报(　　)裁定。

A. 省级自然资源主管部门质检机构　　B. 测绘单位总工程师

C. 测绘单位的质量管理机构　　D. 测绘单位上级质量管理机构

14. 根据《招标投标法》，下列使用国有资金的项目中，必须通过招标方式选择施工单位的是(　　)。

A. 某水利工程，其单项施工合同估算价 600 万元人民币

B. 利用资金实行以工代赈需要使用农民工

C. 某军事工程，其重要设备的采购单项合同估算价 100 万元人民币

D. 某福利院工程，其单项施工合同估算价 300 万元人民币且施工主要技术采用某专有技术

15. 根据《关于进一步加强涉密测绘成果管理工作的通知》，未按国务院、中央军委有关规定，经有关军区进行保密审查的航空摄影成果应(　　)。

A. 一律销毁　　B. 一律封存

C. 一律不得归档　　D. 一律不得提供使用

16. 根据《测绘法》，(　　)应当采取有效措施加强测量标志的保护工作。

A. 县级以上人民政府　　B. 乡级人民政府

C. 省级人民政府　　D. 国务院自然资源主管部门

17. 对在测绘资质证书有效期内遵守有关法规、技术标准，信用档案无不良记录且继续符合测绘资质条件的单位，经测绘资质审批机关批准，有效期延续(　　)年。

A. 1　　B. 3

C. 5　　D. 7

18. 根据《测绘市场管理暂行办法》，负责监督管理本行政区域内的测绘市场的部门是(　　)。

A. 县级以上人民政府自然资源主管部门

B. 县级以上工商行政管理部门

C. 市级以上人民政府自然资源主管部门

D. 县级以上人民政府自然资源主管部门和工商行政管理部门

19. 根据《注册测绘师执业管理办法(试行)》，单位和个人不可以通过(　　)查询注册测绘师的有关信息。

A. 注册测绘师姓名　　B. 注册测绘师身份证号

C. 注册证编号　　D. 执业印章编号

20. 根据《地理信息公共平台基本规定》，公共平台建设中的核心内容是(　　)。

A. 数据集　　B. 管理服务软件系统

C. 软、硬件平台　　D. 支撑环境

21. 根据自然资源部《关于规范重要地理信息数据审核公布管理工作的通知》，公民个人建议审核公布重要地理信息数据时，应当向自然资源部或者省级自然资源主管部门提交的书面资料不包括(　　)。

A. 建议人的基本情况

B. 重要地理信息数据的详细数据成果资料科学性及公布的必要性说明

C. 与相关历史数据、已公布数据的对比材料

D. 重要地理信息数据获取的技术方案、质检报告及数据验收评估等有关资料

22. 根据《测量标志保护条例》，下列测量标志不属于永久性测量标志的是(　　)。

A. 卫星定位点的木质觇标

B. 国家各等级的三角点、水准点

C. 卫星定位点的钢制觇标

D. 航空摄影的地面标志

23. 根据《测量标志保护条例》，建设永久性测量标志需要占用土地的，其中地下标志占用土地的范围为(　　)。

A. $15\sim35m^2$　　B. $16\sim36m^2$

C. $32\sim72m^2$　　D. $36\sim100m^2$

24. 根据《保守国家秘密法》，保密行政管理部门发现国家秘密确定、变更或者解除不当的，

应当(　　)通知有关机关、单位予以纠正。

A. 1 日内　　B. 2 日内

C. 及时　　D. 3 日内

25. 根据《保守国家秘密法》，保密行政管理部门对保密检查中发现的非法获取、持有的国家秘密载体，应当予以(　　)。

A. 收缴　　B. 销毁

C. 记录　　D. 复制

26. 根据《测绘生产质量管理规定》，测绘单位必须(　　)，加强工序管理的各项基础工作，有效控制影响产品质量的各种因素。

A. 制定完整可行的工序管理流程表　　B. 进行质量分析控制

C. 进行质量责任落实　　D. 制定节点质量控制流程

27. 根据《关于加强互联网地图管理工作的通知》，互联网地图审图号有效期为(　　)年。

A. 1　　B. 2

C. 3　　D. 4

28. 根据《关于汇交测绘成果目录和副本的实施办法》，下列内容不包含在数字高程模型(DEM)成果目录中的是(　　)。

A. 成果名称　　B. 高程精度

C. 平面精度　　D. 生产方式

29. 根据《测绘法》，不汇交测绘成果资料的，责令限期汇交；逾期不汇交的，对承担国家投资项目的测绘单位处以(　　)的罚款。

A. 重测绘所需费用1倍以上 2 倍以下　　B. 重测绘所需费用2倍以上 3 倍以下

C. 1 万元以上 5 万元以下　　D. 5 万元以上 20 万元以下

30. 根据《基础测绘项目文件归档技术规定》，基础测绘文件密级项分为(　　)个级别。

A. 3　　B. 4

C. 5　　D. 6

31. 根据《地图审核管理规定》，下列内容中，不属于地图审图号的组成部分的是(　　)。

A. 审图机构代号　　B. 通过审核的年份

C. 地图类型简称　　D. 审图号编制内容

32. 根据《计量法实施细则》，下列内容中，不属于对申请制造计量器具许可证和修理计量器具许可证的企业、事业单位和个体工商户进行考核的是(　　)。

A. 生产设施　　B. 出厂检定条件

C. 人员的技术状况　　D. 具有正常工作所需要的环境条件

33. 根据《测绘质量监督管理办法》，经监督检查，对测绘产品质量被判“批不合格”持有异议的，测绘单位可以向(　　)申请复检。

A. 上级质量主管部门　　B. 测绘产品质量监督检验测试中心

C. 测绘产品质量监督检验站　　D. 技术监督行政部门或自然资源主管部门

34. 根据《关于汇交测绘成果目录和副本的实施办法》，面积在(　　)km^2以上的 1∶500～1∶2 000比例尺地形图应当汇交测绘成果目录。

A. 6　　B. 8

C. 10　　D. 12

35. 实施房产图测绘时，下列仪器设备中，一般不会选择的是(　　)。

A. 全站仪　　B. 手持测距仪

C. GNSS 测量系统　　D. 数字摄影测量系统

36. 测绘单位使用涉密测绘成果的，按照《关于加强涉密测绘地理信息安全管理的通知》，在使用目的或项目完成后(　　)个月内销毁申请使用的涉密测绘成果。

A. 3　　B. 6

C. 9　　D. 12

37. 根据《测绘生产质量管理规定》，测绘单位生产岗位的作业人员必须严格执行操作规程，按照(　　)进行作业，并对作业成果质量负责。

A. 委托单位要求　　B. 有关规章制度

C. 技术设计　　D. 合同要求

38. 根据《建立相对独立的平面坐标系统管理办法》，申请建立相对独立的平面坐标系统的，应当提交有关申请材料，下列资料不属于必须提交的是(　　)。

A. 立项批准文件(复印件)　　B. 市人民政府同意建立的文件(原件)

C. 测绘资质证书原件　　D. 建立相对独立的平面坐标系统申请书

39. 根据《测绘成果质量监督抽查管理办法》，(　　)负责审定检验结论，依法向社会公布质量监督抽查结果。

A. 质量技术监督部门　　B. 测绘产品质量监督检验测试中心

C. 自然资源主管部门　　D. 测绘产品质量监督检验站

40. 根据《测绘成果质量监督抽查管理办法》，检验单位必须按照国家有关规定和技术标准，客观、公正地作出检验结论，并于全部检验工作结束后(　　)个工作日内将检验报告及检验结论寄(交)达受检单位。

A. 15　　B. 20

C. 25　　D. 30

41. 根据《测绘资质管理办法》，某测绘单位依法取得测绘资质后，当出现不符合其测绘资质等级或者专业类别条件的情况时，下列处置措施正确的是(　　)。

A. 测绘单位依法取得测绘资质后，出现不符合其测绘资质等级或者专业类别条件的，由县级以上人民政府责令限期改正

B. 逾期未改正至符合条件的，应在全国测绘资质管理信息系统中报送有关情况

C. 已改正，但未完全符合条件的，可以继续开展相应测绘资质所涉及的测绘活动

D. 逾期未改正至符合条件的，该测绘单位应被纳入测绘单位信用记录予以公示

42. 相对独立平面坐标系统是指为满足在局部地区进行大比例尺测图和(　　)的需要，以任

意点和方向起算建立的平面坐标系统或者在全国统一的坐标系统的基础上，进行中央子午线投影变换平移旋转等而建立的平面坐标系统。

A. 控制测量　　B. 海洋测量

C. 大地测量　　D. 工程测量

43. 测绘单位贯标时，文件编制阶段通常需要的时间为(　　)。

A. 1个月　　B. 2个月

C. 3个月　　D. 4个月

44. 根据《地图管理条例》，我国实行地图(　　)制度。

A. 审查　　B. 审批

C. 审核　　D. 备案

45. 根据《测绘成果质量检查与验收》，测绘成果基本类型共(　　)大类。

A. 6　　B. 8

C. 10　　D. 12

46. 根据《数字测绘成果质量检查与验收》，下列检查项中，不属于“注记”质量子元素检查内容的是(　　)。

A. 注记名称　　B. 注记内容

C. 注记规格　　D. 注记配置

47. 下列因素中，贯标单位选择咨询机构不需要考虑的是(　　)。

A. 具有法律地位的实体，能够独立地承担民事责任

B. 经国家认证认可监督管理委员会(简称“国家认监委”)批准

C. 广告公司极力推荐

D. 机构实力强，尤其是熟悉测绘行业，具有对测绘单位开展咨询的业绩

48. 某乙级房产测绘单位在房产测绘活动中，由于房产面积测算失误，造成重大损失，情节严重。根据《房产测绘管理办法》依法予以降级或者取消其房产测绘资质的机关是(　　)。

A. 所在地省级自然资源主管部门　　B. 所在地市级自然资源主管部门

C. 所在地省级房地产行政主管部门　　D. 所在地市级房地产行政主管部门

49. 根据《测绘成果质量检查与验收》，下列像片调绘成果质量错漏中，属于A类错漏的是(　　)。

A. 能明显判定县或县以上境界错漏图上5cm

B. 二级以下河流、山脉等名称错漏2处

C. 面状水体错漏，面积超过图上$10cm^2$

D. 像片间1条边不接边

50. 根据《房产测绘管理办法》，当事人对房产测绘成果有异议时，可以委托(　　)鉴定。

A. 当地法院　　B. 自然资源主管部门

C. 国家认定的房产测绘成果鉴定机构　　D. 房地产行政主管部门

51. 为使测绘仪器防霉、防雾，测绘生产外业仪器在湿热季节或湿热地区通常情况下(　　)

应对仪器的光学零件外露表面进行一次全面的擦拭。

A. 3个月　　B. 6个月

C. 9个月　　D. 12个月

52. 根据《基础地理信息数据档案管理与保护规范》，在工作之前，放置在储存环境下的基础地理信息数据的磁带必须在工作环境放置至少(　　)h。

A. 1　　B. 2

C. 12　　D. 24

53. 根据《测量标志保护条例》，关于测量标志保管制度，国家对测量标志实行(　　)。

A. 义务保管制度　　B. 无偿保管制度

C. 有偿保管制度　　D. 委托保管制度

54. 根据《地图审核管理规定》，利用涉及国家秘密的测绘成果编制的地图，应当提供(　　)进行保密技术处理的证明文件。

A. 省级以上自然资源主管部门　　B. 市级以上自然资源主管部门

C. 国务院自然资源主管部门　　D. 军队测绘部门

55. 根据《测绘法》，侵占永久性测量标志用地的，最高可以对其罚款(　　)万元。

A. 5　　B. 10

C. 20　　D. 50

56. 下列原则中，不属于质量管理体系文件编写原则的是(　　)。

A. 系统协调原则　　B. 采用过程方法原则

C. 经济优先原则　　D. 整体优化原则

57. 根据《地图审核管理规定》，自然资源主管部门应当在其门户网站等媒体上及时公布获得审核批准的(　　)、审图号等信息。

A. 地图名称　　B. 地图用途

C. 地图类型　　D. 地图适用范围

58. 根据《基础地理信息数据档案管理与保护规范》，关于基础地理信息数据的维护，为了保证数据档案的长期有效性，线性磁带应每(　　)年迁移一次。

A. 2　　B. 5

C. 7　　D. 10

59. 根据《测绘作业人员安全规范》，测绘外业高空作业，安全防护带要(　　)，不能够打结使用。

A. 低挂低用　　B. 低挂高用

C. 高挂低用　　D. 高挂高用

60. 根据《数字测绘成果质量检查与验收》，“影像/栅格质量”质量子元素检查项合格后计分公式是(　　)。

A. $r = \frac{n}{N} \times 100\%$

B. $s = 60 + \frac{40}{r_0} \times (r_0 - r)$

C. $s = \begin{cases} 60 + \frac{40}{0.7 \times m_0}(m_0 - m), & m > 0.3m_0 \\ 100, & m \leqslant 0.3m_0 \end{cases}$

D. $s = 60 + \frac{40}{r_0} \times (r_0 + r)$

61. 根据《基础地理信息公开表示内容的规定(试行)》，下列基础地理信息中，可以公开表示的有(　　)。

A. 国界线　　B. 等高距小于 50m 的等高线

C. 航道水深　　D. 火车隧道宽度

62. 根据《关于进一步加强互联网地图服务资质管理工作的通知》，互联网地图服务资质单位在互联网上登载(　　)，应当遵守地图审核相关规定送审。

A. 实景影像地图　　B. 三维虚拟现实地图

C. 二维地图　　D. 虚拟影像地图

63. 根据《公开版地图质量评定标准》，下列地图质量差错中，属于严重差错的是(　　)。

A. 与主图名相应的行政区划界线、设色、符号及其名称的差错

B. 地图内容与图例明显不符

C. 数学基础(投影、坐标、比例尺等)出现差错

D. 重要居民地和单位的符号、注记差错

64. 根据《数字测绘成果质量检查与验收》，不属于数字测绘成果质量检查方式的是(　　)。

A. 实地检查　　B. 计算机自动检测

C. 计算机辅助检查　　D. 人工检查

65. 根据《测绘地理信息管理工作国家秘密范围的规定》，下列测绘地理信息成果中，其密级属于秘密级的是(　　)。

A. 国家认定的地理信息保密处理技术算法及参数

B. 1∶5 万国家基本比例尺地形图及其全要素数字化成果

C. 军事禁区平面精度优于(含)10m 倾斜影像

D. 分辨率 10′×10′，精度在 6mGal 的重力异常成果

66. 根据《国家永久性测量标志拆迁审批程序规定》，进行工程建设时，下列永久性测量标志中，不得申请拆迁或者使其失去使用效能的是(　　)。

A. 一等重力点　　B. 军用控制点

C. B 级以上 GNSS 控制点　　D. 基线检测场点

67. 根据《测绘作业证管理规定》，测绘单位申报材料不真实，虚报冒领测绘作业证的，由省、自治区、直辖市人民政府自然资源主管部门(　　)，并根据其情节给予通报批评。

A. 收回冒领的证件　　B. 撤销冒领的证件

C. 吊销冒领的证件　　D. 不予处理，留待查看

68. 根据《地图管理条例》，经审核批准的地图，应当在地图或者附着地图图形的产品的(　　)显著标注审图号。

A. 适当位置　　B. 版权页

C. 扉页　　D. 页脚内侧

69. 根据《不动产登记暂行条例实施细则》，不动产登记簿及权籍图由不动产登记机构(　　)。

A. 永久保存　　B. 长期保存

C. 定期保存　　D. 视情况而定

70. 根据《行政许可法》，设定行政许可应规定行政许可的实施机关、(　　)。

A. 实施时间、程序、效力　　B. 实施要件、程序、时效

C. 条件、程序、期限　　D. 范围、程序、时效

71. 违反《外国组织或者个人来华测绘管理暂行办法》规定，未经依法批准将测绘成果携带或者传输出境的，由国务院自然资源主管部门(　　)，构成犯罪的，依法追究刑事责任。

A. 撤销批准文件　　B. 没收测绘成果

C. 处 3 万元以下罚款　　D. 责令停止测绘活动

72. 根据《测绘成果质量检查与验收》，某项目单位成果质量评定中，质量得分为 74 分的应评定为(　　)。

A. 优级品　　B. 良级品

C. 合格品　　D. 不合格品

73. 省级以上自然资源主管部门建立的各项最高等级的测绘计量标准，以及政府计量行政主管部门授权建立的社会公用计量标准，按规定经计量行政主管部门申请建标考核，取得(　　)后，即具备在本部门或本单位开展计量器具检定的资格。

A. 计量标准证书　　B. 计量合格证

C. 计量检定证书　　D. 社会公用计量标准证书

74. 基础测绘是公益性事业，国家对基础测绘实行(　　)。

A. 直接管理　　B. 间接管理

C. 宏观管理　　D. 分级管理

75. 基础测绘成果和国家投资完成的其他测绘成果，用于国家机关决策和社会公益性事业的应当(　　)。

A. 有偿提供　　B. 无偿提供

C. 有条件提供　　D. 部分有偿提供

76. 根据《基础测绘计划管理办法》，全国基础测绘中长期规划在获批准后(　　)内，除有保密要求的，自然资源主管部门应在测绘行业报纸或政府相关网站上公布规划文本的部分或者全部内容。

A. 1 个月　　B. 2 个月

C. 3 个月　　D. 4 个月

77. 根据《测绘地理信息行业信用管理办法》，自然资源主管部门对不良信息的保存期限，自不良行为或者事件终止之日起为(　　)年。

A. 2　　B. 3

C. 4　　D. 5

78. 根据《测绘法》，国家确定国家基本比例尺地图的(　　)。

A. 等级和精度　　B. 系列和基本精度

C. 规范和经本精度　　D. 参数和精度

79. 根据《测绘成果质量监督抽查管理办法》，测绘成果质量受检单位对监督检验结论有异议的，法定时限内向(　　)提出书面异议报告，并抄送检验单位。

A. 自然资源部　　B. 组织实施质量监督抽查的自然资源部门

C. 单位所在地自然资源主管部门　　D. 测绘项目所在地自然资源主管部门

80. 根据《基础地理信息数据档案管理与保护规范》，下列关于数据档案销毁的说法，错误的是(　　)。

A. 数据档案在销毁前应进行鉴定。经鉴定需销毁的档案应按规定程序履行销毁手续

B. 经数据迁移后废弃的原介质，数据转存新格式、原数据档案无须鉴定，经审批后直接销毁

C. 销毁数据档案时，应包括异地存储在内的两份数据档案

D. 当销毁光盘上的数据档案时，须连同光盘一起销毁

二、多项选择题(每题2分。每题的备选选项中，有2个或2个以上符合题意，至少有1个是错项。错选，本题不得分；少选，所选的每个选项得0.5分)

81. 根据《注册测绘师执业管理办法(试行)》，下列报告或文件必须注册测绘师签字并加盖执业印章后生效的是(　　)。

A. 测绘项目设计文件　　B. 测绘成果质量检查报告

C. 测绘产品测试报告　　D. 测绘项目监理报告

E. 测绘技术总结

82. 基础地理信息数据建库设计方案主要内容包括(　　)。

A. 数据库范围、内容设计　　B. 数据库成果的空间单元设计

C. 数据库概念模型设计　　D. 数据库逻辑设计

E. 数据库物理设计

83. 下列内容中，属于影响地理信息数据安全因素的是(　　)。

A. 安全意识淡薄　　B. 硬盘驱动器损坏

C. 人为错误　　D. 环境变化

E. 病毒

84. 根据《基础地理信息数据档案管理与保护规范》，基础地理信息数据成果的主要组成部分是(　　)。

A. 项目技术总结　　B. 最终数据成果

C. 相关软件　　D. 重要的阶段性数据成果

E. 重要的原始数据成果和数据说明文件

85. 法人或者其他组织申请使用涉密测绘成果，应具备的条件是(　　)。

A. 具有足够的测绘资质　　B. 具有明确的使用目的和范围

C. 具有应用成果的设备能力　　D. 具有应用成果的技术人员

E. 具备成果保管、保密的基本设施与条件

86. 根据《测绘成果管理条例》，下列测绘成果属于基础测绘成果的是(　　)。

A. 基础航空摄影所获取的数据、影像资料

B. 为建立全国统一的测绘基准和测绘系统进行的水准测量所获取的数据、图件

C. 遥感卫星和其他航天飞行器对地观测所获取的基础地理信息遥感资料

D. 国家基本比例尺地图、影像图及其数字化产品；基础地理信息系统的数据、信息等

E. 各省行政区划地图

87. 测绘航空摄影的影像质量检查包括影像的(　　)。

A. 清晰度　　B. 重叠度

C. 色彩和反差　　D. 航摄漏洞

E. 航摄区域

88. 根据《测绘成果质量检查与验收》，下列空中三角测量成果质量错漏中，属于A类的有(　　)。

A. 基本定向点残差超限　　B. 像点量测误差超限

C. 内定向超限　　D. 控制点刺点误差超限

E. 高程多余控制点误差超限

89. 根据《测绘市场管理暂行办法》，测绘项目的承包方必须以自己的(　　)完成所承揽项目的主要部分。

A. 设备　　B. 技术

C. 物资　　D. 劳力

E. 资金

90. 下列基础地理信息中，不得公开表示的有(　　)。

A. 精确平面控制点坐标　　B. 河流通航能力

C. 地下河段出入口　　D. 验潮站

E. 船闸尺度

91. 根据《测绘法》，国家对测绘成果依法实行有偿使用制度，用于(　　)，可以无偿提供无偿使用。

A. 政府决策　　B. 重点工程建设

C. 国防建设　　D. 应对突发事件

E. 公共服务

92. 根据《地理信息公共平台基本规定》，公共平台的支撑环境的组成部分主要包括(　　)。

A. 数据集　　B. 管理交换系统
C. 在线服务系统　　D. 支撑环境
E. 政策法规环境

93. 根据《地图管理条例》，下列地图中，按照国务院、中央军事委员会的规定执行编制管理的是(　　)。

A. 全国性示意地图　　B. 中小学教学地图
C. 军事地图　　D. 历史地图
E. 海图

94. 根据测绘标准的分类，下列标准中，属于获取与处理类的是(　　)。

A.《地理空间数据交换格式》　　B.《国家基本比例尺更新规范》
C.《电子地图图式》　　D.《测量外业电子记录基本规定》
E.《全球导航卫星系统(GNSS)测量规范》

95. 下列因素中，为起草质量管理体系文件时需要考虑的因素有(　　)。

A. 产品满足法律法规的要求　　B. 单位的管理和装备水平
C. 单位各级人员的人数　　D. 质量经济性和效率
E. 产品的特性和复杂程度

96. 根据《基础测绘条例》，下列属于由省、自治区、直辖市人民政府自然资源主管部门组织实施的基础测绘项目的是(　　)。

A. 建立本行政区域内与国家测绘系统相统一的大地控制网和高程控制网
B. 建立和更新地方基础地理信息系统
C. 组织实施地方基础航空摄影
D. 国界线测绘
E. 测制和更新本行政区域 1∶1 万至 1∶5 000 国家基本比例尺地图、影像图和数字化产品

97. 县级以上人民政府自然资源主管部门在建立健全随机抽查机制工作过程中，应当依法对测绘资质情况进行检查的内容，主要有(　　)。

A. 测绘单位的安全保障措施　　B. 信息安全保密管理制度
C. 测绘成果和资料档案管理制度　　D. 专业技术人员情况
E. 测绘项目业绩完成情况

98. 互联网地图服务资质单位应当使用经省级以上自然资源主管部门审核批准的地图提供服务，并将(　　)共同标注在网站显著位置。

A. 地图审图号　　B. 测绘资质证书编号
C. 企业法人代码　　D. 上级管理机构组织代码
E. 互联网信息服务增值电信业务经营许可证编号

99. 根据《测绘作业人员安全规范》，下列有关测绘外业作业人员室内住宿的说法，正确的有(　　)。

A. 外业作业人员应尽量居住民房或招待所，并应对住宿的房屋进行安全检查
B. 应注意用电安全
C. 在有安全隐患的房屋住宿时，要随时注意安全
D. 使用煤油灯应安装防风罩，离开房间或休息时应及时熄灭煤油灯
E. 当使用便携式发电机超负荷运行时，要派专人管理

100. 国家基础地理信息数据认定时，申请认定的单位应提供数据生产单位的资料有(　　)。

A. 测绘资质证明文件
B. 数据生产设计书
C. 数据审核报告书
D. 经注册测绘师签字认可的证明文件
E. 数据验收完整文档

“测绘管理与法律法规”仿真试卷十

一、单项选择题(每题1分，每题的备选选项中，只有1个符合题意)

1. 根据《测绘法》，国务院发展和改革部门会同国务院自然资源主管部门，根据全国(　　)，编制全国基础测绘年度计划。

A. 财政预算计划　　B. 基础测绘规划

C. 测绘详细规划　　D. 国民经济和社会发展年度计划

2. 根据《测绘市场管理暂行办法》，公开招投标方式确定测绘市场项目承揽方的最低合同额是(　　)元。

A. 10万　　B. 20万

C. 30万　　D. 40万

3. 根据《公开地图内容表示规范》，下列内容中，可以在公开地图上表示的是(　　)。

A. 国防、军事设施及军事单位　　B. 高压电线、通信线、管道的属性

C. 航道水深、水库库容的精确数据　　D. 国务院公布的重要地理信息数据

4. 下列行为中，不属于违反《测量标志保护条例》的是(　　)。

A. 侵占永久性测量标志用地的

B. 在测量标志占地范围内，建设影响测量标志使用效能的建筑物的

C. 擅自移动永久性测量标志的

D. 在永久性测量标志附近修建浅水池的

5. 下列地理信息数据中，不需要国务院自然资源主管部门审核就能向社会公布的是(　　)。

A. 国家面积　　B. 涉及国家政治主张的地理信息数据

C. 沿海省的沙滩数量　　D. 国家版图重要地势

6. 测绘单位的(　　)负责质量方针、质量目标的贯彻实施。

A. 法定代表人　　B. 行政领导及总工

C. 质量管理机构及质量检查人员　　D. 测绘生产人员

7. 重要涉密部门的人员选配，应定期进行考核，不适合的及时调整，坚持(　　)的原则。

A. 谁选配谁负责　　B. 先审后用

C. 先选后训　　D. 边审边用

8. 某建筑公司因工程建设，需要拆迁一座国家二等水准点。该水准点的拆迁应当由(　　)批准。

A. 国务院自然资源主管部门

B. 省级自然资源主管部门

C. 测量标志所在地的市级自然资源主管部门

D. 测量标志所在地的县级自然资源主管部门

9. 根据《房产测绘管理办法》，房产测绘单位必须取得由(　　)颁发的载明房产测绘业务的测绘资质证书。

A. 自然资源部国土测绘司　　B. 省级自然资源主管部门

C. 省级以上自然资源主管部门　　D. 地市级以上自然资源主管部门

10. 根据《招标投标法》，招标人采用邀请招标方式的，应当向(　　)个以上具备承担招标项目能力、资信良好的特定的法人或者其他组织发投标邀请书。

A. 2　　B. 3

C. 4　　D. 5

11. 根据《测绘生产质量管理》，不属于生产作业过程中的质量管理内容的是(　　)。

A. 首件产品质量检验　　B. 制定工序管理流程表

C. 编写最终检查报告　　D. 技术设计书编制

12. 根据《行政区域界线管理条例》，因对行政区域界线实地位置认定不一致引发的争议，由(　　)依照该行政区域界线协议书的有关规定处理。

A. 国务院　　B. 省级人民政府

C. 该行政区域上级自然资源主管部门　D. 该行政区域界线的批准机关

13. 根据《测绘地理信息行业信用管理办法》，测绘资质单位认为其合法权益在信用管理工作中受到侵害的，可以向省级以上自然资源主管部门投诉。受理投诉的自然资源主管部门应当自(　　)日内作出处理。

A. 15　　B. 30

C. 45　　D. 60

14. 根据《测绘成果管理条例》，法人或者其他组织需要利用国家秘密的基础成果，应当提出明确的利用目的和范围，报(　　)审批。

A. 国务院自然资源主管部门　　B. 测绘成果所在地自然资源主管部门

C. 测绘成果保管单位　　D. 测绘成果施测单位

15. 下列部门中，(　　)是反不正当竞争的主管机关，承担反不正当竞争的主要职责。

A. 县级以上税务部门　　B. 县级以上审计部门

C. 县级以上质量监督检查部门　　D. 县级以上工商行政管理部门

16. 根据《关于汇交测绘成果目录和副本的实施办法》，国务院有关部门主管的跨省区、跨流域，面积在(　　)km^2以上，以及其他重大国家项目的工程测量的数据和图件，应当汇交测绘成果目录。

A. 20　　B. 30

C. 40　　D. 50

17. 根据《数字测绘成果质量检查与验收》，“平面位置”质量子元素的检查项“几何位移”合格后计分公式是 $s=60+\frac{40}{r_0}\times(r_0-r)$，其中 r_0 为(　　)。

A. 错误率　　B. 错误总个数

C. 全图要素总数　　D. 错误率极限

18. 根据《地图管理条例》，下列界线标准样图中，不属于外交部和国务院自然资源主管部门制定，报国务院批准发布的是(　　)。

A. 中国地图国界线标准样图　　B. 中国历史疆界标准样图

C. 世界各国间边界标准样图　　D. 行政区域界线标准样图

19. 根据《保守国家秘密法》，国家秘密的保密期限届满的，自行(　　)。

A. 变更　　B. 公开

C. 解密　　D. 延期

20. 根据《行政许可法》，经过听证程序的，行政机关作出行政许可决定的根据是(　　)。

A. 专家论证结果　　B. 上级机关批复

C. 听证笔录　　D. 主管领导意见

21. 根据《数字测绘成果质量检查与验收》，单位成果质量评定等级为优级的，其质量得分 S 的分值应为(　　)。

A. 80 分 $\leqslant S<100$ 分　　B. 85 分 $<S\leqslant 100$ 分

C. 85 分 $\leqslant S\leqslant 100$ 分　　D. 90 分 $\leqslant S\leqslant 100$ 分

22. 根据《中华人民共和国计量法》(以下简称《计量法》)，为社会提供公共数据的产品质量检验机构，必须经(　　)对其计量检定、测试的能力和可靠性进行考核。

A. 国务院计量行政部门　　B. 国务院自然资源主管部门

C. 省级以上自然资源主管部门　　D. 省级以上人民政府计量行政部门

23. 根据《行政许可法》，经国务院批准，(　　)人民政府根据精简、统一、效能的原则，可以决定一个行政机关行使有关行政机关的行政许可权。

A. 较大的市　　B. 设区的市

C. 县级以上　　D. 省、自治区、直辖市

24. 根据《涉密基础测绘成果提供使用管理办法》，关于被许可使用人所领取的基础测绘成果的使用范围表述正确的是(　　)。

A. 仅限于批准使用的范围内，按其申请并经批准的使用目的使用

B. 可以扩展到下级或者同级其他单位

C. 可以扩展到所属系统，按其申请并经批准的使用目的使用

D. 根据上级指示，可以扩展到上级单位按其申请并经批准的使用目的使用

25. 根据《关于汇交测绘成果目录和副本的实施办法》，下列内容中，应当汇交测绘成果目录的是(　　)。

A. 重力测量成果的成果表　　B. 正式印制的地图

C. 普通地图　　D. 具有稳固地面标志的 GNSS 技术总结

26. 测绘基准经(　　)批准后方成为所有测绘活动的起算依据。

A. 自然资源部　　B. 军队测绘部门

C. 国家发展和改革部门　　D. 国务院

27. 根据《测量标志保护条例》，下列测量标志中，属于永久性测量标志的是(　　)。

A. 卫星定位点的木质觇标　　B. 测站点的木桩

C. 测杆　　D. 航空摄影的地面标志

28. (　　)负责确定永久性测量标志的保管单位或者人员，并对其保管责任的落实情况进行监督检查。

A. 国务院自然资源主管部门　　B. 省级自然资源主管部门

C. 市级人民政府自然资源主管部门　　D. 乡(镇)人民政府

29. 根据《测绘作业人员安全规范》，下列关于测绘作业安全环境要求的说法中，错误的是(　　)。

A. 在进入民族地区作业时，应了解当地民情和社会治安状况

B. 遇雷电天气也可以作业

C. 在高压输电线区域作业时，应避免人员和测量设备靠近高压线路

D. 外业作业时，应携带所需的装备以及水和药品等用品

30. 根据《测绘技术设计规定》，通常情况下，测绘技术设计输入不包括的是(　　)。

A. 顾客书面要求或口头要求的记录，市场的需求或期望

B. 顾客提供的或本单位收集的测区信息、测绘成果资料及踏勘报告

C. 设计评审、验证(必要时)和审批活动的安排

D. 适用时，以往测绘技术设计、测绘技术总结提供的信息

31. 根据《房产测量规范》，下列建筑设施中，不计入共有建筑面积的是(　　)。

A. 独立使用的地下室、车棚和车库　　B. 公共使用的门厅、过道、地下室

C. 套与公共建筑之间的分隔墙　　D. 为整栋楼服务的公共用房与管理用房

32. 根据《测绘技术设计规定》，下列内容中，不属于测绘项目技术设计书内容的是(　　)。

A. 进度安排和经费计算　　B. 引用文件

C. 质量评价　　D. 设计方案

33. 下列情况中，关于测绘单位贯标的组织与实施的说法错误的是(　　)。

A. 组织策划和领导投入阶段的时间一般需要约 1 个月

B. 体系总体设计和资源配备阶段的时间需要制定质量方针和质量目标

C. 文件编制阶段需依据体系总体设计方案，拟定体系文件的类型、层次、结构和纲目

D. 质量管理体系运行和实施阶段的时间一般应在 3 个月之内

34. 根据《地图审核程序规定》，出版物插附的单幅地图占全书页数(　　)以上的，需要提交完整的试制样本。

A. 1/3　　B. 1/4

C. 1/5　　D. 1/6

35. 根据《测绘质量监督管理办法》，省级自然资源主管部门建立(　　)，负责实施测绘产品质量监督检验工作。

A. 测绘产品质量监督检验站　　B. 测绘产品质量监督检验测试中心

C. 测绘监理单位　　D. 测绘质量验收机构

36. 根据《测绘技术设计规定》，下列文件中，不属于设计审批依据的是(　　)。

A. 设计策划文件　　B. 设计输入文件

C. 设计评审报告　　D. 设计验证报告

37. 根据《基础地理信息数据档案管理与保护规范》，为保证地理信息数据档案的长期有效性，光盘应每(　　)年迁移一次。

A. 3　　B. 5

C. 8　　D. 10

38. 根据《测绘作业人员安全规范》，工作电压超过(　　)时，供电作业人员应使用绝缘防护用品，接地电极附近应设置明显警告标志，并设专人看管。

A. 12V　　B. 24V

C. 36V　　D. 48V

39. 下列内容中，不属于《行政区域界线管理条例》实施目的的是(　　)。

A. 巩固行政区域界线勘定成果　　B. 加强行政区域界线管理

C. 规范界线测绘标准　　D. 维护行政区域界线地区稳定

40. 根据《地图审核管理规定》，地图审核自受理之日起(　　)个工作日内完成。

A. 10　　B. 15

C. 20　　D. 25

41. 根据《关于汇交测绘成果目录和副本的实施办法》，下列内容中，界线测绘成果目录中不包含的是(　　)。

A. 界线名称　　B. 坐标系统

C. 施测单位　　D. 出版年代

42. 根据《测绘成果质量检查与验收》，航空摄影扫描数据质量错漏中，当影像质量差致使框标无法判读或要素密集地区影像超过(　　)，评定为 A 类错漏。

A. 1%　　B. 5%

C. 10%　　D. 15%

43. 根据《数字测绘成果质量检查与验收》，单位成果质量评定通过单位质量分值评定质量等级可分为(　　)。

A. 评定合格品、不合格品两级

B. 评定合格批、不合格批两级

C. 评定优级品、良级品、合格品、不合格品四级

D. 评定优级品、合格品、不合格品三级

44. 根据《测绘成果质量检查与验收》，下列航空摄影成果质量错漏中，属于 B 类的是(　　)。

A. 无航摄鉴定表　　B. IMU 设备未检定

C. 数据不能进行 DGPS 解算　　D. 影像质量中灰雾密度严重超限

45. 下列文件中，不属于测绘生产质量控制基本依据的是(　　)。

A. 技术标准和规范　　B. 项目合同文件

C. 技术设计文件　　D. 技术总结文件

46. 质量管理体系运行与持续改进的正确步骤是(　　)。

A. 培训、试运行、整改、运行前准备、正式运行

B. 培训、运行前准备、试运行、整改、正式运行

C. 培训、运行前准备、试运行、正式运行、整改

D. 培训、试运行、运行前准备、正式运行

47. 下列形式中，不是测绘成果的表现形式的是(　　)。

A. 数据　　B. 信息

C. 图件　　D. 磁带

48. 根据《关于进一步加强互联网地图服务资质管理工作的通知》，下列关于互联网地图服务资质管理的说法中，错误的是(　　)。

A. 互联网地图服务资质单位不得提供境外互联网地图服务的链接

B. 未经审核批准的三维虚拟现实地图，一律不得在互联网上公开登载

C. 未申请互联网地图服务资质的单位一律不得从事互联网地图服务

D. 已提出申请、在审批过程中的单位，在取得互联网地图服务资质前，不得提供新的互联网地图服务

49. 根据《基础测绘条例》，未取得测绘资质证书从事基础测绘活动的，责令停止违法行为，没收违法所得和测绘成果，并处测绘约定报酬(　　)的罚款。

A. 1 倍以下　　B. 1 倍以上 2 倍以下

C. 2 倍以上 3 倍以下　　D. 3 倍以上 4 倍以下

50. 根据《保守国家秘密法》，泄露会使国家安全和利益遭受特别严重的损害的国家秘密属于(　　)国家秘密。

A. 绝密级　　B. 机密级

C. 秘密级　　D. 特密级

51.《测绘技术总结编写规定》属于(　　)类测绘标准。

A. 定义与描述　　B. 检验与测试

C. 成果与服务　　D. 管理

52. 根据《测绘计量管理暂行办法》，J2 级以上经纬仪的检定周期为(　　)。

A. 1 年　　B. 2 年

C. 3 年　　D. 4 年

53. 根据《测绘质量生产管理规定》，测绘单位的(　　)负责签发有效的质量文件及作业指导书，处理生产过程中的重大技术问题和质量争议。

A. 法定代表人　　B. 质量主管负责人

C. 质量管理机构及质量检查人员　　D. 测绘生产人员

54. 根据《测绘成果质量检查与验收》，检查、验收人员与被检查单位在质量问题的处理上有分歧时，属检查中的，由(　　)裁定。

A. 省级自然资源主管部门质检机构　　B. 测绘单位总工程师

C. 测绘单位的质量管理机构　　D. 测绘单位上级质量管理机构

55. 根据《质量管理体系　要求》，下列内容中，管理评审输出不包括的是(　　)。

A. 质量管理体系有效性及其过程有效性的改进

B. 审核结果

C. 与顾客要求有关的产品的改进

D. 资源需求

56. 根据《测绘地理信息管理工作国家秘密范围的规定》，国家大地坐标系与相对独立的平面坐标系统之间相互转换精度优于(　　)的转换参数定为机密级事项。

A. ±10cm　　B. ±5m

C. ±20cm　　D. ±15m

57. 下列地图中，哈尔滨地图出版社可以公开出版的是(　　)。

A. 内部地图　　B. 保密地图

C. 地方性的中、小学教学地图　　D. 中、小学教科书中的插附地图

58. 下列原则中，不属于测绘成果汇交原则的是(　　)。

A. 无偿汇交　　B. 向第三方提供

C. 依法汇交　　D. 定期汇交

59. 根据《测绘法》，卫星导航定位基准站建设单位未报备案的，给予警告，责令限期改正；逾期不改正的，可以处(　　)的罚款；对直接负责的主管人员和其他直接责任人员，依法给予处分。

A. 五万元　　B. 二十万元

C. 六十万元　　D. 七十万元

60. 部门经理在测绘项目中通常担任(　　)。

A. 项目生产负责人　　B. 中队生产负责人

C. 项目技术负责人　　D. 中队技术负责人

61. 根据《测绘作业人员安全规范》，测绘作业人员在规模较大地下管道中作业时，如果有害、有毒及可燃气体超标，应打开井盖排气通风(　　)min 以上，确认安全并采取保护措施后方可下井作业。

A. 5　　B. 10

C. 15　　D. 30

62. 根据《测绘法》，下列行为中，对测绘单位进行罚款不是按约定报酬 1 倍以上 2 倍以下处理的是(　　)。

A. 以欺骗手段取得测绘资质证书从事测绘活动的

B. 未经批准，擅自建立相对独立坐标系统的

C. 超越资质等级许可范围从事测绘活动

D. 测绘单位将测绘项目违法转包的

63. 根据《公开版地图质量评定标准》，下列地图质量差错中，属于大差错的是(　　)。

A. 与主图名相应的行政区划界线、设色、符号及其名称的差错

B. 地图内容与图例明显不符

C. 等高线、等深线及高程注记的差错

D. 普通居民地符号、注记的差错

64. 根据《关于加强互联网地图管理工作的通知》，互联网地图服务单位每(　　)个月应将新增兴趣点送交审核批准互联网地图的测绘行政主管部门备案。

A. 3　　B. 4

C. 5　　D. 6

65. 下列关于测绘单位的不良信用信息的查询期的表述，正确的是(　　)。

A. 测绘单位的不良信用的查询期为 3 年

B. 测绘单位的不良信用的查询期为 5 年

C. 测绘单位的不良信用的查询期为 10 年

D. 测绘单位的不良信用的查询期至单位终止

66. 根据《测绘人员外业安全规范》，测绘人员在进入高海拔区域时，应必备的是(　　)。

A. 防寒装备、氧气罐和充足的给养　　B. 帐篷

C. 汽车及双备胎　　D. 带有安全警示反光的马甲

67. 根据《测绘法》，国务院自然资源主管部门会同国务院(　　)编制全国城乡建设领域的工程测量活动与房屋产权、产籍相关的房屋面积的测量技术规范。

A. 民政部门　　B. 住房城乡建设主管部门

C. 不动产登记主管部门　　D. 发展和改革部门

68. 下列关于测绘仪器防雾的措施，做法正确的是(　　)。

A. 吸潮后的干燥剂也可以使用

B. 调整仪器时，用手心对准光学零件表面

C. 外业测绘仪器一般情况下 1 年须对仪器的光学零件表面进行一次全面擦拭

D. 每次测区作业结束后，应对仪器的光学零件外露表面进行一次擦拭

69. 根据《测绘技术设计规定》，下列内容中，不属于工程进度设计内容的是(　　)。

A. 须明确技术等级或精度指标

B. 划分作业区的困难类别

C. 根据统计的工作量和计划投入的生产实力，参照有关生产定额，分别列出年度计划

和各工序的衔接计划

D. 根据设计方案，分别计算统计各工序的工作量

70. 根据《测绘生产成本费用定额计算细则》，直接用于完成特定项目所需的直接费用属于(　　)。

A. 期间费用　　B. 经营成本

C. 生产成本　　D. 部门费用

71. 根据《测绘技术设计规定》，“说明项目设计书编写过程中所引用的标准、规范或其他技术文件”的工作属于(　　)的内容。

A. 收集资料　　B. 踏勘设计

C. 项目设计　　D. 专业技术设计

72. 根据《测绘法》，下列行为中，不属于可以并处 20 万元以下罚款的是(　　)。

A. 损毁或者擅自移动永久性测量标志和正在使用中的临时测量标志的

B. 侵占永久性测量标志用地的

C. 擅自拆除永久性测量标志的

D. 在永久测量标志安全控制范围内开挖通信管沟，但不影响使用效能的

73. 根据《测绘作业人员安全规范》，测绘内业作业时，作业场所应按《中华人民共和国消防法》规定配备灭火器具，小于(　　)m^2的重点防火区域也应配备灭火器具。

A. 20　　B. 30

C. 40　　D. 50

74. 根据《基础地理信息数据档案管理与保护规范》，磁带应放在距钢筋房柱或类似结构物(　　)cm 以外。

A. 5　　B. 10

C. 15　　D. 20

75. 根据《测绘技术总结编写规定》，测绘技术总结的项目总结是一个测绘项目在其最终成果(或产品)(　　)后，在各专业技术总结的基础上，对整个项目所做的技术总结。

A. 交付使用　　B. 完成

C. 最终检查　　D. 检查合格

76. 根据《测绘成果质量检查与验收》，质量元素得分值(有权值)计算测绘单位成果质量得分值的正确公式是(　　)。

A. $S = \dfrac{\sum_{i=1}^{n} s_i}{n}$　　B. $S = \min(s_i)$　$(i = 1, 2, \cdots, n)$

C. $S = \sum_{i=1}^{n} s_i \times p_i$　　D. $S = \dfrac{\sum_{i=1}^{n} s_i \times p_i}{n}$

77. 根据《测绘成果质量检查与验收》，下列质量评定方法中，不属于测绘成果质量评定方法的是(　　)。

A. 质量元素计算方法　　B. 数学精度评分方法

C. 加权平均法　　D. 质量子元素计算方法

78. 根据《测绘成果质量检查与验收》，测绘成果验收工作的组织实施单位是(　　)。

A. 项目承担单位　　B. 所在地自然资源主管部门

C. 项目委托单位　　D. 项目监理单位

79. 根据《数字测绘成果质量检查与验收》，下列不属于数字测绘成果质量检查的方法是(　　)。

A. 参考数据对比　　B. 野外实测

C. 内部检查　　D. 计算机自动检查

80. 根据《测绘成果质量监督抽查与数据认定规定》，下列内容中，不属于监督抽查工作总结的内容的是(　　)。

A. 概述　　B. 监督抽查数据认定方案

C. 综合整治建议　　D. 质量保证能力检查结果及其分析

二、多项选择题(每题 2 分。每题的备选选项中，有 2 个或 2 个以上符合题意，至少有 1 个是错项。错选，本题不得分；少选，所选的每个选项得 0.5 分)

81. 根据《地图管理条例》，下列地图中，在地图印刷或者展示前，应当由国务院自然资源主管部门审核的是(　　)。

A. 历史地图　　B. 世界地图

C. 台湾、香港、澳门地区地图　　D. 时事宣传图

E. 省级以上行政区域范围内的地方性地图

82. 根据《关于加强互联网地图管理工作的通知》，在互联网上登载、复制、发送、转发、引用、嵌入互联网地图，必须在相应页面显著位置标明(　　)，并应经互联网地图著作权人的同意。

A. 地图审图号　　B. 著作权信息

C. 测绘资质证书编号　　D. 企业法人代码

E. 测绘单位机构组织代码

83. 根据《基础地理信息公开表示内容的规定(试行)》，下列基础地理信息中，不得公开表示的有(　　)。

A. 拦水坝高度　　B. 防波堤材质

C. 科学实验站　　D. 桥墩结构

E. 成为公共标志性建筑的电视发射塔

84. 下列内容中，不属于影响地理信息数据安全的因素是(　　)。

A. 安全意识淡薄　　B. 防火墙设置

C. 基础数据来源多　　D. 黑客入侵

E. 数据维护

85. 基础地理信息数据提供单位应当建立数据提供登记管理系统，详细记载的内容包括(　　)。

A. 使用单位　　B. 数据内容

C. 数据数量　　D. 生产时间

E. 用途和使用方式

86. 根据《测绘计量管理暂行办法》，申请(　　)的，应根据申请承担任务的区域，向相应的政府计量行政主管部门申请授权。计量授权证书复印件，报同级自然资源主管部门备案。

A. 面向社会开展测绘计量器具检定

B. 建立社会公用计量标准

C. 承担测绘计量器具产品质量监督试验

D. 作为法定计量检定机构

E. 建立部门最高计量标准

87. 根据《基础地理信息数据档案管理与保护规范》，基础测绘数据成果文档包括的主要内容有(　　)。

A. 项目立项文件　　B. 项目实施文件

C. 项目检查文件　　D. 项目成果文件

E. 项目总结文件

88. 根据《测绘成果质量检查与验收》，卫星遥感影像的质量元素“影像质量”元素的主要检查项有(　　)。

A. 影像获取时的“侧倾角”　　B. 影像反差

C. 影像外观质量　　D. 影像清晰度

E. 影像色调

89. 根据《测绘技术设计规定》，测绘技术设计主要包括(　　)。

A. 项目规划　　B. 项目设计

C. 相关测绘技术标准　　D. 专业技术设计

E. 需求设计

90. 根据《基础测绘条例》，基础测绘应急保障预案的内容主要包括(　　)。

A. 应急保障协调机制　　B. 应急保障组织体系

C. 应急装备和器材配备　　D. 应急响应

E. 基础地理信息数据的应急测制和更新

91. 下列内容中，影响测绘生产进度计划的因素有(　　)。

A. 测区气候变化的影响　　B. 技术设计变更

C. 作业顺序调整　　D. 项目经费到位情况

E. 甲方人事变动

92. 根据《测绘生产质量管理规定》，测绘生产管理是一个全过程的质量管理，下列环节中要实施生产质量管理的是(　　)。

A. 承接测绘任务　　B. 组织准备

C. 技术设计　　D. 成果备份

E. 产品交付使用

93. 根据《〈测绘合同〉示范文本》，签订测绘合同时，应该明确的合同内容有(　　)。

A. 测绘范围与内容　　B. 项目实施进度安排

C. 测绘成果精度统计　　D. 工程费用及其支付方式

E. 技术依据与标准

94. 根据《标准化法》，我国通常将标准划分为(　　)。

A. 国际标准　　B. 国家标准

C. 行业标准　　D. 地方标准

E. 企业标准

95. 下列情况中，由承担测绘项目的测绘单位汇交测绘成果的是(　　)。

A. 基础测绘项目

B. 中央财政投资完成的测绘项目

C. 地方财政投资完成的测绘项目

D. 市、县级测绘主管部门接收的测绘项目成果或副本

E. 中外合资、合作完成的测绘项目

96. 根据《测绘地理信息业务档案管理规定》，测绘地理信息业务档案管理工作应遵循的原则有(　　)。

A. 统筹规划　　B. 分类管理

C. 确保安全　　D. 促进利用

E. 定期更新

97. 根据《涉密基础测绘成果提供使用管理办法》，申请使用基础测绘成果应当符合的条件有(　　)。

A. 属于中华人民共和国的合法公民或法人

B. 有明确、合法的使用目的

C. 有合适的使用条件

D. 申请的基础测绘成果范围、种类、精度与使用目的相一致

E. 符合国家的保密法律法规及政策

98. 行政区域界线测绘管理工作主要包括(　　)。

A. 人事管理　　B. 标准管理

C. 行政管理　　D. 成果管理

E. 资质管理

99. 根据《测绘技术设计规定》，测绘技术设计文件主要组成部分是(　　)。

A. 项目规划书　　B. 项目设计书

C. 相关测绘技术标准　　D. 专业技术设计书

E. 技术设计更改文件

100. 编写质量管理体系程序文件时，其基本内容主要包括(　　)。

A. 质量管理体系过程和活动的目的、范围

B. 表述质量管理体系过程之间的相互作用

C. 与过程和活动相关的管理、执行和验证部门和人员的职责和权限

D. 控制活动和过程的顺序、方法、时间、地点，依据的文件和规范等

E. 规定和设计记录格式

"测绘管理与法律法规"仿真试卷十一

一、单项选择题(每题1分，每题的备选选项中，只有1个符合题意)

1. 根据《注册测绘师制度暂行规定》，下列关于注册测绘师的资格，说法错误的是(　　)。

A. 注册测绘师资格考试制度原则上每年举行一次

B. 取得测绘类专业博士学位后即可申请参加注册测绘师资格考试

C. 注册测绘师继续教育，分必修课和选修课

D. 在一个注册期内必修课和选修课均为60学时

2. 国家设立和采用全国统一的大地基准、高程基准、深度基准和重力基准，其数据由(　　)审核。

A. 国务院　　B. 国务院自然资源主管部门

C. 军队测绘部门　　D. 国务院发展和改革部门

3. 在合同条件下，(　　)可以作为质量管理体系的证实文件和认证的依据。

A. 质量方针　　B. 质量目标

C. 质量手册　　D. 程序文件

4. 根据《测绘作业证管理规定》，测绘作业证件的补证需要有关部门在收到补证申请之日起(　　)日内完成。

A. 15　　B. 20

C. 25　　D. 30

5. 某测绘单位的测绘资质证书载明的业务范围为大地测量，对于工程测量项目的招标邀请，该单位正确的做法是(　　)。

A. 使用本单位测绘资质证书投标　　B. 借用其他单位的测绘资质证书投标

C. 不参与招标　　D. 从中标单位分包部分工程测量业务

6. 根据《测绘作业证管理规定》，下列有关测绘作业证的描述正确的是(　　)。

A. 个人或单位可以申请测绘作业证

B. 测绘内业工作的人员和其他需要持有测绘作业证的人员可以领取测绘作业证

C. 测绘人员调离工作单位的，由原测绘单位收回测绘作业证，用于其他需要的工作人员

D. 测绘人员进入住宅小区、耕地或其他地块进行测绘时应主动出示测绘作业证

7. 根据《测绘生产质量管理规定》，测绘单位法定代表人质量管理职责不包括(　　)。

A. 签发质量手册　　B. 确定本单位的质量方针

C. 确定本单位的质量目标　　D. 签发有关的质量文件集作业指导书

8. 根据《涉密基础测绘成果提供使用管理办法》，申请使用涉密基础测绘成果，下列(　　)不是必须符合的条件。

A. 申请人为法人或者其他组织

B. 申请人有过使用测绘成果的经验

C. 有明确、合法、具体的使用目的

D. 申请的涉密基础测绘成果范围、种类、数量与使用目的相一致

9. 根据《招标投标法》，招标人对已发出的招标文件进行必要的澄清或者修改的，应当在招标文件要求提交投标文件截止时间至少(　　)前，以书面形式通知所有招标文件收受人。该澄清或者修改的内容为招标文件的组成部分。

A. 5 日　　B. 10 日

C. 15 日　　D. 20 日

10. 根据《测绘法》，基础测绘成果测和国家投资完成的其他测绘成果，用于政府及其有关部门和军队、减灾、国防建设等公共利益的，可以(　　)。

A. 无偿提供　　B. 按工本费提供

C. 按成本价提供　　D. 按政府指导价提供

11. 根据《测绘法》，国家鼓励采用先进的技术和设备，提高测绘水平，推动(　　)融合，促进测绘成果的应用。国家加强测绘科学技术的(　　)交流与合作。

A. 民商、国际　　B. 军民、国际

C. 军民、区域　　D. 民商、区域

12. 根据《自然资源领域数据安全管理办法》，数据处理者在全数据生命周期中应记录数据处理、权限管理、人员操作等日志，并采用商业保密软件保护数据的完整性。涉及向他人提供、委托处理、共同处理重要数据的，相关日志保存周期至少(　　)年。

A. 1　　B. 2

C. 3　　D. 4

13. 根据《测绘法》，县级以上人民政府应当将基础测绘纳入本级国民经济和社会发展的(　　)。

A. 年度计划　　B. 财政预算

C. 年度计划及财政预算　　D. 中长期规划

14. 下列部门中，负责国家一、二等永久性测量标志的检查、维护的是(　　)。

A. 国务院自然资源主管部门　　B. 省级自然资源主管部门

C. 市级人民政府自然资源主管部门　　D. 乡(镇)人民政府

15. 根据《测量标志保护条例》，建设永久性测量标志需要占用土地的，地面标志占用土地的范围为(　　)m^2。

A. 10~26　　B. 16~36

C. 36~100　　D. 56~120

16. 县级以上人民政府测绘主管部门依据法律法规、行政法规和规章的规定，不需要对进行一次性测绘活动的监督检查内容是(　　)。

A. 是否涉及国家安全和秘密

B. 是否按照测绘行政主管部门批准的内容进行

C. 是否采取合资、合作形式，并由中方控股

D. 是否保证了中方测绘人员全程参与具体测绘活动

17. 根据《测量标志保护条例》，负责办理永久性测量标志的保管手续的部门是(　　)。

A. 国务院自然资源主管部门　　B. 省级自然资源主管部门

C. 市级人民政府自然资源主管部门　　D. 乡(镇)人民政府

18. 在某城市数字城市化项目中，对该测绘项目的作业质量负直接责任的是(　　)。

A. 项目质量负责人　　B. 测绘生产人员

C. 监理单位　　D. 验收单位

19. 根据《测绘成果管理条例》，下列内容中，关于测绘成果汇交的说法错误的是(　　)。

A. 测绘成果属于基础测绘成果的，应当汇交副本

B. 测绘成果属于非基础测绘成果的，应当汇交目录

C. 依法汇交测绘成果目录，是测绘项目出资人的法定义务

D. 测绘成果资料目录为政府重要信息内容，自然资源主管部门不得向社会公开

20. 根据《测绘作业人员安全规范》，测绘作业人员在进入地下管道作业时，不必要做的是(　　)。

A. 佩戴安全帽、安全灯　　B. 配备通信设备

C. 设置安全警示灯　　D. 穿着色彩醒目的马甲

21. 根据《测绘法》，在测量标志占地范围内，建设影响测量标志使用效能，或者拒绝支付迁建费用的，给予警告，责令改正，可以并处(　　)的罚款；造成损失的，依法承担赔偿责任。

A. 5 万元以下　　B. 10 万元以下

C. 15 万元以下　　D. 20 万元以下

22. 根据《外国的组织或者个人来华测绘管理暂行办法》，经国务院及其有关部门批准，外国的组织或者个人来华开展科技、文化、体育等活动时，需要进行一次性测绘活动的，应当向(　　)提交申请资料。

A. 国务院自然资源主管部门和其所在地省级人民政府自然资源主管部门

B. 所在地省、自治区、直辖市级人民政府自然资源主管部门

C. 国务院自然资源主管部门

D. 军队测绘部门

23. 根据《关于汇交测绘成果目录和副本的实施办法》，下列内容中，应当汇交测绘成果副本的是(　　)。

A. 地籍图　　B. 海图

C. 普通地图　　D. 正式印刷的政区地图

24. 某测绘单位超越资质等级许可的范围从事基础测绘活动的，根据《基础测绘条例》，测绘行政主管部门可以责令其停止违法行为，没收违法所得和测绘成果，并处测绘约定报酬(　　)的罚款。

A. 1 倍以下　　B. 1 倍以上 2 倍以下

C. 2 倍以上 3 倍以下　　D. 3 倍以上 4 倍以下

25. 根据《保守国家秘密法》，国家秘密的保密期限，除另有规定外，绝密级不超过(　　)。

A. 10 年　　B. 20 年

C. 30 年　　D. 40 年

26. 下列标准中，属于区域标准的是(　　)。

A. BIPM　　B. IEC

C. CAC　　D. ARS

27. 根据《测绘法》，测绘项目出资人或者承担国家投资的测绘项目的单位，应当向(　　)汇交测绘成果资料。

A. 省级自然资源主管部门

B. 国务院自然资源主管部门

C. 测绘项目所在地自然资源主管部门

D. 国务院自然资源主管部门或省级自然资源主管部门

28. 根据《遥感影像公开使用管理规定(试行)》，属于国家秘密且确需公开使用的遥感影像，公开使用前应当依法送(　　)组织审查并进行保密技术处理。

A. 省级以上自然资源主管部门会同有关部门

B. 国务院自然资源主管部门会同军队测绘部门

C. 军队测绘部门和外交部

D. 省级以上自然资源主管部门

29.《测绘计量管理暂行办法》规定，S3 级以上水准仪的检定周期为(　　)。

A. 1 年　　B. 2 年

C. 3 年　　D. 4 年

30. 测绘项目实行招投标的，测绘项目的招标单位应当依法在招标公告或者投标邀请书中对测绘单位资质等级作出要求，不得让不具有相应测绘资质等级的单位中标，(　　)。

A. 可以让测绘单位低于测绘成本中标　　B. 对测绘成本不作相应的要求

C. 不得让测绘单位低于测绘成本中标　　D. 测绘成本费用应符合测绘市场管理规定

31. 测绘单位的(　　)审议技术总结，对本单位成果的技术设计质量负责。

A. 法定代表人　　B. 行政领导及总工

C. 质量管理机构及质量检查人员　　D. 测绘生产人员

32. 根据《关于汇交测绘成果目录和副本的实施办法》，县级以上地方人民政府主管的面积在(　　)的工程测量的数据和图件目录需要汇交相应的测绘成果目录。

A. 市管限额以上　　B. 省管限额以上

C. $50km^2$　　D. $100km^2$

33. 质量管理体系认证注册及证书的有效期为(　　)。

A. 2 年　　B. 3 年

C. 4 年　　D. 5 年

34. 根据《测绘法》，对承担国家投资的测绘项目的单位逾期不汇交的测绘成果，可以暂扣测绘资质证书，自暂扣测绘资质证书之日起(　　)内仍不汇交测绘成果资料的，吊销测绘资质证书，并对负有直接责任的主管人员和其他直接责任人员依法予以行政处分。

A. 3 个月　　B. 4 个月

C. 5 个月　　D. 6 个月

35. 根据《测绘地理信息管理工作国家秘密范围的规定》，泄露后会对国家利益、社会稳定和民族团结造成重大影响的重要地理信息数据，其保密期限是(　　)。

A. 长期　　B. 永久

C. 公布前　　D. 视情况而定

36. 根据《测绘生产成本费用定额》，高寒系数是指作业区域平均海拔高度大于(　　)m 时，成本费用定额增加的比例。

A. 3 000　　B. 3 500

C. 4 000　　D. 4 500

37. 下列数据中，不属于重要地理信息数据的是(　　)。

A. 经相邻地市级人民政府联合勘定并经省政府批复的地市级界线长度及行政区域面积

B. 冠以“中华”字样的地理信息数据

C. 涉及国家政治主张的地理信息数据

D. 国家、国家面积、国家海岸线长度

38. (　　)负责建立各种计量基准器具，作为统一全国量值的最高依据。

A. 国务院计量行政部门　　B. 国务院民政部门

C. 国务院自然资源主管部门　　D. 国务院建设部门

39. 公民的作品，其发表权保护期为作者终生及其死亡后(　　)。

A. 20 年　　B. 30 年

C. 40 年　　D. 50 年

40. 根据《测绘法》，省、自治区、直辖市和自治州、县、自治县、市行政区域界线的标准画法图，由国务院(　　)部门和国务院自然资源主管部门拟定，报国务院批准后公布。

A. 军事测绘部门　　B. 外交部

C. 住房和城乡建设部　　D. 民政部

41. 注册测绘师是从事测绘活动的(　　)人员。

A. 专业技术　　B. 专业主管

C. 专业骨干　　D. 高层主管

42. 下列措施中，不属于测绘仪器防雾措施的是(　　)。

A. 每次清擦完光学零件表面后，再用干棉球擦拭一遍

B. 作业中暂时停用的电子仪器，每周至少通电 1 小时，同时使各个功能正常运转

C. 防止人为破坏仪器密封造成湿气进入仪器内腔和浸润光学零件表面

D. 严禁使用吸潮后的干燥剂

43. 根据《测绘法》，建设卫星导航定位基准站的，建设单位应当按照国家有关规定报(　　)备案。

A. 国务院自然资源主管部门

B. 省、自治区、直辖市人民政府自然资源主管部门

C. 省级以上人民政府自然资源主管部门

D. 军队测绘部门

44. 根据《房产测绘管理办法》，下列情形中，不属于房屋权利申请人、房屋权利人或者其他利害关系人应当委托房产测绘单位进行房产测绘的是(　　)。

A. 申请产权初始登记的房屋

B. 自然状况发生变化的房屋

C. 申请产权变更登记的房屋

D. 房屋权利人或者其他利害关系人要求测绘的房屋

45. 根据《测绘作业人员安全规范》，下列关于测绘生产作业人员安全管理说法错误的是(　　)。

A. 出测、收测前，应制订行车计划，对车辆进行安全检查

B. 遇有暴风雨、冰雹等浓雾天气应降低车速，充分判断地形及行进方向

C. 遇雷电天气时，禁止在山顶、开阔地的斜坡上、大树下、河边等区域停留

D. 租用的船只必须满足平稳性、安全性要求，并具有营业许可证

46. 根据《保守国家秘密法》，涉密人员出境应当经(　　)批准，有关机关认为涉密人员出境将对国家安全造成危害或者对国家利益造成重大损失的，不得批准出境。

A. 公安部门　　B. 有关部门

C. 国家外交部门　　D. 国家安全部门

47. 根据《测绘作业人员安全规范》，测绘人员外业作业时，骑牲畜涉水时一般只限于水深(　　)m 以内，同时应逆流斜上，不应中途停留。

A. 0.2　　B. 0.4

C. 0.6　　D. 0.8

48. 测绘生产突发事故中泄密事故的报告时限为(　　)。

A. 24h 以内　　B. 12h 以内

C. 6h 以内　　D. 即时

49. 为使测绘仪器防霉、防雾，测绘生产外业仪器一般情况下(　　)应对仪器的光学零件外露表面进行一次全面的擦拭。

A. 3 个月　　B. 6 个月

C. 9 个月　　D. 12 个月

50. 根据《基础地理信息数据档案管理与保护规范》，在工作之前，放置在储存环境下的基础地理信息数据的光盘必须在工作环境放置至少(　　)h。

A. 1　　B. 2

C. 12　　D. 24

51. 根据《基础地理信息数据档案管理与保护规范》，基础地理信息数据采用异地存储措施时，异地存储的距离建议大于(　　)km。

A. 100　　B. 300

C. 500　　D. 700

52.《地图管理条例》规定，地方性中、小学教学地图，可以由(　　)部门组织审定。

A. 国务院教育行政管理部门

B. 国务院自然资源主管部门和外交部

C. 省以上人民政府教育行政管理部门会同级自然资源主管部门

D. 省、自治区、直辖市人民政府出版行政管理部门

53. 测绘单位贯标时，体系总体设计和资源配备阶段通常需要的时间为(　　)。

A. 1 个月　　B. 2 个月

C. 3 个月　　D. 4 个月

54. 下列质量管理体系文件的组成部分中，由最高管理者批准的是(　　)。

A. 程序文件　　B. 作业文件

C. 质量手册　　D. 质量计划

55. 测绘项目的技术负责人通常由(　　)负责。

A. 总工程师　　B. 院长(总经理)

C. 董事长　　D. 注册测绘师

56. 根据《测绘作业人员安全规范》，测绘外业人员室内住宿时尽量选择(　　)。

A. 民房或招待所　　B. 较大宾馆

C. 临时建筑　　D. 洗浴场所

57. 根据《测绘作业人员安全规范》，测绘人员外业作业时遇雷电天气时，适合区域是(　　)。

A. 屋檐下　　B. 山顶

C. 大树下　　D. 开阔的斜坡上

58. 根据《测绘作业人员安全规范》，测绘外业作业时，水深过腰，流速超过(　　)m/s 的急流，应采取保护措施涉水过河，禁止独自一人涉水过河。

A. 2　　B. 4

C. 6　　D. 8

59. 投标人的下列投标行为中，不违反《招标投标法》的是(　　)。

A. 互相串通投标　　B. 以他人名义投标

C. 投标人以低于成本的报价投标　　D. 法人联合体以一个投标人的身份共同投标

60. 测绘生产内业仪器一般在 1 年内用电吹风机烘烤光学零件外露表面，温度升高不得超过(　　)。

A. 60℃　　B. 70℃

C. 80℃　　D. 90℃

61. 根据《基础地理信息数据档案管理与保护规范》，基础地理信息数据的文档材料归档一份，数据成果复制品归档(　　)份。

A. 一　　B. 二

C. 三　　D. 四

62. 根据《测绘生产成本费用定额》，1∶5 万比例尺地形图的图幅标准面积(图上面积)是(　　)dm^2。

A. 16　　B. 20

C. 24　　D. 28

63. 根据《公开版地图质量评定标准》，下列地图质量差错中属于一般差错的是(　　)。

A. 与主图名相应的行政区划界线、设色、符号及其名称的差错

B. 地图内容与图例明显不符

C. 等高线、等深线及高程注记的差错

D. 专题地图的要素内容出现较大的科学技术性差错

64. 根据《地图管理条例》，互联网地图服务单位从事互联网地图出版活动的，应当经(　　)依法审核批准。

A. 国务院出版行政主管部门　　B. 国务院自然资源主管部门

C. 外交部　　D. 省级以上出版行政主管部门

65. 根据《测绘成果质量检查与验收》，测绘成果质量检查工作中，过程检查和最终检查都会用到的检查方法是(　　)。

A. 自查　　B. 详查

C. 互查　　D. 抽样检查

66. 利害关系人认为不动产登记簿记载的事项错误，权利人不同意更正的，利害关系人可以申请(　　)。

A. 异议登记　　B. 更正登记

C. 变更登记　　D. 注销登记

67. 根据《测绘质量监督管理办法》，测绘产品质量监督检验结果由(　　)审定后，对社会公布。

A. 委托测绘项目的单位　　B. 完成测绘成果的单位

C. 下达监督检验计划的部门　　D. 监督检验机构

68. 在整个贯标策划中，认证活动部署程序中不包括(　　)。

A. 实施贯标　　B. 实施认证

C. 做好各项质量管理体系的要求　　D. 文件编写

69. 对测绘成果验收中判为合格的批的正确处理是(　　)。

A. 将检验批全部退回测绘单位或部门进行处理，然后再次申请验收

B. 测绘单位或部门对验收中发现的问题进行处理，然后复查

C. 将检验批全部直接销毁(纸质)或物理删除(数字)

D. 将检验批送第三方验收机构重新验收

70. 根据《数字测绘成果质量要求》，下列内容中，不属于数字测绘成果的完整性要求的是(　　)。

A. 各种地物要素完整，无遗漏或多余、重复现象

B. 地物要素分层正确，无遗漏或多余、重复现象

C. 描述地形要素类型(点、线、面)符合要求

D. 数据层内部各层包含的文件完整

71. 根据《测绘成果质量监督抽查与数据认定规定》，下列流程中，监督检查与数据认定工作流程正确的是(　　)。

A. 接收任务、确定监督抽查、编制报告证书、监督复查、异议处理编、报监督抽查

B. 接收任务、数据认定项目、编制报告证书、确定监督抽查、数据认定任务实施、数据认定结果确认、异议处理、数据认定工作总结

C. 接收任务、数据认定项目、确定监督抽查、数据认定任务实施数、据认定结果确认、异议处理、数据认定工作总结、编制报告证书

D. 接收任务、数据认定项目、确定监督抽查、数据认定任务实施、异议处理数、据认定结果确认、数据认定工作总结、编制报告证书

72. 根据《测绘成果质量检查与验收》，质量检验机构应对样本以外的单位成果的重要检查项进行(　　)。

A. 全数检查　　B. 详查

C. 抽样检查　　D. 概查

73. 根据《测绘成果质量检查与验收》，测绘单位实施成果质量的过程检查和最终检查过程中，通常采用抽样检查的是(　　)。

A. 过程检查　　B. 最终检查

C. 涉及野外检查项　　D. 样本以外的内业检查

74. 根据《基础地理信息数据档案管理与保护规范》，库房内及附近的设备要避免水淹，介质架最低一层搁板应高于地面(　　)cm 以上。

A. 10　　B. 30

C. 50　　D. 70

75. 根据《测绘成果质量检查与验收》，测绘成果最终抽样检查时，如果批量不大于 20，则样本量应为(　　)。

A. 3　　B. 5

C. 7　　D. 9

76. 根据《测绘成果质量检查与验收》，测绘成果的单位成果质量评定时，概查可以评定的质量等级有(　　)。

A. 优级品　　B. 良级品

C. 合格品　　D. 中级品

77. 根据《测绘成果质量检查与验收》，单位测绘成果质量良级品的分值范围为(　　)。

A. [75，80]　　B. (75，85)

C. [75，90)　　D. (75，95]

78. 根据《测绘生产质量管理规定》，属于测绘单位质量主管负责人职责的是(　　)。

A. 建立本单位的质量保证体系并保证其有效运行

B. 编制年度质量计划，贯彻技术标准及质量文件

C. 处理生产过程中的重大技术问题和质量争议

D. 组织实施内部质量审核工作

79. 根据《测绘成果质量检查与验收》，下列关于导航电子地图质量元素质量特性权重划分正确的是图面质量(　　)。

A. 0.05　　B. 0.1

C. 0.15　　D. 0.2

80. 根据《测绘地理信息行业信用信息管理办法》，测绘资质单位受到自然资源主管部门及相关部门行政处罚的，计入该单位的严重失信信息，自该信息生效之日起(　　)年内不得申请晋升测绘资质等级或者新增专业范围。

A. 半　　B. 1

C. 2　　D. 3

二、多项选择题(每题2分。每题的备选选项中，有2个或2个以上符合题意，至少有1个是错项。错选，本题不得分；少选，所选的每个选项得0.5分)

81. 根据《地图管理条例》，下列地图中没有明确审核依据的，由国务院自然资源主管部门商外交部进行审核的有(　　)。

A. 世界地图　　B. 香港地区地图

C. 历史地图　　D. 直辖市行政区域地图

E. 时事宣传地图

82. 测绘项目工程进度控制主要包括(　　)。

A. 工程进度控制　　B. 成果控制

C. 资金控制　　D. 工程(技术)重难点控制

E. 质量控制

83. 下列职责中，属于测绘单位最高管理者职责的有(　　)。

A. 制定质量方针　　B. 确保及时与顾客沟通

C. 确保获得质量管理体系所需的资源　　D. 对质量管理体系的有效性负责

E. 确保质量管理体系融入组织的业务过程

84. 根据《招标投标法》，成为投标人的条件有(　　)。

A. 响应招标　　B. 具有测绘资质

C. 参加投标竞争的行列　　D. 信誉良好

E. 具有法人资格或是依法设立的组织

85. 建立相对独立的平面坐标系统的原则是(　　)。

A. 必须是因建设、城市规划和科学研究的需要

B. 确实需要建立

C. 必须经过批准

D. 应当与国家坐标系统相联系

E. 统筹规划

86. 根据《基础地理信息数据档案管理与保护规范》，对归档材料进行检验时，对数据成果的检验内容主要有(　　)。

A. 成果内容完整性　　B. 成果内容正确性

C. 数据有效性　　D. 数据内容一致性

E. 病毒检验

87. 根据《测绘成果质量检查与验收》，测绘航空摄影成果的质量元素"影像质量"的主要检查项有(　　)。

A. 像点最大位移值　　B. 最大密度 D_{max}

C. 灰雾密度 D_0　　D. 冲洗质量

E. 框标影像

88. 根据《基础测绘条例》，基础测绘实施的原则有(　　)。

A. 分级实施　　B. 由自然资源部统一领导

C. 依据基础测绘规划和年度计划实施　　D. 考虑各地区经济发展的特点

E. 保障安全

89. 重要地理信息数据具有的特征是(　　)。

A. 时效性　　B. 有偿性

C. 权威性　　D. 准确性

E. 法定性

90. 我国国家标准的联合发布单位有(　　)。

A. 国家标准化管理委员会　　B. 国家统计局

C. 自然资源部　　D. 国家市场监督管理总局

E. 国家发展和改革委员会

91. 根据《测绘地理信息业务档案管理规定》，测绘地理信息业务档案的保管期限有(　　)。

A. 永久　　B. 临时
C. 长期　　D. 短期
E. 定期

92. 根据《〈测绘合同〉示范文本》，下列属于测绘合同标的的描述要素是(　　)。
A. 施工单位　　B. 测绘范围
C. 测绘内容　　D. 测绘技术依据
E. 质量标准

93. 根据《民法典》，下列合同中，属于无效合同的是(　　)。
A. 以合法形式掩盖非法目的的合同　　B. 一方以欺诈、胁迫手段订立的合同
C. 损害社会公共利益的合同　　D. 甲方制定的格式合同
E. 恶意串通、损害国家、集体或者第三人利益的合同

94. 根据《建立相对独立的平面坐标系统管理办法》，对建立相对独立的平面坐标系统的申请不予批准的情形有(　　)。
A. 申请材料弄虚作假　　B. 国家坐标系统能够满足需求的
C. 已依法建有相关的　　D. 有正在使用的相对独立的平面坐标系统
E. 该市政府同意建立相对独立的平面坐标系统的

95. 根据《测绘技术总结编写规定》，“概述”中主要内容的有(　　)。
A. 任务来源、目标及工作量　　B. 任务安排与完成情况
C. 作业区概况和已有资料利用情况　　D. 执行的技术标准及规范
E. 工程预算及清单

96. 设计评审的主要内容和要求包括(　　)。
A. 评审依据　　B. 评审目的
C. 评审条件　　D. 评审人员
E. 评审标准

97. 下列测绘仪器设备中，属于内业测量设备的是(　　)。
A. GNSS 测量系统　　B. 全站仪
C. 数字摄影测量工作站　　D. 航空摄影机
E. 数字成图系统

98. 根据《测绘地理信息业务档案管理规定》，测绘地理信息业务档案是指在从事测绘地理信息业务活动中形成的具有保存价值的(　　)等不同形式和载体的历史记录。
A. 电子文件　　B. 数据
C. 领导批示　　D. 声像
E. 图件

99. 测绘项目组织与实施管理中的目标管理主要包括(　　)。
A. 成果目标　　B. 工期目标
C. 成本目标　　D. 效益目标

E. 质量目标

100. 下列原则中，属于质量管理体系文件的编写原则的是(　　)。
A. 系统协调原则　　B. 采用过程方法原则
C. 整体优化原则　　D. 重点突出原则
E. 操作实施和证实检查的原则

“测绘管理与法律法规”仿真试卷十二

一、单项选择题(每题1分，每题的备选选项中，只有1个符合题意)

1. 根据《测绘资质分类分级标准》，申请大地测量专业甲级测绘资质单位，要求配备的技术装备合计需要(　　)台。

A. 15　　B. 20

C. 25　　D. 30

2. 根据《注册测绘师制度暂行规定》，(　　)自然资源主管部门负责注册测绘师资格的注册审查工作。

A. 国家　　B. 省级

C. 市州级　　D. 县级

3. 某乙级测绘的单位具有工程测量资质，资质证书上载明的业务范围包括隧道工程测量、地形测量等。该单位承接隧道工程测量的长度不应超过(　　)km。

A. 2　　B. 4

C. 6　　D. 8

4. 关于注册测绘师应当履行义务的说法中，错误的是(　　)。

A. 应当履行岗位职责，保证执业活动成果质量，并承担相应责任

B. 可以同时受聘于两个测绘单位执业

C. 不准他人以本人名义执业

D. 应当更新专业知识，提高专业技术水平

5. 城市确需建立相对独立的平面坐标系统的，应经市自然资源主管部门审核并报该市(　　)同意后，逐级报省级自然资源主管部门。

A. 人民政府　　B. 城市建设主管部门

C. 自然资源部门　　D. 技术监督主管部门

6. 根据《测绘法》，下列对于测绘成果保管单位的职责，说法正确的是(　　)。

A. 应采取措施保障测绘成果的完好　　B. 应采取措施保障测绘成果的质量

C. 应采取措施保障测绘成果的完整和安全　　D. 应采取措施保障测绘成果的实用性

7. 根据《测绘作业证管理规定》，下列有关测绘作业证的说法中，正确的是(　　)。

A. 每次注册核准有效期为2年

B. 过期不注册核准的测绘作业证在45日后失效

C. 测绘单位必须保证测绘作业证申报材料真实、齐全，对材料不真实的，可先受理，然后让其补齐材料

D. 未取得测绘资质证书的单位不得为测绘人员申请测绘作业证

8. 县级以上人民政府自然资源主管部门应当建立健全(　　)机制，依法履行监督检查职责。

A. 随机抽查　　B. 定期抽查

C. 抽样抽查　　D. 比例抽查

9. 根据《测绘行政执法证管理规定》，测绘行政执法证每(　　)年注册一次，注册工作由国务院自然资源主管部门统一进行。

A. 1　　B. 2

C. 3　　D. 4

10. 下列关于测绘资质证书的说法中，正确的是(　　)。

A. 测绘资质证书有效期为三年

B. 测绘资质证书只有纸质证书

C. 测绘资质证书样式由省级自然资源主管部门统一规定

D. 测绘资质证书包括纸质证书和电子证书，纸质证书和电子证书具有同等法律效力

11. 下列情形中，对地理信息数据造成丢失的是(　　)。

A. 安全意识淡薄　　B. 异地备份

C. 数据转存　　D. 硬盘驱动器损坏

12. 根据《测绘法》，我国的基础测绘是(　　)，国家对其实行分级管理。

A. 全民性事业　　B. 公益性事业

C. 公用性事业　　D. 营利性事业

13. 根据《反不正当竞争法》，下列行为中，不属于不正当竞争行为的是(　　)。

A. 商业贿赂行为　　B. 利用广告对商品做引人误解的虚假宣传

C. 搭售商品的行为　　D. 低价销售鲜活农产品的行为

14. 根据《测绘法》，项目招标单位迫使测绘单位低于测绘成本承包应罚款的额度是(　　)测绘约定报酬。

A. 1倍以下　　B. 2倍以下

C. 3倍以下　　D. 4倍以下

15. 两个以上法人或者其他组织可以组成一个联合体，以一个投标人的身份共同投标。由同一专业的单位组成的联合体，按照(　　)的单位确定资质等级。

A. 资质等级较低　　B. 投标主体

C. 资质等级较高　　D. 信誉较好

16. 根据《地图审核管理规定》，下列情形中，申请人不需要向有审核权的自然资源主管部门提出地图审核申请的是(　　)。

A. 已审核批准的地图内容发生变化的地图

B. 拟在境外出版地图

C. 具有审图号的公益性地图

D. 生产附着地图图形的产品

17. 我国的基础测绘共分为(　　)级管理。

A. 三　　B. 四

C. 五　　D. 六

18. 根据《建立相对独立的平面坐标系统管理办法》，建立相对独立平面坐标系需要经过(　　)审批。

A. 国务院自然资源主管部门　　B. 国务院自然资源主管部门会同军队测绘部门

C. 省级以上自然资源主管部门　　D. 省级以上人民政府

19. 某地级市一家测绘资质单位承接了某地籍测量项目，对该测绘项目的产品负有直接责任的是(　　)。

A. 项目质量负责人　　B. 测绘单位法定代表人

C. 自然资源主管部门　　D. 测绘作业人员

20. 下列内容中，不属于卫星遥感影像中“影像质量”主要检查项的有(　　)。

A. 影像反差　　B. 影像清晰度

C. 影像数量　　D. 影像色调

21. 根据《测绘生产质量管理规定》，测绘单位的(　　)负责确定本单位的质量方针和质量目标，建立本单位质量运行体系并保证有效运行。

A. 法定代表人　　B. 行政领导及总工

C. 质量管理机构及质量检查人员　　D. 测绘生产人员

22. 测绘单位的过程检查由(　　)承担。

A. 中队(室、车间)检查人员　　B. 总工

C. 质量管理机构　　D. 测绘生产人员

23. (　　)负责处理永久性测量标志损毁事件以及因测量标志损坏造成的事故。

A. 国务院自然资源主管部门　　B. 省级自然资源主管部门

C. 市级人民政府自然资源主管部门　　D. 乡(镇)人民政府

24. 根据《测绘成果管理条例》，国家对重要地理信息数据实行(　　)制度。

A. 统一管理　　B. 统一审核

C. 统一公布　　D. 统一审核与公布

25. 根据《测绘生产成本费用定额》，界线测绘的费用计算，县界以下境界的定额按省、市、县界定额的(　　)计算。

A. 50%　　B. 60%

C. 70%　　D. 80%

26. 根据《1：5 000　1：10 000 基础地理信息数字产品更新规范》，用于缩编的数字线划图其数据提交时间经济中等发达区不超过(　　)年。

A. 2　　B. 3

C. 4　　D. 5

27. 根据《保守国家秘密法》，涉密岗位工作的人员，按照涉密程度分为(　　)类。

A. 3　　B. 4

C. 5　　D. 6

28. 根据《地理信息检查原则》，属于(　　)类测绘标准。

A. 定义与描述　　B. 检验与测试

C. 成果与服务　　D. 管理

29. 根据《测绘质量监督管理办法》，因测绘产品质量发生争议时，当事人可以通过协商或者调解解决，也可以向(　　)申请仲裁。

A. 项目所在地自然资源主管部门　　B. 省级以上自然资源主管部门

C. 人民法院　　D. 仲裁机构

30. 按照国家标准或测绘行业标准生产、集成和处理后的基础地理信息数据成果通常以数字形式存在，其中不包含的是(　　)。

A. 最终数据成果　　B. 重要的拓展数据成果

C. 重要的原始数据成果　　D. 数据说明文件

31. 根据《测绘法》，(　　)应当加强对测绘成果质量的监督管理。

A. 县级以上人民政府自然资源主管部门

B. 地市级以上人民政府自然资源主管部门

C. 县级以上人民政府

D. 地市级以上人民政府自然资源主管部门

32. 根据《测绘计量管理暂行办法》，微伽重力仪的检定周期为(　　)。

A. 1 年　　B. 2 年

C. 3 年　　D. 4 年

33. 测绘单位的(　　)负责签发质量手册。

A. 法定代表人　　B. 行政领导及总工

C. 质量管理机构及质量检查人员　　D. 测绘生产人员

34. 测绘单位的最终检查由(　　)承担。

A. 中队(室、车间)检查人员　　B. 总工程师

C. 质量管理机构　　D. 测绘生产人员

35. 下列资料中，属于应当由承担测绘项目的测绘单位汇交测绘成果资料的是(　　)。

A. 没有使用国家投资的测绘项目

B. 中外合资、合作测绘的测绘项目

C. 由公民、法人或者其他组织自行出资的测绘项目

D. 地方财政投资完成的测绘项目

36. 根据《计量法》，制定实行强制检定的工作计量器具的目录和管理办法的机构是(　　)。

A. 国务院　　B. 国务院计量行政部门
C. 国务院有关行政主管部门　　D. 省级以上计量部门

37. 根据《测绘作业人员安全规范》，下列内业生产安全操作要求中，错误的是(　　)。
A. 所有用电动力设备，应埋设接地网，保持接地良好
B. 因故停电时，凡用电的仪器设备应保持原则，不得改变开关状态
C. 作业前要认真检查所需要操作的仪器设备是否处于安全状态
D. 由于特殊情况带电修理仪器设备时，须有两名电工现场作业

38. (　　)国家秘密是重要的国家秘密，泄露会使国家的安全和利益遭受严重损害。
A. 内部级　　B. 秘密级
C. 机密级　　D. 绝密级

39. 根据《基础测绘成果应急提供办法》，各级测绘主管部门应当场或者在(　　)h 内完成基础测绘成果应急服务申请的审核与批复，明确并及时通知相关测绘成果保管单位。
A. 2　　B. 3
C. 4　　D. 5

40. 根据《民法典》，预告登记后，债权消灭或者自能够进行不动产登记之日起(　　)内未申请登记的，预告登记失效。
A. 一个月　　B. 两个月
C. 三个月　　D. 四个月

41. 根据《测绘作业人员安全规范》，在进行地下管线测量时，下列说法错误的是(　　)。
A. 无向导协助，禁止进入情况不明的地下管道作业
B. 作业人员必须配备防护帽、安全灯
C. 工作电压超过 36V 时，供电作业人员应使用绝缘防护用具
D. 有害、有毒及可燃气体超标时应打开 1 个井盖排气通风半小时

42. 测绘成果质量监督抽查不合格的测绘单位，组织实施质量监督抽查的自然资源主管部门应当向其下达整改通知书，责令其自整改通知书下发之日起(　　)内进行整改，并按原技术方案组织复查。
A. 1 个月　　B. 3 个月
C. 5 个月　　D. 7 个月

43. 根据《行政区域界线管理条例》，经批准变更行政区域界线的，毗邻各有关人民政府应当按照(　　)进行测绘，埋设界桩，签订协议书，并将协议书报批准变更该行政区域界线的机关备案。
A. 地籍测绘规范　　B. 相邻人民政府之间达成的协议
C. 勘界测绘技术规范　　D. 基础测绘规范

44. 根据《地图管理条例》，下列关于地图出版管理说法错误的是(　　)。
A. 出版单位出版地图，应当按照国家有关规定向国家图书馆免费送交样本
B. 任何出版单位不得出版未经审定的中、小学教学地图

C. 应当按国务院出版行政主管部门审核批准的地图出版业务范围从事地图出版活动
D. 出版单位根据需要，可以在出版物中任意插附相关的地图

45. 根据《测绘生产困难类别细则》，江湖水下地形测量的困难类别分为(　　)类。
A. Ⅰ　　B. Ⅱ
C. Ⅲ　　D. Ⅳ

46. 根据《测绘资质分类分级标准》，下列专业的技术人员中，不属于测绘专业技术人员的是(　　)。
A. 资源勘查　　B. 地理信息
C. 导航工程　　D. 土地管理

47. 根据《基础测绘条例》，县级以上人民政府自然资源主管部门应当根据应对自然灾害等突发事件的需要，制定相应的基础测绘(　　)。
A. 应急保障预案　　B. 应急测制方案
C. 应急保障计划　　D. 应急监测机制

48. 根据《自然资源领域数据安全管理办法》，数据处理者在全数据生命周期中应记录数据处理、权限管理、人员操作等日志，并采用商业保密软件保护数据的完整性。涉及核心数据安全事件处置、溯源的相关日志保存周期至少(　　)年。
A. 1　　B. 2
C. 3　　D. 4

49. 根据《测绘技术设计规定》，下列技术要求中，不属于境界测绘技术要求的是(　　)。
A. 控制测量　　B. 外业调绘
C. 界址点实测　　D. 面积量算

50. 根据《测绘法》，卫星导航定位基准站的建设和运行维护应当符合(　　)，不得危害国家安全。
A. 国家标准和要求　　B. 国际标准和要求
C. 技术标准和要求　　D. 区域标准和要求

51. 在招标方式中，被称为无限竞争性招标的是(　　)。
A. 议标　　B. 邀请招标
C. 公开招标　　D. 秘密招标

52. 根据《测绘生产困难类别细则》，在丘陵、山区建设 GNSS 连续运行站，其困难类别为(　　)类。
A. Ⅰ　　B. Ⅱ
C. Ⅲ　　D. Ⅳ

53. 根据《注册测绘师制度暂行规定》，省、自治区、直辖市人民政府自然资源主管部门自受理注册申请之日起(　　)个工作日内，按规定条件和程序完成申报材料的审查工作。
A. 5　　B. 10
C. 15　　D. 20

54. 根据《注册测绘师执业管理办法(试行)》，国务院有关部门所属单位和中央管理企业的注册测绘师由(　　)进行管理。

A. 国务院　　B. 军队测绘部门

C. 所在属地自然资源主管部门　　D. 自然资源部

55. 技术设计更改文件是设计过程中由(　　)提出，并经过评审、验证(必要时)和审批的技术设计文件。

A. 委托单位技术负责人　　B. 项目承担单位技术负责人

C. 项目承担单位行政负责人　　D. 项目设计人员

56. 在单位质量成果评定中，位置精度检查中误差比例大于(　　)视为不合格。

A. 1%　　B. 3%

C. 5%　　D. 7%

57. 某测绘单位的测绘成果质量经自然资源质检机构判定为批不合格，根据《测绘地理信息行业信用管理办法》，计入单位的(　　)信息。

A. 基本　　B. 严重失信

C. 一般失信　　D. 轻微失信

58. 根据《测绘技术设计规定》，下列人员中，负责对设计输入的适宜性和充分性审核的是(　　)。

A. 技术设计负责人　　B. 设计策划负责人

C. 法定代表人　　D. 技术设计人员

59. 下列关于测绘仪器防雾的措施，做法正确的是(　　)。

A. 吸潮后的干燥剂也可以使用

B. 调整仪器时，用手心对准光学零件表面

C. 外业测绘仪器一般情况下 1 年须对仪器的光学零件表面进行一次全面擦拭

D. 每次测区作业结束后，应对仪器的光学零件外露表面进行一次擦拭

60. 测绘外业作业时，水深在(　　)m 以内、流速不超过 3m/s 时允许徒涉。

A. 0.2　　B. 0.4

C. 0.6　　D. 0.8

61. 测绘生产事故发生现场的人员应立即停止生产，在第一时间采取先行控制措施开展自救，立即抢救受伤人员和物资。这一工作主要由(　　)完成。

A. 前线应急领导小组　　B. 安全保障组

C. 兄弟作业队　　D. 单位应急领导小组

62. 为使测绘仪器防霉、防雾，测绘生产内业仪器在湿热季节或湿热地区通常情况下(　　)应对仪器的光学零件外露表面进行一次全面的擦拭。

A. 3 个月　　B. 6 个月

C. 9 个月　　D. 12 个月

63. 根据《基础地理信息数据档案管理与保护规范》，基础地理信息数据的储存环境要求湿度选定范围为(　　)。

A. 25%~35%　　B. 35%~45%

C. 45%~55%　　D. 55%~65%

64. 当数据档案管理单位同时认可磁带和光盘作为归档介质时，建议同一项目所采用的光盘数大于(　　)片时，应以磁带为载体归档。

A. 6　　B. 8

C. 10　　D. 12

65. 根据《测绘作业人员安全规范》，对大规模管道下井调查工作，有毒、有害及可燃气体超标时应打开连续的(　　)个井盖通风排气半小时以上，确认安全并采取保护措施后方可下井作业。

A. 2　　B. 3

C. 4　　D. 5

66. 根据《测绘技术总结编写规定》，关于测绘技术总结的编写，说法错误的是(　　)。

A. 内容真实、全面，重点突出

B. 说明和技术评价要求的执行情况时，应简单抄录设计书的有关技术要求

C. 应重点说明作业过程中的主要技术问题和处理方法

D. 文字应简明扼要，公式、数据和图表应准确

67. 在地理信息数据安全管理措施的数据维护中，如果软件平台能够反映介质的读写错误，则当累计读写错误达(　　)次时，应当停止使用该介质。

A. 6　　B. 8

C. 10　　D. 12

68. 根据《测绘作业人员安全规范》，对地下管线探测要求中，错误的是(　　)。

A. 在城区或道路上作业时，应在管道口设置安全隔离标志牌

B. 打开窨井做实地调查时，井口要用警示栏圈围，必须有专人看管

C. 夜间作业时，设置安全警示灯，作业完毕后，及时盖好窨井盖

D. 井下作业的所有电器设备外壳都应接地

69. 技术设计文件报批前，(　　)必须对其进行全面审核，并在技术设计文件和(或)产品样品上签署意见并签名盖章。

A. 项目委托单位　　B. 项目监理单位

C. 承担测绘任务的法人单位　　D. 承担测绘任务的项目经理

70. 根据《基础地理信息数据档案管理与保护规范》，数据档案进行转存新格式拷贝后，原数据档案应继续保存(　　)年。

A. 1　　B. 2

C. 3　　D. 4

71. 根据《测绘技术总结编写规定》，测绘技术总结通常不包括的内容是(　　)。

A. 测区自然地理概况和已有资料情况

B. 技术设计执行情况

C. 成果(或产品)质量说明和评价

D. 质量元素检查结果不满足规定的合格条件

72. 根据《测绘市场管理暂行办法》，测绘事业单位在测绘市场活动中收费的，应当持有(　　)颁发的收费许可证。

A. 物价主管部门　　B. 工商行政主管部门

C. 所在属地自然资源主管部门　　D. 自然资源部

73. 根据《地图管理条例》，下列向社会公开的地图中，应当报送有审核权的自然资源主管部门审核的是(　　)。

A. 景区图　　B. 街区图

C. 地铁线路图　　D. 时事宣传地图

74. 按公式 $S_1 = 100 - \left(a_1 \times \frac{12}{t} + a_2 \times \frac{4}{t} + a_3 \times \frac{1}{t}\right)$ 计算评价测绘成果质量的方法是(　　)。

A. 数学精度评分方法　　B. 质量子元素评分方法

C. 质量错漏扣分方法　　D. 质量元素评分方法

75. 根据《测绘成果质量检查与验收》，测绘单位成果质量评定的质量等级共分为(　　)。

A. 3 级　　B. 4 级

C. 5 级　　D. 6 级

76. 根据《测绘成果质量检查与验收》，下列情形中，不属于测绘单位成果质量等级评定为不合格的是(　　)。

A. 质量元素 $S=60$(S 表示单位成果质量得分值)

B. 单位成果出现 A 类错漏

C. 位置精度检查中误差比例大于 5%

D. 质量子元素质量得分小于 60 分

77. 根据《测绘成果质量检查与验收》，管线测量成果的质量元素不包括(　　)。

A. 控制测量数学精度　　B. 管线图质量

C. 点位质量　　D. 资料质量

78. 根据《测绘成果质量检查与验收》，大地测量计算成果的质量元素不包括(　　)。

A. 数学模型和计算正确性　　B. 整饰质量

C. 数学精度　　D. 资料的完整性

79. 根据《测绘地理信息行业信用信息管理办法》，测绘资质单位被自然资源主管部门计入一般失信信息的，自该信息生效之日起(　　)内不得申请晋升测绘资质等级或者新增专业范围。

A. 半年　　B. 一年

C. 二年　　D. 三年

80. 根据《质量管理体系　要求》，下列条件中，不属于组织策划"进行生产和服务提供的控制"受控条件的是(　　)。

A. 获得表述产品特性的信息　　B. 设备的认可和人员资格的鉴定

C. 获得和使用监视和测量设备　　D. 实施产品放行、交付和交付后活动

二、多项选择题(每题 2 分。每题的备选选项中，有 2 个或 2 个以上符合题意，至少有 1 个是错项。错选，本题不得分；少选，所选的每个选项得 0.5 分)

81. 根据《测绘法》，基础测绘成果应当定期更新，下列内容中，(　　)急需的基础测绘成果应当及时进行更新。

A. 经济建设　　B. 国防建设

C. 文明建设　　D. 社会发展

E. 生态保护

82. 根据《测绘成果管理条例》，下列地理信息数据中，属于重要地理信息数据的有(　　)。

A. 河南省的行政区域面积　　B. 天津市行政区域面积

C. 我国专属经济区面积　　D. 我国领海面积

E. 我国海岸岛礁数量

83. 下列内容中，属于互联网地图服务专业的是(　　)。

A. 导航电子地图制作　　B. 地理位置定位

C. 地理信息上传标注　　D. 地图数据库开发

E. 地面移动测量

84. 根据《民法典》，合同当事人一方有权请求人民法院或者仲裁机构变更或者撤销的情形有(　　)。

A. 违反法律、行政法规的强制性规定　　B. 造成对方人身伤害的

C. 因重大误解订立的　　D. 因故意或者重大过失造成对方财产损失的

E. 在订立合同时显失公平的

85. 按照行业惯例，测绘项目的工程费用按阶段支付，包括(　　)。

A. 定金　　B. 首付款

C. 违约金　　D. 项目进行中的阶段性付款

E. 尾款

86. 下列标志中，在测绘内业作业场所配置过程，符合《测绘作业人员安全规范》相关要求的有(　　)。

A. 上下楼梯警告线　　B. 配电箱标志

C. 玻璃隔断提醒　　D. 紧急疏散示意图

E. 保密场所标志

87. 根据《基础测绘条例》，基础测绘设施在建设中应遵循的原则有(　　)。

A. 统筹管理　　B. 科学规划

C. 合理布局　　D. 有效利用

E. 兼顾当前与长远需要

88. 测量标志保管人员的职责包括(　　)。

A. 发现永久性测量标志有移动或者损毁的情况，及时向当地县级人民政府报告

B. 收取测量标志有偿使用费

C. 查询使用永久性测量标志的测绘人员的有关情况

D. 制止、检举和控告移动、损毁、盗窃永久性测量标志的行为

E. 经常检查测量标志的使用情况，查验永久性测量标志使用后的完好状况

89. 根据《测绘作业人员安全规范》，在高海拔区域发生(　　)等疾病时，应立即马上采取有效的治疗措施。

A. 紫外线灼伤　　B. 感冒

C. 高原反应　　D. 冻伤

E. 雪盲

90. 根据《测绘标准化工作管理办法》，下列情况中，测绘标准需要复审的有(　　)。

A. 不适应科学技术的发展和经济建设需要的

B. 与国际形势极不相符的

C. 相关技术发生了重大变化的

D. 不符合政府批文要求的

E. 标准实施过程中出现重大技术问题或有重要反对意见的

91. 根据《基础地理信息数据档案管理与保护规范》，下列检查项目中，需要进行病毒检验的有(　　)。

A. 数据成果　　B. 相关软件

C. 文档材料　　D. 目录数据

E. 移交文据

92. 根据《对外提供我国涉密测绘成果审批程序规定》，下列情形中，对外提供属于国家秘密的测绘成果不予批准的是(　　)。

A. 对外提供的测绘成果涉及国家基本比例尺系列地图及其相关产品

B. 对外提供的测绘成果资料妨碍国家安全的

C. 非涉密的测绘成果资料能够满足需要的

D. 申请材料内容虚假的

E. 接收测绘成果方为外方控股企业的

93. 根据《归档测绘文件质量要求》，下列关于归档文件内容的说法中，正确的有(　　)。

A. 文档类文件应有题名　　B. 文件应有责任者

C. 文件应有归档者　　D. 文件应有归档时间

E. 文件应有形成时间

94. 根据《测绘成果质量检查与验收》，对水准测量成果质量元素“资料完整性”主要检查项有(　　)。

A. 成果资料的整饰规整性　　B. 技术总结内容的齐全性和完整性

C. 设计书、实施方案的有效性　　D. 上交资料的齐全性和完整性

E. 点之记内容的齐全性和完整性

95. 根据《测绘生产质量管理规定》，测绘单位应在关键工序、重点工序设置必要的检验点，设置现场检验点应当考虑的主要因素有(　　)。

A. 提高质量成本　　B. 测绘任务进度安排

C. 作业人员水平　　D. 测绘任务的工程量

E. 测量任务的性质

96. 下列费用中，属于生产经营承包制测绘项目中可直接计入项目的相关费用的是(　　)。

A. 项目联系费　　B. 折旧费

C. 养老保险　　D. 生产人员交通差旅费

E. 计入项目的承包部门费用

97. 根据《测绘技术设计规定》，测绘技术设计书的项目设计(总体设计)中“上交和归档成果(或产品)及其资料内容”有(　　)。

A. 成果(或产品)技术指标和规格　　B. 技术规定

C. 成果数据　　D. 质量保证措施和要求

E. 文档资料

98. 根据《地图管理条例》，编制地图应当遵守国家有关地图内容表示的规定。根据规定，下列内容中，地图上不得表示的有(　　)。

A. 影响民族团结、侵害民族风俗习惯的　　B. 属于国家秘密的

C. 危害国家安全，损害国家荣誉和利益的　　D. 海域边界线

E. 危害国家统一、主权和领土完整的

99. 下列内容中，属于质量管理体系质量原则的有(　　)。

A. 持续改进　　B. 效益优先

C. 成本控制　　D. 全员参与

E. 以顾客为关注焦点

100. 下列资料中，属于测绘项目质量控制基本依据的是(　　)。

A. 测绘合同

B. 经审批的技术设计书或作业指导书

C. 过程检查和最终检查形成的文档资料

D. 国家及地方政府颁布有关测绘的法律、法规和规范

E. 国家标准、行业标准、地方标准和企业标准

仿真试卷一参考答案及解析

一、单项选择题

1.【B】导航电子地图制作甲级测绘资质的审批和管理，由自然资源部负责。

2.【D】《注册测绘师执业管理办法(试行)》第八条规定，取得资格证书超过 1 年以上不满 3 年提出申请初始注册者，须提供不少于 30 学时继续教育必修内容培训的证明。取得资格证书 3 年以上提出申请初始注册者，须提供相当于一个注册有效期要求的继续教育证明。

3.【B】不得从事连片区域 $100km^2$ 及以上的海岸地形测量、水深测量、水文观测、海洋工程测量和扫海测量。

4.【B】参与全国注册测绘师资格考试命题 1 次，可确认必修课内容 30 学时。

5.【C】注册证和执业印章每一注册有效期为 3 年，注册期满需要继续执业的，应当在期满 30 个工作日提出延续注册申请。

6.【D】表现地为我国境内的遥感影像，地面分辨率不得优于 0.5m，不得标注涉密、敏感信息，不得伪装处理建筑物、构筑物等固定设施。不得表示国家战略物资储备库、中央储备库(名称除外)。

7.【B】《测绘资质分类分级标准》未对办公面积作出限定要求。

8.【C】同一单位申请两个以上专业范围的，对人员数量的要求不累加计算。

9.【D】测绘单位不得将承包的测绘项目转包，测绘项目的承包方可以向其他具有测绘资质的单位分包，但分包量不得大于该项目总承包量的 40%，将项目的关键部分或者主体部分分包出去，或者分包量超过 40%的就属于违法分包。

10.【D】①永久性测量标志是指设有固定标志物以供测量标志使用单位长期使用的需要永久保存的测量标志，包括国家各等级三角点、基线点、导线点、军用控制点、重力点、天文点、水准点和卫星定位点的木质觇标、钢质觇标和标识标志，以及用于地形图测量、工程测量和变形测量等的固定标志和海底大地点设施等。②临时性测量标志是指测绘单位在测量过程中临时设立和使用，不需要长期保存的标志和标记。如测站点的木桩、活动觇标、测旗、测杆、航空摄影的地面标志、描绘在地面或者建筑物上的标记等，都属于临时性测量标志。

11.【C】永久性测量标志的基本情况，包括点名、点号、等级、地理位置和粗略空间坐标(精确到 0.5′)、点之记等基本信息，可列表说明。

12.【A】设置永久性测量标志的，应当对永久性测量标志设立明显标记；设置基础性测量标志的，还应当设立由国务院自然资源主管部门统一监制的专门标牌。

13.【B】国家对测量标志实行义务保管制度。

14.【A】基础测绘规划的规划期一般至少为 5 年，保持与国家国民经济和社会发展总体规划相衔接。

15.【C】国家安排基础测绘设施建设资金，应当优先考虑航空摄影测量、卫星遥感、数据传输以及基础测绘应急保障的需要。

16.【D】提供经办人有效身份证件复印件即可。

17.【B】各级自然资源主管部门应当当场或者 4 小时内完成基础测绘成果应急服务申请的审核和批复；测绘成果保管单位应根据相关批复或者调用通知，在最短时间内完成基础测绘成果应急提供，一般提供期限为 8 小时，特殊情况不超过 24 小时。

18.【D】成果与服务类标准共分 5 小类标准，标准总数预计约 49 项。如《地理信息　定位服务》《基础地理信息标准数据基本规定》等。

19.【A】精度优于 3″的垂线偏差成果为机密测绘成果。

20.【A】测绘地理信息档案主要内容有：①航空、航天遥感影像获取档案；②基础测绘项目档案；③地理国情监测(普查)档案；④应急测绘保障服务档案；⑤测绘成果与地理信息应用档案；⑥测绘科学技术研究项目档案；⑦工程测量档案；⑧海洋测绘与江河湖水下测量档案；⑨界线测绘与不动产测绘档案；⑩公开地图制作档案。

21.【C】各级自然资源主管部门应依法向社会公布监督检查结果，确属不宜向社会公布的，应依法抄告有关行政主管部门、有关权利人和利害相关人，并向上一级自然资源主管部门备案。

22.【B】精度优 $5mm+5\times10^{-6}D$ 的测距仪的检定周期为 1 年。

23.【B】应提供的材料有企业法人营业执照或者事业单位法人证书(申请人为政府部门的除外)。

24.【C】国家实行地图审核制度。向社会公开的地图，应当报送有审核权的自然资源主管部门审核。但是，景区图、街区图、地铁线路图等内容简单的地图除外。地图审核不得收取费用。

25.【A】有审核权的自然资源主管部门应当自受理地图审核申请之日起 20 个工作日内，作出审核决定。时事宣传地图、时效性要求较高的图书和报刊等插附地图的，应当自受理地图审核申请之日起 7 个工作日内，作出审核决定。应急保障等特殊情况需要使用地图的，应当即送即审。

26.【C】《注册测绘师制度暂行规定》第二十七条规定，继续教育是注册测绘师延续注册、重新申请注册和逾期初始注册的必备条件。在每个注册期内，注册测绘师应按规定完成本专业的继续教育。

27.【C】质量管理体系文件的形成需要考虑的因素：①标准的各项要求；②产品的特性及复杂程度；③产品满足法律法规等要求；④组织的管理水平与装备水平；⑤各级人员的素质和能力；⑥质量经济性和效率等。

28.【D】质量管理体系认证程序的基本原则是独立性、公正性和科学性。

29.【D】安全事故报告时限为：泄密事故应在发生或发现后 24 小时内报告；轻伤事故应在发生或发现后 2 小时内报告；其他事故应在发生或发现后立即报告。

30.【A】需按不同仪器的性能采取必要的防霉、防雾、防锈措施，确保仪器处于良好状态。

31.【D】跨河水准测量全套资料保管期限为 30 年。

32.【C】生产成本，即直接用于完成特定项目所需的直接费用，主要包括直接人工费，直接材料费，交通差旅费、折旧费。经营成本，维持测绘单位正常运作的各种费用支配，分为两大类：①员工福利费用及他项费用；②机构运营费用。

33.【C】国家实行房产测绘单位资格审查认证制度。

34.【B】质量等级分为优、良和合格。衡量项目质量有很详细的质量指标体系。

35.【C】验收一般采用抽样检查。

36.【D】大比例尺地形图的质量元素主要有数学精度、数据及结构正确性、资料完整性、地理精度、整饰质量等。

37.【D】《测绘技术总结编写规定》4.3.4 规定，当上交测绘成果的数量和范围有变化时，需附上交成果分布图。

38.【C】地理信息系统专业技术设计书的内容主要有：①需求规格说明书；②系统设计；③数据库设计；④详细设计说明书。

39.【B】摄影测量与遥感、地理信息系统工程、工程测量、不动产测绘、海洋测绘等 5 个市场化程度较高的专业范围下设置相应的甲、乙级测绘监理专业子项。

40.【B】公民、法人或者其他组织对测绘资质单位信用信息存在异议的，可以向省级以上自然资源主管部门提交书面核查申请及相关证据。

41.【B】建设卫星导航定位基准站的，建设单位应当按照国家有关规定报国务院自然资源主管部门或者省、自治区、直辖市人民政府自然资源主管部门备案。国务院自然资源主管部门应当汇总全国卫星导航定位基准站建设备案情况，并定期向军队测绘部门通报。

42.【C】重要地理信息数据包括：①国界、国家海岸线长度；②领土、领海、毗连区、专属经济区面积；③国家海岸滩涂面积、岛礁数量和面积；④国家版图的重要特征点，地势、地貌分区位置；⑤国务院自然资源主管部门商国务院其他有关部门确定的其他重要自然和人文地理实体的位置、高程、深度、面积、长度等地理信息数据。

43.【B】故意损毁或者移动界桩或者其他行政区域界线标志物的，应当支付修复标志物的费用，并由所在地负责管理该行政区域界线标志的人民政府民政部门处1 000元以下的罚款；构成违反治安管理行为的，并依法给予治安管理处罚。

44.【C】对以不正当手段取得“中华人民共和国注册测绘师资格证书”的，由发证机关收回。自收回该证书之日起，当事人 3 年内不得再次参加注册测绘师资格考试。

45.【D】《测绘计量管理暂行办法》第八条，被授权单位在授权证书期满前六个月应按规定向原发证机关申请复查。

46.【D】《关于汇交测绘成果目录和副本的实施办法》第五条，正式印制的地图，包括各种正式印刷的普通地图、政区地图、教学地图、交通旅游地图，以及全国性和省一级的其他专题地图。以上汇交的副本，除地图一式两份外，其他均为一式一份。

47.【D】泄露后会对社会稳定和民族团结造成严重损害的属于机密级国家秘密，其他项属于绝密级国家秘密。

48.【B】申请单位涉嫌违法测绘被立案调查的，案件结案前，不受理其测绘资质申请。

49.【C】大地测量测绘成果的种类有：GNSS 测量、三角测量、水准测量、天文测量、重力测量、大地测量数据处理、卫星导航定位基准站网定位服务、区域似大地水准面精化。

50.【A】不动产测量成果质量元素中，权重值最大的是界址测量，为 0.40。

51.【D】单位成果最终检查全部合格后，才能进行验收。

52.【C】城市确需建立相对独立的平面坐标系统的，由申请单位向该城市的自然资源主管部门提交申请材料，经自然资源主管部门审核并报该市人民政府同意后，逐级报省级自然资源主管部门；直辖市确需建立相对独立的平面坐标系统的，由申请单位向该市的自然资源主管部门提交申请材料，经自然资源主管部门审核并报该市人民政府同意后，报自然资源部；其他需要建立相对独立的平面坐标系统的，由建设单位向拟建相对独立的平面坐标系统所涉及的省级自然资源主管部门提交申请材料。

53.【D】表现地为我国境内的遥感影像，地面分辨率不得优于 0.5m。

54.【D】当数据档案管理单位同时认可磁带和光盘作为归档介质时，同一项目所采用的光盘数大于 10 片时，应当磁带为载体归档。

55.【A】永久性测量标志的建设单位应当对永久性测量标志设立明显标记，并委托当地有关单位指派专人负责保管。

56.【A】测绘相关专业是指地理、地质、工程勘察、资源勘查、土木、建筑、规划、市政、水利、电力、道桥、工民建、海洋、计算机、软件、电子、信息、通信、物联网、统计、生态、印刷、人工智能、大数据、云计算、保密、档案等专业。

57.【C】测绘单位的行政领导及总工(质量主管负责人)按照职责分工负责质量方针、质量目标的贯彻实施，签发有关的质量文件及作业指导书；组织编制测绘项目的技术设计书，并对设计质量负责；处理生产过程中的重大技术问题和质量争议；审核技术总结；审定测绘产品的交付验收。

58.【D】基础测绘项目承担单位应当具有与所承担的基础测绘项目相应等级的测绘资质，并不得超越其资质等级许可的范围从事基础测绘活动。基础测绘项目承担单位应当具备健全的保密制度和完善的保密设施，严格执行有关保守国家秘密法律、法规的规定。

59.【A】《测绘成果质量监督抽查管理办法》第二十二条，县级以上地方人民政府测绘行政主管部门应当将质量监督抽查结果及工作总结报上一级测绘行政主管部门备案。对非本行政区域内测绘单位的质量监督抽查结果应当抄告其测绘资质审批和注册机关。

60.【C】《关于切实做好国家基础测绘项目成果档案归档工作的通知》二、落实归档制度，实行全程监管。在基础测绘项目实施、过程检查、项目验收、报(评)奖等各阶段，同步提出成果归档的要求并监督检查落实情况。基础测绘项目验收时，应由测绘成果保管单位对项目成果档案的完整性、系统性、准确性进行检验，未通过归档检验的不能通过项目验收。

61.【B】《关于切实做好国家基础测绘项目成果档案归档工作的通知》的基础测绘项目电子文件归档范围与要求，“二、归档要求”。①每份项目文档应有文件题名。②每份项目文档的文件名应与其文件题名相同。③项目文档同时存在电子、纸质或其他载体形式的文件时，应在内容上保持一致。④归档的电子文件不得加密。⑤同一项目相同类型子项目的数据格式应保持互相一致。⑥涉密的项目文档应按照《国家秘密文件、资料和其他物品标志的规定》(1990 年 10 月 6 日国家保密局、国家技术监督局令第 3 号)进行密级标识。⑦不得将归档的若干文件打包在一起。⑧数据源、项目成果、项目文档、软件系统等，应分别位于存储介质根目录下的不同的目录内。⑨项目数据成果应按照有利于提供利用的方式进行组织。有多个单位参加的项目一般不按照参加单位组织数据，而是应由牵头单位按照图幅、测区、摄区、行政区域等方式重新组织数据。⑩电子文件在归档时需编制说明文件，放在存储介质的根目录下，用于对本次归档的电子文件进行说明。说明文件为 Microsoft Office Word 格式，文件名为"×××项目电子文件说明.doc"。归档的电子文件只有项目文档时，不需编制说明文件。

62.【C】行政许可申请可以通过信函、电报、电传、传真、电子数据交换和电子邮件等方式提出。

63.【B】重要地理信息数据公布时，应当注明审核、公布部门。

64.【B】质量手册在合同条件下或第三方认证的情况下，可以作为质量管理体系的证实文件和认证依据。

65.【C】承诺生效的地点为合同成立的地点。采用数据电文形式订立合同的，收件人的主营业地为合同成立的地点；没有主营业地的，其经常居住地为合同成立的地点。当事人另有约定的，按照其约定。当事人采用合同书形式订立合同的，最后签名、盖章或者按指印的地点为合同成立的地点，但是当事人另有约定的除外。

66.【A】违反本办法规定，未经依法批准将测绘成果携带或者传输出境的，由国务院自然资源主管部门处 3 万元以下罚款；构成犯罪的，依法追究刑事责任。

67.【B】《中华人民共和国招标投标法》(以下简称《招标投标法》)第三条，在中华人民共和国境内进行下列工程建设项目包括项目的勘察、设计、施工、监理以及与工程建设有关的重要设备、材料等的采购，必须进行招标：①大型基础设施、公用事业等关系社会公共利益、公众安全的项目；②全部或者部分使用国有资金投资或者国家融资的项目；③使用国际组织或者外国政府贷款、援助资金的项目。前款所列项目的具体范围和规模标准，由国务院发展计划部门会同国务院有关部门制定，报国务院批准。

68.【B】两个以上法人或者其他组织可以组成一个联合体，以一个投标人的身份共同投标。联合体各方均应当具备承担招标项目的相应能力；国家有关规定或者招标文件对投标人资格条件有规定的，联合体各方均应当具备规定的相应资格条件。由同一专业的单位组成的联合体，按照资质等级较低的单位确定资质等级。

69.【A】县级以上地方人民政府计量行政部门根据本地区的需要，建立社会公用计量标准器具，经上级人民政府计量行政部门主持考核合格后使用。

70.【C】乙级测绘资质不得从事连片区域 $100km^2$ 及以上的海岸地形测量，不得承揽两个及以上省级行政区域范围的项目；"房地一体"权籍调查采购项目，需要界线与不动产测绘、地理信息系统工程等多个专业的资质。

71.【A】不动产登记簿应当采用电子介质，暂不具备条件的，可以采用纸质介质。不动产登记机构应当明确不动产登记簿唯一、合法的介质形式。

72.【B】导航电子地图制作甲级测绘资质的审批和管理，由自然资源部负责。前款规定以外的测绘资质的审批和管理，由省、自治区、直辖市人民政府自然资源主管部门负责。

73.【D】未按要求报送测绘资质年度报告，计入单位的轻微失信信息。

74.【D】扩展数据主要有：地名与地址数据、地籍数据、城市三维模型数据、数字栅格地图数据、其他数据，其中城市三维模型数据主要包括三维建筑模型数据。三维建筑模型数据可由空间几何数据、影像纹理数据和相关属性数据。

75.【D】数据认定时，申请认定的单位应提供数据生产单位相应的测绘资质证明文件、数据生产设计书、数据经注册测绘师签订认可的证明文件。

76.【A】行业标准由国务院有关行政主管部门编制计划，组织草拟，统一审批、编号、发布，并报国务院标准化行政主管部门备案。行业标准在相应的国家标准实施后，自行废止。

77.【C】永久性测量标志的重建工作，由收取测量标志迁建费用的部门组织实施。

78.【A】数据认定内容主要有：生产单位合法性、数学基础符合性、数学内容符合性、生产过程符合性。

79.【B】北回归线标志塔详细坐标为可以公开基础地理信息内容，其他均为不可公开基础地理信息内容。

80.【C】管理评审的输入应包括以下方面的信息：①审核结果；②顾客反馈；③过程的绩效和产品的符合性；④预防措施和纠正措施的状况；⑤以往管理评审的跟踪措施；⑥可能影响质量管理体系的变更；⑦改进的建议。

二、多项选择题

81.【ABC】拟建坐标系统情况的内容主要有：坐标名称、坐标系统建设时间、坐标系统启用时间、坐标系统建设引用标准、坐标系统原点设置、控制网布设及等级、中央子午线、投影种类、投影面高程、系统使用覆盖范围、本区域内现有坐标系和拟建坐标系关系情况。

82.【ABDE】基础测绘规划的规划期应当根据基础测绘工作的实际特点和经济建设、社会发展以及国防建设的实际需要，一般至少为 5 年，保持与国家国民经济和社会发展总体规划相衔接。

83.【ACE】测绘成果具有专业性、系统性、物质表现性、科学性和创造性，具备了作品具有的著作权的基本要素。大地测量、工程测量、房产测绘、地理信息系统工程等都具有著作权特征。

84.【AD】分辨率在 5′×5′至 30′×30′，精度在±5mGal 至±7mGal 的重力异常成果；精度优于±0.2m 的高程异常成果，精度在±3″至±6″的垂线偏差成果。军事禁区(不含作战指挥工程和重要军事设施区域)内卫星导航定位基准站观测数据；军事禁区以外卫星导航定位基准站坐标、基准站网观测数据等均匀秘密级测绘成果。

85.【ABDE】测绘成果汇交的原则主要有：①依法汇交；②定期汇交；③无偿汇交；④不得向第三方提供。

86.【ABD】不予批准的情况：①对外提供的测绘成果资料妨碍国家安全的；②非涉密的测绘成果资料能够满足需要的；③申请材料内容虚假的；④审批机关依法不予批准的其他情形。

87.【BCE】我国测绘成果的产权保护主要体现在：①在成果显著位置标明版权所有者；②在地图版权页载明地图作者；③在使用协议明确产权归属。

88.【CDE】基础地理信息标准数据若以图幅为单元，1∶500～1∶2 000分幅与编号按 GB/T 20257.1—2007 执行；1∶5 000～1∶100 万分幅与编号按 GB/T 13989—2012 执行。

89.【ACDE】进入沼泽地区测绘需要配备必要的绳索、木板和长约 1.5m 的探测棒，以及配备必要通信器材和必要的判定方位的工具，如导航定位仪器、地形图等。

90.【BCE】在高海拔区域一旦发生高原反应、感冒、冻伤等疾病时，应立即采取有效的救助措施，及时撤离高原地区送治。

91.【ABC】内业整理的监测(普查)数据(地表覆盖、重要地理国情要素、地理国情分析各类地理单元等，入库前数据)保管期限为 10 年，其他均为永久性保存资料。

92.【ABCE】不动产测绘专业包括地籍测绘、房产测绘、界线测绘、海域权属测绘和不动产测绘监理 5 个方面的专业内容。

93.【ABD】属于互联网地图服务的，应当在地图页面左下角标注审图号；没有版权页的，应当在适当位置标注审图号。

94.【BCDE】申请单位应当提交下列材料的原件扫描件，并对申请材料实质内容的真实性负责：①法人资格证书。②符合专业标准规定的专业技术人员身份证及依法缴纳社会保险的材料，退休的专业技术人员的退休材料和劳务合同；测绘专业技术人员的学历证书和职称证书，测绘相关专业技术人员的学历证书或职称证书。③符合专业标准规定的技术装备的所有权材料。④符合通用标准规定的材料。⑤申请甲级测绘资质的，应当提供符合专业标准规定的测绘业绩材料。

95.【BCD】批成果质量判定为不合格的情形有：①生产过程中使用未经计量检定或检定不合格的测量仪器的；②详查和概查未能同时合格的；③当详查或概查中发现伪造成果现象或技术路线存在重大偏差的。其中，A 和 E 项为单位成果判定为不合格的情形。

96.【ABC】管线图质量主要检查项为数学精度、地理精度、整饰质量。

97.【BCD】《测绘技术总结编写规定》4.3.4 规定，文档资料：专业技术设计文件、专业技术总结、检查报告，必要的文档簿(图力簿)以及其他作业过程中形成的重要记录。

98.【BC】①数据库概念模型设计：规定数据库的系统构成、空间定位、空间要素类型及其关系、属性要素类型及其关系等。②数据库逻辑设计：应规定要素分类与代码、层(块)、属性项及值域范围以及数据安全性控制技术要求等。③数据库物理设计：应描述数据库类型(如关系型数据库、文件型数据库)，软、硬件平台，数据库及其子库的命名规则、类型、位置及数据量等。

99.【AC】不能计算出更新修测工作量比例时，计算地形图更新修测工日定额所采用的地形图更新修测工日定额比率表的地形类别分为城镇地区和一般地区。

100.【ACDE】基础地理信息数据档案建(归)档检验项目主要有数据成果、相关软件、文档材料、目录数据。

仿真试卷二参考答案及解析

一、单项选择题

1.【B】《注册测绘师制度暂行规定》第三条，国家对从事测绘活动的专业技术人员，实行职业准入制度，纳入全国专业技术人员职业资格证书制度统一规划。

2.【D】测绘专业技术人员，是指测绘工程、地理信息、地图制图、摄影测量、遥感、大地测量、工程测量、地籍测绘、土地管理、矿山测量、导航工程、地理国情监测等专业的技术人员。

3.【D】不得从事二等及以上水准、三角、天文测量；不得从事 B 级及以上卫星定位测量；不得从事专业重力测量；不得承担卫星导航定位基准站建设和坐标参考框架服务。

4.【D】归属不明的岛屿，不得明确归属，应当作水域设色、留白色或者不予表示。

5.【B】《测绘资质管理办法》，测绘资质单位有下列情形之一的，应当依法吊销测绘资质证书：①有本规定第三十一条的情形之一且情节严重的；②以欺骗手段取得测绘资质证书从事测绘活动的；③承担国家投资的测绘项目，且经暂扣测绘资质证书 6 个月仍不汇交测绘成果资料的。

6.【B】必要时，国务院可以采取发布决定的方式设定行政许可。

7.【B】《测绘生产质量管理规定》第九条，测绘单位的质量主管负责人按照职责分工负责质量方针、质量目标的贯彻实施，签发有关的质量文件及作业指导；组织编制测绘项目的技术设计书，并对设计质量负责；处理生产过程中的重大技术问题和质量争议；审核技术总结；审定测绘产品的交付验收。

8.【D】设置永久性测量标志的，应当对永久性测量标志设立明显标记；设置基础性测量标志的，还应当设立由国务院自然资源主管部门统一监制的专门标牌。

9.【A】建立健全技术管理制度，明确技术设计、技术处理和技术总结等要求。其中简单、日常性的测绘项目可以制定《作业指导书》。

10.【B】《不动产登记暂行条例》第十三条，不动产登记簿由不动产登记机构永久保存。不动产登记簿损毁、灭失的，不动产登记机构应当依据原有登记资料予以重建。

11.【C】合同无效的情形有：①一方以欺诈、胁迫的手段订立合同，损害国家利益；②恶意串通，损害国家、集体或者第三人利益；③以合法形式掩盖非法目的；④损害社会公共利益；⑤违反法律、行政法规的强制性规定。

12.【D】公开招标和邀请招标程序上的需要差异表现为是否公开招标。

13.【B】《测绘作业证管理规定》第七条，进入保密单位、军事禁区和法律法规规定的需经特殊审批的区域进行测绘活动时，还应当按照规定持有关部门的批准文件。

14.【D】《地图审核管理规定》第七条，国务院自然资源主管部门负责下列地图的审核：①全国地图；②主要表现地为两个以上省、自治区、直辖市行政区域的地图；③香港特别行政区地图、澳门特别行政区地图以及台湾地区地图；④世界地图以及主要表现地为国外的地图；⑤历史地图。

15.【A】涉及重要数据安全事件处置、溯源的，相关日志留存时间不少于一年。

16.【C】《国家永久性测量标志拆迁审批程序规定》第三条，进行工程建设，不得申请拆迁下列永久性测量标志或者使其失去使用效能：①国家大地原点；②国家水准原点；③国家绝对重力点；④全球定位系统连续运行基准站(GNSS)；⑤基线检测场点；⑥在全国测绘基准体系和测绘系统中具有关键作用的控制点。

17.【B】涉密人员离岗离职实行脱密期管理。核心涉密人员脱密期为 2~3 年，重要涉密人员脱密期为 1~2 年，一般涉密人员脱密期为 6 个月至 1 年。涉密人员在脱密期内，不得违反规定泄密。

18.【A】使用目的或项目完成后，应当在 6 个月内将所领取的涉密基础测绘成果送至保密行政管理部门设立的销毁工作机构或指定的单位销毁。

19.【B】企业产品标准应该在发布后 30 日内向政府备案。

20.【A】《测绘计量检定人员资格认证办法》第三条，测绘计量检定人员须经省级以上测绘行政主管部门考核认证，取得计量检定员证，方可从事测绘计量检定工作。

21.【A】中华人民共和国国界线的测绘，按照中华人民共和国与相邻国家缔结的边界条约或者协定执行，由外交部组织实施。中华人民共和国地图的国界线标准样图，由外交部和国务院自然资源主管部门拟定，报国务院批准后公布。

22.【B】涉及军事、国家安全要害部门的点位名称及坐标；与军事、国家安全相关的国民经济重要设施精度优于(含)±10m 的点位坐标及其名称属性为秘密级测绘成果。

23.【B】《测绘成果质量检查与验收》5.4.1 规定，数学精度值 $1/2\times M_0<M\leqslant 3/4\times M_0$，质量分数 75 分$\leqslant S<90$ 分。

24.【B】测绘项目成本预算方式依据不包含测绘产品价格。

25.【D】合同评审的方式主要有授权审批、会签、会议评审等。

26.【A】数字栅格图接合图保管期限为 10 年。

27.【B】测绘单位必须建立内部质量审核制度。经成果质量过程检查的测绘产品，必须通过质量检查机构的最终检查，评定质量等级，编写最终检查报告。

28.【B】《〈测绘合同〉示范文本》第十二条，对于乙方提供的图纸等资料以及属于乙方的测绘成果，甲方有义务保密，不得向第三人提供或用于本合同以外的项目，否则乙方有权要求甲方按本合同工程款总额的 20%赔偿损失。

29.【C】《〈测绘合同〉示范文本》第十三条，乙方擅自转包本合同标的的，甲方有权解除合同，并可要求乙方偿付预算工程费 30%的违约金。

30.【C】《基础地理信息数据档案管理与保护规范》8.2.8 规定，应定期对磁带机进行清洗，清洗频率可依据使用情况而定。一般地，如果每天都有磁带操作，应每两周至少清洗一次磁带机。

31.【B】《外国的组织或者个人来华测绘管理暂行办法》第十一条，申请一次性测绘的，应当提交下列申请材料一式三份。

32.【C】工程测量专业共设有控制测量、地形测量、规划测量、建筑工程测量、变形形变与精密测量、市政工程测量、水利工程测量、线路与桥隧测量、地下管线测量、矿山测量、工程测量监理 11 个专业子项。

33.【C】《基础地理信息数据档案管理与保护规范》7.2.5 规定，磁带与磁场源(永久磁铁、马达、变压器等)之间的距离不得少于 76mm。

34.【B】《对外提供我国涉密测绘成果审批程序规定》第六条规定，(二)企业法人营业执照或者事业单位法人证书(申请人为政府部门的除外)。

35.【C】《遥感影像公开使用管理规定(试行)》第四条，公开使用的遥感影像空间位置精度不得高于 50m；影像地面分辨率(以下简称分辨率)不得优于 0.5m；不标注涉密信息、不处理建筑物、构筑物等固定设施。

36.【C】地理信息系统专业技术设计书系统设计的主要内容不包含数据库设计。

37.【C】成果质量错漏扣分标准分为 A、B、C、D 4 类。

38.【B】测绘项目的实施目标是对测绘生产过程进行有效控制，其主要内容包括进度控制、资金预算控制和质量控制。

39.【C】影响生产进度完成计划因素主要有资金的保障情况、测区内的作业条件、项目委托方设计要求的变更。

40.【B】注册测绘师只受聘于一个有测绘资质的单位执业。

41.【C】检查验收依据主要有：有关的法律法规、有关国家标准、行业标准、设计书、测绘任务书、合同书和委托验收文件。

42.【D】出入库均应该严格检查登记。

43.【D】确保质量管理体系所需的过程得到建立、实施和保持属于管理者代表的责任。

44.【A】数学精度采用分段直线内插的方法计算质量分数；采用多项数学精度评分时，单项数学精度得分均大于 60 分时，取其算术平均值或加权平均。

45.【D】合同评审的内容主要有法规要求和质量技术要求、人员资源保障和设备保障要求、成果(或产品)交付期限、价款和结算方式、发包单位资信情况等。

46.【C】合同变更的条件：①原测绘合同关系的有效存在；②当事人双方协商一致，不损害国家及社会公共利益；③合同非要素内容发生变更；④须遵循法定的形式。

47.【B】《地图审核管理规定》第十条，有下列情形之一的，可以不提供前款第三项规定的测绘资质证书：①进口不属于出版物的地图和附着地图图形的产品；②直接引用古地图；③使用示意性世界地图、中国地图和地方地图。

48.【B】基础测绘规划的规划期应当根据基础测绘工作的实际特点和经济建设、社会发展以及国防建设的实际需要确定，一般至少为 5 年，保持与国家国民经济和社会发展总体规划相衔接。

49.【C】测绘作业证在全国范围内通用。

50.【B】损害社会公共利益的和以合法形式掩盖非法目的的合同属于无效合同，以胁迫手段强制订立的合同属于可撤销合同。

51.【B】《测绘成果管理条例》第九条，测绘项目出资人或者承担国家投资的测绘项目的单位应当自测绘项目验收完成之日起 3 个月内，向测绘行政主管部门汇交测绘成果副本或者目录。测绘行政主管部门应当在收到汇交的测绘成果副本或者目录后，出具汇交凭证。

52.【A】当事人一方违约后，对方应当采取适当措施防止损失的扩大；没有采取适当措施致使损失扩大的，不得就扩大的损失要求赔偿。

53.【D】《基础测绘条例》第十一条，县级以上人民政府测绘行政主管部门应当根据应对自然灾害等突发事件的需要，制定相应的基础测绘应急保障预案。基础测绘应急保障预案的内容应当包括：应急保障组织体系，应急装备和器材配备，应急响应，基础地理信息数据的应急测制和更新等应急保障措施。

54.【C】《测绘成果质量检查与验收》5. 4. 1 规定，数学精度评分标准 $M_0=\sqrt{m_1^2+m_2^2}$，M_0为允许中误差的绝对值；m_1为规范或相应技术文件要求的成果中误差；m_2为检测中误差。

55.【C】《测绘成果质量检查与验收》5. 2. 1 规定，当批量在 488~686 区间时，样本量为 40。

56.【B】《测绘技术设计规定》5. 3. 2. 5 规定，项目设计中设计方案包括的内容：软件和硬件的配置要求、技术路线及工艺流程、技术规定、上交和归档成果(或产品)及其资料内容和要求、质量保证措施和要求。

57.【D】申请人隐瞒有关情况或提供虚假信息申请提供使用涉密基础测绘成果的，一年内再次申请使用涉密基础测绘成果，审批机关可不予受理。

58.【A】军事禁区内的基准站坐标、基准站网观测数据属于机密级数据。

59.【A】通过试生产试验可以完善作业流程与检查流程，加强过程检查的质量控制，保证各生产过程均处于受控状态，为后续项目的大规模展开提供可靠的生产、技术流程与质量控制的依据。

60.【D】测绘技术总结编写的主要依据不包括成果质量验收报告。

61.【D】各级测绘行政主管部门应当依法对涉密测绘成果使用情况进行跟踪检查；使用单位应当切实加强管理，对申请使用的涉密测绘成果保管、利用、销毁等情况开展经常性检查，不得擅自留存、复制、转让或转借涉密测绘成果；使用目的或项目完成后，使用单位必须在六个月内销毁申请使用的涉密测绘成果，确因工作需要继续使用的，必须按照涉密测绘成果提供使用管理规定办理审批手续。

62.【B】国务院确定的重点国有林区的森林、林木和林地，国务院批准项目用海、用岛，中央国家机关使用的国有土地等不动产登记，由国务院自然资源主管部门会同有关部门规定。

63.【A】合同的权利和义务，除法律规定的以外，主要由合同的条款确定。

64.【D】《测绘成果质量监督抽查管理办法》第七条，测绘行政主管部门组织实施质量监督抽查时，应当制定工作方案，发布通告，开具通知单，审批技术方案。

65.【D】建议人为各级地方人民政府、国务院各部门的，可以不提供建议人基本情况。

66.【C】行船应听从船长指挥。

67.【D】设计评审应确定评审依据、评审目的、评审内容、评审方式以及评审人员等。

68.【B】禁止在距永久性测量标志 50m 范围内采石、爆破、射击、架设高压电线的。

69.【D】测绘市场活动应当遵循等价有偿、平等互利、协商一致、诚实信用的原则。

70.【B】测绘人员在人、车流量大的街道上作业时，必须穿着色彩醒目的带有安全警示反光的马甲，并应设置安全警示标志牌(墩)，必要时还应安排专人担任安全警戒员。

71.【C】《测绘标准体系》分为定义与描述类、获取与处理类、检验与测试类、成果与服务类、管理类。

72.【D】不动产测绘专业子项有地籍测绘、行政区域界线测绘、房产测绘、海域权属测绘、不动产监理等。

73.【D】县界以下境界的定额按省、市、县界定额的 60% 计算。

74.【D】两个以上法人或者其他组织可以组成一个联合体，以一个投标人的身份共同投标。联合体各方均应当具备承担招标项目的相应能力；国家有关规定或者招标文件对投标人资格条件有规定的，联合体各方均应当具备规定的相应资格条件。由同一专业的单位组成的联合体，按照资质等级较低的单位确定资质等级。

75.【B】$0.2\times(0.2\times100+0.4\times75+0.4\times85)+0.2\times95+0.3\times75+0.2\times85+0.1\times90=16.8+19+22.5+17+9=84.3$，质量评定为良。

76.【B】测绘产品验收工作程序：确定样本量，抽取样本，检验，样本质量评定，批质量判定，编制报告。

77.【C】质量管理原则主要有以顾客为焦点、领导作用、全员参与、过程方法、持续改进、征询决策方法、关系管理七项原则。

78.【D】质量管理体系认证的基本原则是独立性、公正性和科学性。

79.【B】组织应编制和保持质量手册，质量手册包括：①质量管理体系的范围，包括任何删减的细节和正当的理由；②为质量管理体系编制的形成文件的程序或对其引用；③质量管理体系过程之间的相互作用的表述。

80.【D】未经批准擅自建立相对独立的平面坐标系统，或者采用不符合国家标准的基础地理信息数据建立地理信息系统的，给予警告，责令改正，可以并处 50 万元以下的罚款。

二、多项选择题

81.【ABC】《测绘技术总结编写规定》4. 3. 4 条，说明上交测绘成果(或产品)和资料的主要内容和形式，主要包括：①测绘成果(或产品)：说明其名称、数量、类型等，当上交成果的数量或范围有变化时需附上交成果分布图。②文档资料：专业技术设计文件、专业技术总结、检查报告，必要的文档簿(图历簿)以及作业过程中形成的重要记录。③其他须上交和归档的资料。

82.【AB】归档的数据成果和相关软件，一般不压缩、不加密。如进行了压缩和加密，应将解压缩软件和密钥、加密和解密软件同时归档。基础地理信息数据应采用国家标准格式或通用格式。非通用格式基础地理信息数据归档时，应同时归档操作软件。

83.【ADE】对归档材料进行检验时，对目录数据的检验内容包括目录数据项完整性检验、数据有效性检验、病毒检验。

84.【ACDE】违反本办法规定，有下列行为之一的，由国务院自然资源主管部门撤销批准文件，责令停止测绘活动，处 3 万元以下罚款。有关部门对中方负有直接责任的主管人员和其他直接责任人员，依法给予行政处分；构成犯罪的，依法追究刑事责任；对形成的测绘成果依法予以收缴。

85.【ABCD】合作测绘不得从事下列活动：①大地测量；②测绘航空摄影；③行政区域界线测绘；④海洋测绘；⑤地形图、世界政区地图、全国政区地图、省级及以下政区地图、全国性教学地图、地方性教学地图和真三维地图的编制；⑥导航电子地图编制；⑦国务院自然资源主管部门规定的其他测绘活动。

86.【ABDE】下列涉及国家安全和利益的事项，泄露后可能损害国家在政治、经济、国防、外交等领域的安全和利益的，应当确定为国家秘密：①国家事务重大决策中的秘密事项；②国防建设和武装力量活动中的秘密事项；③外交和外事活动中的秘密事项以及对外承担保密义务的秘密事项；④国民经济和社会发展中的秘密事项；⑤科学技术中的秘密事项；⑥维护国家安全活动和追查刑事犯罪中的秘密事项；⑦经国家保密行政管理部门确定的其他秘密事项。

87.【ABD】确定基础测绘成果更新周期的因素主要有国民经济和社会发展对基础地理信息的需求、测绘科学技术水平和测绘生产能力、基础地理信息变化情况。

88.【ABC】县级以上人民政府其他有关部门和单位可通过建立计划交换、成果通报、目录汇总等信息交流方式，来提高基础测绘成果的现势性。

89.【BCD】测绘成果产权的财产权包括对测绘成果的所有权、持有权、经营权、转让权、许可使用权、质押权及其收益权。

90.【ADE】《外国的组织或者个人来华测绘管理暂行办法》第三条，来华测绘应当遵循以下原则：①必须遵守中华人民共和国的法律、法规和国家有关规定；②不得涉及中华人民共和国的国家秘密；③不得危害中华人民共和国的国家安全。

91.【ABCD】《测绘技术设计规定》5. 1. 3 规定，设计策划的内容包括：①设计的主要阶段；②设计评审、验证(必要时)和审批活动的安排；③设计过程中职责和权限的规定；④各设计小组之间的接口。

92.【ABDE】测绘合同变更的条件有原测绘合同关系的有效存在、当事人双方协商一致，不损害国家及社会公共利益、合同变更要及时进行书面确认和必要的备案、变更的合同必须遵循国家法律。

93.【ABCD】书面形式是指合同书、信件和数据电文(包括电报、电传、传真、电子数据交换和电子邮件)等可以有形地表现所载内容的形式。

94.【ACE】点位密度不合理和上交资料缺项属于 B 类错漏。

95.【ACD】我国测绘成果的产权保护主要体现在成果的显著位置标明版权所有者、地图版权页载明地图作者、使用协议上明确产权归属。

96.【ACDE】表现地为我国境内的地图不得表示下列内容的属性：①军事禁区、军事管理区及其内部的建筑物、构筑物和道路；②监狱、看守所、拘留所、强制隔离戒毒所和强制医疗所(名称除外)；③国家战略物资储备库、中央储备库(名称除外)；④重要桥梁的限高、限宽、净空、载重量和坡度，重要隧道的高度和宽度，公路的路面铺设材料；⑤江河的通航能力、水深、流速、底质和岸质，水库的库容，拦水坝的构筑材料和高度，沼泽的水深和泥深；⑥电力、电讯、通信等重要设施以及给排水、供热、防洪、人防等重要管廊或者管线；⑦国家禁止公开的其他信息。

97.【BDE】设置相应的甲、乙级测绘监理专业子项的 5 个市场化程度较高的专业是摄影测量与遥感、地理信息系统工程、工程测量、不动产测绘、海洋测绘等。

98.【AD】《测绘地理信息业务档案管理规定》第十四条，测绘地理信息项目组织部门下达测绘地理信息项目计划时，应当以书面形式告知相应的档案保管机构，并在项目合同书、设计书等文件中，明确提出测绘地理信息业务档案的归档范围、份数、时间、质量等要求。

99.【ABDE】根据“测绘地理信息业务档案保管期限表”，其中纸质地形图保存年限为永久，海岸地形测量观测数据保存年限为 10 年，电子地图数据体，测量标志点之记、展点图、委托保管书保存年限为永久，竣工验收资料年限为永久保存。

100.【BCD】《测绘成果质量检查与验收》表 49，管线测量成果的质量元素主要有管线图质量、控制测量精度、资料质量。

仿真试卷三参考答案及解析

一、单项选择题

1.【B】测绘资质证书有效期五年。测绘资质证书包括纸质证书和电子证书，纸质证书和电子证书具有同等法律效力。

2.【A】《注册测绘师执业管理办法(试行)》第八条规定，取得资格证书超过 1 年以上不满 3 年提出申请初始注册者，须提供不少于 30 学时继续教育必修内容培训的证明。取得资格证书 3 年以上提出申请初始注册者，须提供相当于一个注册有效期要求的继续教育证明。

3.【B】测绘成果核心涉密人员应当持有省级以上自然资源主管部门颁发的涉密人员岗位培训证书。

4.【D】地理位置定位，属于互联网地图服务专业乙级测绘资质的营业范围。

5.【D】《中华人民共和国测绘法》第六十一条，违反本法规定，擅自发布中华人民共和国领域和中华人民共和国管辖的其他海域的重要地理信息数据的，给予警告，责令改正，可以并处五十万元以下的罚款；对直接负责的主管人员和其他直接责任人员，依法给予处分；构成犯罪的，依法追究刑事责任。

6.【C】招标人可以自行决定是否编制标底。一个招标项目只能有一个标底。标底必须保密。接受委托编制标底的中介机构不得参加受托编制标底项目的投标，也不得为该项目的投标人编制投标文件或者提供咨询。招标人设有最高投标限价的，应当在招标文件中明确最高投标限价或者最高投标限价的计算方法。招标人不得规定最低投标限价。

7.【A】军队测绘部门负责管理军事部门的测绘工作，并按照国务院、中央军事委员会规定的职责分工负责管理海洋基础测绘工作。

8.【A】质量目标是期望项目最终能够达到的质量等级。质量等级分为合格、良好和优秀。

9.【B】测绘单位对现有任务状况进行分析是贯标工作的体系总体设计和资源配备阶段。

10.【A】根据《公开地图内容表示规范》第十七条，利用涉及国家秘密的测绘成果编制地图的，应当依法使用经有关主管部门认定的保密处理技术进行处理。

11.【A】根据《测绘地理信息质量管理办法》第十八条，测绘地理信息项目实施所使用的仪器设备应按照国家有关规定进行检定、校准。用于基础测绘项目和规模化测绘地理信息生产的新技术、新工艺、新软件等，须得到项目组织方同意或通过由项目组织方组织的检验、测试或鉴定。

12.【A】《测绘资质分类分级标准》专业标准部分。甲级测绘资质单位须具备 10 台，乙级测绘资质单位须具备 2 台。

13.【B】注册单位与注册测绘师人事关系所在单位或聘用单位可以不一致。

14.【B】测绘地理信息项目组织部门下达测绘地理信息项目计划时，应当以书面形式告知相应的档案保管机构，并在项目合同书、设计书等文件中，明确提出测绘地理信息业务档案的归档范围、份数、时间、质量等要求。

15.【B】建档单位应当在测绘地理信息项目验收完成起 2 个月内，向项目组织部门所属的档案保管机构移交测绘地理信息业务档案，办理规定手续。

16.【D】测绘成果质量检查与验收评定方式主要有单位成果质量评定、样本质量评定以及批成果质量判定。

17.【B】《测绘技术设计规定》5.1.2 规定，设计策划应根据需要决定是否应进行设计验证。当设计方案采用新技术、新方法和新工艺时，应对设计输出进行验证。

18.【C】根据《外国的组织或者个人来华测绘管理暂行办法》第七条，合资、合作测绘不得从事下列活动：①大地测量；②测绘航空摄影；③行政区域界线测绘；④海洋测绘；⑤地形图、世界政务地图、全国政区地图、省级及以下政区地图、全国性教学地图、地方性教学地图和真三维地图的编制；⑥导航电子地图编制；⑦国务院自然资源主管部门规定的其他测绘活动。

19.【C】导航电子地图制作甲级测绘资质的审批和管理，由自然资源部负责。前款规定以外的测绘资质的审批和管理，由省、自治区、直辖市人民政府自然资源主管部门负责。

20.【D】考核的内容主要有：地图制图或者计算机类专业技术人员，地图安全审校人员，专用软件。

21.【B】测绘工作项目执行的图幅标准面为 1：2 000 的正方形分幅，一个标准图幅实地面积为 $1km^2$，测区共分幅 50 幅，按照《测绘成果质量检查与验收》6.1 规定，批量 41～60 时，样本量为 7。

22.【C】1：500、1：1 000、1：2 000、1：5 000、1：10 000 基础地理信息数据(不含测量控制点数据)，由数据表现地的省级测绘行政主管部门授权的机构认定。

23.【D】地图审核批准书应当载明送审单位、地图名称、规格、用途、审图号等相关信息。

24.【A】自然资源主管部门应当自受理地图审核申请之日起 20 个工作日内作出审核决定。时事宣传地图、发行频率高于一个月的图书和报刊等插附地图的，应当自受理地图审核申请之日起 7 个工作日内作出审核决定。应急保障等特殊情况需要使用地图的，应当即送即审。涉及专业内容且没有明确审核依据的地图，向有关部门征求意见时，征求意见时间不计算在地图审核的期限内。

25.【D】合同的内容不对合同评审方式进行规定。

26.【B】合同签订后，如乙方擅自中途停止或解除合同，乙方应向甲方双倍返还定金。

27.【C】根据《〈测绘合同〉示范文本》第十二条，合同签订后，乙方未进入现场工作前，由于甲方工程停止而终止合同的，甲方无权请求返还定金。双方没有约定定金的，偿付乙方预算工程费的 30%。

28.【C】《保守国家秘密法》第二十三条规定，存储、处理国家秘密的计算机信息系统(以下简称“涉密信息系统”)按照涉密程度实行分级保护。涉密信息系统应当按照国家保密标准配备保密设施、设备。保密设施、设备应当与涉密信息系统同步规划，同步建设，同步运行。涉密信息系统应当按照规定，经检查合格后，方可投入使用。

29.【A】机关、单位对外交往与合作中需要提供国家秘密事项，或者任用、聘用的境外人员因工作需要知悉国家秘密的，应当报国务院有关主管部门或者省、自治区、直辖市人民政府有关主管部门批准，并与对方签订保密协议。

30.【D】绝密测绘成果指：国家大地坐标系、地心坐标系以及独立坐标系之间的相互转换参数；分辨率高于5′×5′，精度优于±1mGal的全国性高精度重力异常成果；1∶1万、1∶5万全国高精度数字高程模型；地形图保密处理技术参数及算法。

31.【C】国家或地方重大测绘地理信息项目业务档案验收应当由相应的自然资源主管部门组织实施，并出具验收意见。

32.【C】档案保管机构应当对保管期满的测绘地理信息业务档案提出鉴定意见，并报同级自然资源主管部门批准。对不再具有保存价值的档案应当登记、造册，经批准后按规定销毁。禁止擅自销毁测绘地理信息业务档案。

33.【D】因机构变动等原因，测绘地理信息业务档案保管关系发生变更的，原单位应当妥善保管测绘地理信息业务档案并向指定机构移交。

34.【D】自然资源主管部门审查同意的，应当以书面形式告知测绘成果的秘密等级、保密要求以及相关著作权保护要求。

35.【D】国家实行基础测绘成果定期更新制度。基础测绘成果更新周期应当根据不同地区国民经济和社会发展的需要、测绘科学技术水平和测绘生产能力、基础地理信息变化情况等因素确定。其中，1∶100万至1∶5 000国家基本比例尺地图、影像图和数字化产品至少5年更新一次；自然灾害多发地区以及国民经济、国防建设和社会发展急需的基础测绘成果应当及时更新。基础测绘成果更新周期确定的具体办法，由国务院自然资源主管部门会同军队测绘部门和国务院其他有关部门制定。

36.【D】《注册测绘师执业管理办法(试行)》第七条规定，申请注册测绘师注册应提交初始(延续、变更)注册申请表及与注册单位签订的聘用(劳动)合同或相关证明。提供上述材料的同时，申请初始注册，须同时提交资格证书及身份证明；申请延续注册或逾期初始注册，须同时提交注册测绘师继续教育证书；申请变更注册，须同时提交与原注册单位解除聘用(劳动)或合作关系的证明材料。超过70周岁申请初始注册、延续注册及变更注册，均须提供身体健康证明。

37.【A】测绘单位取得测绘资质后，变更专业技术人员或者技术装备的，应当在30日内通过全国测绘资质管理信息系统申请更新有关信息。

38.【C】有下列情形之一的，房屋权利申请人、房屋权利人或者其他利害关系人应当委托房产测绘单位进行房产测绘：①申请产权初始登记的房屋；②自然状况发生变化的房屋；③房屋权利人或者其他利害关系人要求测绘的房屋。房产管理中需要的房产测绘，由房地产行政主管部门委托房产测绘单位进行。

39.【A】中华人民共和国国界线的测绘，按照中华人民共和国与相邻国家缔结的边界条约或者协定执行，由外交部组织实施。中华人民共和国地图的国界线标准样图，由外交部和国务院自然资源主管部门拟定，报国务院批准后公布。

40.【B】行政区域界线协议书中明确规定作为指示行政区域界线走向的其他标志物，应当维持原貌。因自然原因或者其他原因使标志物发生变化的，有关县级以上人民政府民政部门应当组织修测，确定新的标志物，并报该行政区域界线的批准机关备案。

41.【D】钓鱼岛等岛屿是中国最先发现、命名和利用的，中外地图标绘钓鱼岛属于中国，明朝时钓鱼岛就已经纳入中国海防管辖范围是从历史、国际共识等角度的证据，均不属于地质范畴；而钓鱼岛地处我国东海大陆架是属于地质范畴的证据。

42.【B】省、自治区、直辖市人民政府自然资源主管部门负责审核主要表现地在本行政区域范围内的地图。其中，主要表现地在设区的市行政区域范围内不涉及国界线的地图，由设区的市级人民政府自然资源主管部门负责审核。

43.【A】有审核权的自然资源主管部门应当健全完善地图内容审查工作机构，配备地图内容审查专业人员。地图内容审查专业人员应当经省级以上自然资源主管部门培训并考核合格，方能从事地图内容审查工作。

44.【C】管线数据应包括输电线、通信线、油(气、水)输送主管道和城市管线的位置及属性。其中，1∶2 000以小比例尺可以不含城市管线数据，1∶100 000以小比例尺可以不含输电线数据。

45.【C】《测绘技术总结编写规定》3.1条，测绘技术总结是与测绘成果(或产品)有直接关系的技术性文件，是长期保存的重要技术档案。

46.【B】程序文件是提供如何一致完成活动和过程的信息文件，规定了进行某项活动或过程的途径。程序文件须具有操作性，是策划和管理质量活动的基本文件，是质量手册的支持性文件。

47.【C】数据档案在销毁之前应进行鉴定。经鉴定需销毁的数据档案，应按有关规定履行销毁手续。销毁数据档案时，应对包括异地储存在内的两份数据档案同时销毁。无论是逻辑销毁还是物理销毁，数据档案销毁时应有数据档案管理单位派员监销，防止泄密。

48.【C】《招标投标法》没有禁止以低于测绘产品收费标准报价。

49.【A】测绘技术设计是将顾客或社会对测绘成果的要求(即明示的、通常隐含的或者必须履行的需求或者期望)转换成测绘成果(或者产品)、测绘生产过程或者生产体系规定的特性或者规范的一组过程。

50.【B】技术设计应遵照以下原则：①技术设计应依据技术输入内容，充分考虑顾客的要求，引用适用的国家、行业或地方的相关标准，重视社会效益和经济效益。②技术设计方案应先考虑整体而后局部，且顾及发展；要根据作业区实际情况，考虑作业单位的资源条件(如人员的技术能力和软、硬件配置情况等)，挖掘潜力，选择最适用的方案。③积极采用适用的新技术、新方法和新工艺；④认真分析和充分利用已有的测绘成果(或产品)和资料。

51.【D】质量计划是负责针对特定的项目、产品、过程或合同所规定的质量管理、资源提供、作业控制和工作顺序等内容的质量管理体系文件。

52.【C】最高管理者应确保组织内的职责、权限得到规定和沟通。

53.【B】测绘单位选择咨询机构帮助建立质量管理体系时，不用考虑的要素是咨询机构的收费标准和收费情况能否被接受。

54.【B】《测绘成果质量监督抽查管理办法》第九条规定，监督抽查的主要内容是：①项目技术文件的完整性和符合性；②项目中使用的仪器、设备等的检定情况及其精度指标与项目设计文件的符合性；③引用起始成果、资料的合法性、正确性和可靠性；④相应测绘成果各项质量指标的符合性；⑤成果资料的完整性和规范性；⑥法律、法规及有关标准规定的其他内容。

55.【A】监督检验工作完成后，检验单位应当在规定时间内将监督检验报告、检验结论及有关资料报送组织实施监督抽查的自然资源主管部门。

56.【B】测绘成果质量监督抽查工作必须遵循合法、公正、公平、公开的原则。

57.【A】粗制滥造、伪造成果、以假充真的，由技术监督行政部门给予经济处罚；自然资源主管部门可以吊销其“测绘资质证书”；给用户造成损失的，测绘单位还必须承担赔偿责任；构成犯罪的，依法追究其直接责任人的刑事责任。

58.【D】测绘单位的法定代表人确定本单位的质量方针和质量目标，签发质量手册；建立本单位的质量体系并保证其有效运行；对提供的测绘产品承担产品质量责任。

59.【A】测绘单位必须制定完整可行的工序管理流程表，加强工序管理的各项基础工作，有效控制影响产品质量的各种因素。

60.【D】《测绘生产成本费用定额计算细则》成本费用构成比：直接费用 82%，间接费用 6%，期间费用 12%；成本费用中没有涉及折旧费用或修购基金，修购基金应按《测绘事业单位财务制度》的规定另行计提。

61.【B】注册测绘师继续教育必修内容通过培训的形式进行，由自然资源部推荐的机构承担。必修内容培训每次 30 学时，注册测绘师须在一个注册有效期内参加 2 次不同内容培训。

62.【A】经省、自治区、直辖市人民政府批准，外国的组织或者个人来华开展科技、文化、体育等活动时，需要进行一次性测绘活动的，应当向国务院自然资源主管部门和省、自治区、直辖市人民政府自然资源主管部门分别提交申请材料。

63.【C】海图编制只有具有海洋测绘业务范围的甲级测绘资质可以从事。

64.【B】从事提供或销售分辨率高于 10m 的卫星遥感影像活动的机构，应当建立客户登记制度，包括客户名称与性质、提供的影像覆盖范围和分辨率、用途、联系方式等内容。每半年一次向所在地省级以上自然资源主管部门报送备案。

65.【D】测绘项目进行招标时，须组织评标委员会，评标委员会由招标单位与当地自然资源主管部门和工商行政管理部门组成。重大测绘项目的评标委员会由省级以上自然资源主管部门和工商行政管理部门及有关专家组成。

66.【A】生产人员占 74%，分院(中队、室)部人员占生产单位的人员的比例 10%，院部人员占 16%。

67.【D】有下列情形之一的，当事人可以解除合同：①因不可抗力致使不能实现合同目的；②在履行期限届满之前，当事人一方明确表示或者以自己的行为表明不履行主要债务；③当事人一方迟延履行主要债务，经催告后在合理期限内仍未履行；④当事人一方迟延履行债务或者有其他违约行为致使不能实现合同目的；⑤法律规定的其他情形。

68.【A】应在相应的测绘项目困难类别Ⅱ类所列定额的基础上提高 1~3 倍的情况的有常年冰雪覆盖区、无人区、荒漠区。

69.【B】基础地理信息数据应采用国家标准格式或通用格式。非通用格式基础地理信息数据归档时，应同时归档操作软件。

70.【C】临时性测量标志是指测绘单位在测量过程中临时设立和使用的，不需要长期保存的标志和标记。如测站点的木桩、活动觇标、测旗、测杆、航空摄影的地面标志、描绘在地面或者建筑物上的标记等，都属于临时性测量标志。

71.【C】注册申请人以不正当手段取得注册的，在 3 年内不得再次申请注册。

72.【C】标准复审周期一般不超过 5 年，测绘国家和行业标准化指导技术文件发布后 3 年内必须复审，以决定是否继续有效、转化为标准或者撤销。

73.【A】建立健全测绘成果和资料档案管理制度，明确测绘成果接收、整理、保管、使用、销毁以及建立台账等管理要求；建立健全测绘成果和资料档案信息化管理的安全保护制度。有专门的测绘成果和资料档案库房，具备防盗、防火、防潮、防光、防尘、防磁、防有害生物和污染等安全措施；配有与业务相适应的测绘成果和资料档案专用柜架、专用数据存储设备。

74.【D】“逻辑一致性”质量子元素检查内容有概念一致性，拓扑一致性以及格式一致性。

75.【A】最终向社会公开的地图与审核通过的地图内容及表现形式不一致，或者互联网地图服务审图号有效期届满未重新送审的，自然资源主管部门应当责令改正、给予警告，可以处 3 万元以下的罚款。

76.【B】民用机场在公开地图上可以表示。

77.【A】①数学基础得分：100。②平面精度得分：$M_0=0.5\text{m}$，$M=0.375$，$0.375=3/4\times0.5$，即 $M=3/4\times M_0$，$1/2\times M<M\leqslant3/4\times M_0$，$S=75$。③高程精度得分：$M_0=0.33\text{m}$，$M=0.247$，$0.247=3/4\times0.33$，即 $M=3/4\times M_0$，$1/2\times M_0<M\leqslant3/4\times M_0$，$S=75$。④数学精度得分：$0.2\times100+0.4\times75+0.4\times75=80$。

78.【D】组织应编制和保持质量手册，质量手册包括：①质量管理体系的范围，包括任何删减的细节和正当的理由；②为质量管理体系编制的形成文件的程序或对其引用；③质量管理体系过程之间的相互作用的表述。

79.【C】强调中国完整领土，要表示南海诸岛、钓鱼岛及其附属岛屿等重要岛屿；强化全民国家海洋意识，加强我国对南海的管理；图上表示的内容不得影响中国领土的完整表达，不得压盖重要岛屿等涉及国家主权的重要内容，有利于巩固国防保护国家安全。

80.【B】

卫星遥感影像质量元素及权重表

质量元素	权	检　查　项
数据质量	0.2	数据格式的正确性，影像获取时的“侧倾角”等主要技术指标

续表

质量元素	权	检　查　项
影像质量	0.7	1. 影像反差　2. 影像清晰度　3. 影像色调
附件质量	0.10	影像参数文件内容的完整性

二、多项选择题

81.【BC】在测绘活动中形成的技术设计和测绘成果质量文件，必须由注册测绘师签字并加盖执业印章后方可生效。

82.【ABDE】《关于切实做好国家基础测绘项目成果档案归档工作的通知》要求，基础测绘项目成果档案以测区、摄区、子课题、项目(课题)为单元进行归档。

83.【ABDE】《基础地理信息数据档案管理与保护规范》附录 A，相关软件检查项目主要包括载体外观及标识检验、特定软件完整性检验、软件运行有效性检验、说明材料完整性检验。

84.【ABCE】测绘作业证主要由封皮、《测绘法》相关条款、内芯、用证规定等组成，按编号顺序组合。

85.【ABE】《测绘资质分类分级标准》专业标准部分，从事海洋测绘专业的乙级测绘资质单位不得承担深度基准测量、海图编制，不得从事连片区域 $100km^2$ 以上的海岸地形测量、水深测量、水文观测、海洋工程测量和扫海测量。

86.【ACD】测绘资质单位的名称、注册地址、法定代表人发生变更的，应当在有关部门核准完成变更后 30 日内，向测绘资质审批机关提出变更申请，并提交下列材料的原件扫描件：①变更申请文件；②有关部门核准变更证明；③测绘资质证书正、副本。

87.【ADE】针对从事非商业性测绘活动的外国组织或者个人来华测绘的，需要提交的资料主要有：外国组织或者个人来华测绘申请表、项目立项批准文件、按照法律法规规定应当提交的有关专业部门的批准文件、外国组织或个人的身份证明和有关资信证明；测绘活动的范围、路线、测绘成果形式；测绘活动的仪器、软件、设备；我国现有测绘成果不能满足项目需要的情况说明。

88.【BCD】下列不动产权利，依照本条例的规定办理登记：①集体土地所有权；②房屋等建筑物、构筑物所有权；③森林、林木所有权；④耕地、林地、草地等土地承包经营权；⑤建设用地使用权；⑥宅基地使用权；⑦海域使用权；⑧地役权；⑨抵押权；⑩法律规定需要登记的其他不动产权利。

89.【ABDE】测绘成果具有专业性、系统性、物质表现性、科学性和创造性，具备了作品具有著作权的基本要素。大地测量、工程测量、房产测绘、地理信息系统工程等具有著作权特征。

90.【ACDE】本规定所称测绘地理信息业务档案是指在从事测绘地理信息业务活动中形成的具有保存价值的文字、数据、图件、电子文件、声像等不同形式和载体的历史记录。测绘地理信息业务档案主要包括：①航空、航天遥感影像获取档案；②基础测绘项目档案；③地理国情监测(普查)档案；④应急测绘保障服务档案；⑤测绘成果与地理信息应用档案；⑥测绘科学技术研究项目档案；⑦工程测量档案；⑧海洋测绘与江河湖水下测量档案；⑨界线测绘与不动产测绘档案；⑩公开地图制作档案。

91.【BC】《测绘技术设计规定》5.2.2 规定，设计输入应由技术设计负责人确定并形成书面文件，并由设计策划负责人或单位总工程师对其适宜性和充分性进行审核。

92.【ADE】《测绘成果质量检查与验收》表 14，成果取舍、重测不合理，漏绘点之记属于 B 类错漏。

93.【BC】《地图审核程序规定》第二十七条规定，地理信息与地图司应当定期统计并上网公布审核批准的地图名称、审图号等基本信息。

94.【BCDE】GIS 功能设计有数据采集加工、元数据管理、地名管理、地名管理、数据共享等。

95.【CDE】重要地理信息数据的特征是：权威性、准确性、法定性。

96.【ABCD】合同评审的内容有工程量、成果交付期限、价款和结算方式、发包单位资信情况。

97.【BDE】GNSS 测量成果的质量元素“数据质量”包括的检查项有数学精度、观测质量和计算质量。

98.【ABE】生产经营承包制的生产成本有直接承包费用、折旧费、交通差旅费。

99.【ACDE】合同免责条款无效的情形具体如下：①显失公平的无效；②以各种方式、手段订立的免责条款，损害国家、集体或第三人间利益的无效；③格式合同免责条款未向当事人提醒注意和详细说明的无效；④造成对方人身伤害的条款无效。法律依据：《民法典》第五百零六条，合同中的下列免责条款无效：(一)造成对方人身损害的；(二)因故意或者重大过失造成对方财产损失的。

100.【ACDE】测绘成果的人身精神权利，包括对测绘成果的发布权、署名权、修改权和保护数据完整权。

仿真试卷四参考答案及解析

一、单项选择题

1.【B】我国的测绘专业共分为大地测量、测绘航空摄影、摄影测量与遥感、地理信息系统工程、工程测量、界线和不动产测绘、海洋测绘、地图编制、导航电子地图制作和互联网地图服务10类。

2.【B】甲级无限额限制，乙级单个建筑物面积不超过10万平方米。

3.【C】必要时，进行实地核查或专家评议。

4.【A】根据《注册测绘师制度暂行规定》第十条，注册测绘师资格考试合格，颁发人事部统一印制，人事部、国家测绘局共同用印的“中华人民共和国注册测绘师资格证书”，该证书在全国范围有效。

5.【A】注册测绘师从事执业活动，由其所在单位接受委托并统一收费。因测绘成果质量问题造成的经济损失，接受委托的单位应承担赔偿责任。接受委托的单位依法向承担测绘业务的注册测绘师追偿。

6.【B】根据《外国的组织或者个人来华测绘管理暂行办法》第四条，国务院自然资源主管部门会同军队测绘部门负责来华测绘的审批。县级以上各级人民政府自然资源主管部门依照法律、行政法规和规章的规定，对来华测绘履行监督管理职责。

7.【C】根据《外国的组织或者个人来华测绘管理暂行办法》，初审：国务院自然资源主管部门在收到申请材料后依法作出是否受理的决定。决定受理的，应当及时通知省、自治区、直辖市人民政府自然资源主管部门进行初审。省、自治区、直辖市人民政府自然资源主管部门应当在接到初审通知后20个工作日内提出初审意见，并报国务院自然资源主管部门。审查：国务院自然资源主管部门接到初审意见后5个工作日内送军队测绘部门会同审查，并在接到会同审查意见后8个工作日内作出审查决定。

8.【D】成本费用构成比例：直接费用占82%，间接费用占6%，期间费用占12%。

9.【B】测绘生产年作业期：外业180天，内业220天。

10.【D】成本费用中没有包含折旧费用或修购基金。修购基金应按《测绘事业单位财务制度》的规定另行计提。

11.【A】实行测绘资质巡查制度。每年巡查比例不少于本行政区域内各等级测绘资质单位总数的5%。各级自然资源主管部门组织开展测绘资质巡查工作，应当事先向被巡查单位发出书面通

知，告知巡查时间、巡查内容和具体要求。巡查结束后，应当向被巡查单位书面反馈意见。

12.【C】长迁系数：1 000～2 000km，系数为3%；2 000～3 000km，系数为6%，3 000km以上，系数为8%。

13.【A】测绘单位合并的，可以承继合并前的测绘资质等级和专业类别。测绘单位转制或者分立的，应当向相应的审批机关重新申请测绘资质。测绘单位可以监理同一专业类别的同等级或者低等级测绘单位实施的该专业类别的测绘项目。

14.【A】DJ2级以上经纬仪、DS3级以上水准仪、GNSS接收机、精度优于$10mm+3\times10^{-6}D$的测距仪、全站仪、微伽级重力仪，以及尺类等仪器设备的检定周期为1年。

15.【B】《建立相对独立的平面坐标系统管理办法》第十五条，经批准建立的相对独立的平面坐标系统，涉及本办法第二条所定义的系统参数被改变的，依照本办法的规定重新办理审批手续。

16.【D】《中华人民共和国测绘法》第十八条，国务院发展和改革部门会同国务院测绘地理信息主管部门，根据全国基础测绘规划编制全国基础测绘年度计划。

17.【C】申请甲级房产测绘资格的，由省级自然资源主管部门报国务院自然资源主管部门审批发证。由发证部门给予取消或降级。

18.【A】按基础地理信息更新周期，对基本比例尺地图及其数据库进行更新维护属于省级基础测绘年度计划的主要内容。

19.【B】标准层次和效力由高到低应是国标、行标、行标推荐、行标指导。

20.【B】测绘行业标准和行业标准化指导性技术文件的编号由行业标准代号、标准发布的顺序号及标准发布的年号构成。

21.【D】比例尺大于1∶400万的地图，黄岩岛注记应当括注民主礁。

22.【D】《测绘计量管理暂行办法》第五条，取得计量标准证书后，属社会公用计量标准的，由组织建立该项标准的政府计量行政主管部门审批核发社会公用计量标准证书，方可使用，并向同级自然资源主管部门备案；属部门最高等级计量标准的，由主管部门批准使用，并向国务院自然资源主管部门备案。测绘计量标准在合格证书期满前六个月，应按规定向原发证机关申请复查。

23.【B】县级以上政府标准化行政主管部门，可以根据需要设置检验机构，或者授权其他单位的检验机构，对产品是否符合标准进行检验。法律、行政法规对检验机构另有规定的，依照法律、行政法规的规定执行。处理有关产品是否符合标准的争议，以前款规定的检验机构的检验数据为准。

24.【C】测绘产品质量监督检查计划，由省级以上人民政府自然资源主管部门编制，报同级人民政府技术监督行政部门审批。测绘产品质量监督检验收费按国家有关规定执行。

25.【A】粗制滥造，伪造成果，以假充真的，由技术监督行政部门依法给予经济处罚；测绘主管部门可以吊销其“测绘资格证书”；给用户造成损失的，测绘单位还必须承担赔偿责任；构成犯罪的，依法追究直接责任人员的刑事责任。

26.【D】测绘单位的法定代表人确定本单位的质量方针和质量目标，签发质量手册；建立本单位

的质量体系并保证其有效运行；对提供的测绘产品承担产品质量责任。

27.【B】测绘单位应当在关键工序、重点工序设置必要的检验点，实施工序产品质量的现场检查。现场检验点的设置，可以根据测绘任务的性质、作业人员水平、降低质量成本等因素，由测绘单位自行确定。

28.【A】监督检验工作完成后，检验单位应当在规定时间内将监督检验报告、检验结论及有关资料报送组织实施监督抽查的自然资源主管部门。

29.【B】外国的组织或者个人依法与中华人民共和国有关部门或者单位合资、合作，经批准在中华人民共和国领域内从事测绘活动的，测绘成果归中方部门或者单位所有，并由中方部门或者单位向国务院自然资源主管部门汇交测绘成果副本。外国的组织或者个人依法在中华人民共和国管辖的其他海域从事测绘活动的，由其按照国务院自然资源主管部门的规定汇交测绘成果副本或者目录。

30.【B】涉密网络应配备系统管理员、安全保密管理员和安全审计员；软件开发不得在保密要害部门部位内进行；涉密测绘成果对外提供应配置专人专机。专机需安装安全审计软件，进行实时审计；应配置红黑电源。

31.【B】测绘项目出资人或者承担国家投资的测绘项目的单位应当自测绘项目验收完成之日起 3 个月内，向自然资源主管部门汇交测绘成果副本或者目录。自然资源主管部门应当在收到汇交的测绘成果副本或者目录后，出具汇交凭证。汇交测绘成果资料的范围由国务院自然资源主管部门商国务院有关部门制定并公布。

32.【B】未归档入库的涉密测绘成果一律不得提供使用。

33.【C】涉密人员取得保密有关培训证书(在有效期内)或近三年内接受保密培训情况说明。

34.【A】卫星导航定位基准站在公开地图上不得表示。

35.【C】测绘项目出资人或者承担国家投资的测绘项目的单位应当自测绘项目验收完成之日起 3 个月内，向自然资源主管部门汇交测绘成果副本或者目录。自然资源主管部门应当在收到汇交的测绘成果副本或者目录后，出具汇交凭证。汇交测绘成果资料的范围由国务院自然资源主管部门商国务院有关部门制定并公布。

36.【A】国家保密工作部门、国务院自然资源主管部门应当商军队测绘部门，依照有关保密法律、行政法规的规定，确定测绘成果的秘密范围和秘密等级。利用涉及国家秘密的测绘成果开发生产的产品，未经国务院自然资源主管部门或者省、自治区、直辖市人民政府自然资源主管部门进行保密技术处理的，其秘密等级不得低于所用测绘成果的秘密等级。

37.【A】申请人应当如实提交有关材料，反映真实情况，并对申请材料的真实性负责。

38.【C】国务院自然资源主管部门审图号为 GS(××××年)××××号，如：GS(2004)001 号。省级自然资源主管部门审图号为省(自治区、直辖市)，简称 S(××××年)××××号，如：京 S(2004)006 号。

39.【A】国务院自然资源主管部门会同国务院其他有关部门、军队测绘部门组织编制全国基础测绘规划，报国务院批准后组织实施。县级以上地方人民政府自然资源主管部门会同本级人民政府其他有关部门，根据国家和上一级人民政府的基础测绘规划及本行政区域的实际情况，

组织编制本行政区域的基础测绘规划，报本级人民政府批准后组织实施。

40.【C】测绘项目资金预算控制通常由项目委托方负责。

41.【A】不动产登记费按件收取，不得按照不动产的面积、体积或者价款的比例收取。具体收费标准由国务院有关部门会同价格主管部门规定。

42.【C】作业场所应按《中华人民共和国消防法》的规定配备灭火器具，小于 $40m^2$ 的重点防火区域如资料档案、设备库房等，也应配置灭火器具。应定期进行消防设施和安全装置的有效期和能否正常使用检查，保证安全有效。

43.【B】自然资源主管部门应当自受理地图审核申请之日起 20 个工作日内作出审核决定。

44.【C】《中华人民共和国保守国家秘密法实施办法》第十九条规定，确定密级的机关、单位被撤销或者合并，有关变更密级和解密的工作由承担其原职能的机关、单位负责；无相应的承担机关、单位的，由有关的上级机关或者保密工作部门指定的机关负责。

45.【B】《基础地理信息标准数据基本规定》7.3 规定，大地原点，一、二等平面控制点数据，水准原点，一、二等水准点数据，天文点数据，重力点数据，AA 级、A 级和 B 级卫星定位控制点数据，1：25 000、1：50 000、1：100 000、1：250 000、1：500 000和1：1 000 000基础地理信息数据(不含测量控制点数据)，重要地理信息数据和国务院测绘行政主管部门依法组织施测的其他基础地理信息数据，由国务院测绘行政主管部门授权的机构认定，或依法律法规规定的程序审核批准。

46.【A】《基础地理信息标准数据基本规定》6.5 规定，质量检查由生产单位完成，验收由项目主管部门组织或委托有关单位实施。

47.【A】比例尺大于 1：1 亿，且图幅范围包括钓鱼岛及其附属岛屿的地图，应当表示钓鱼岛及其附属岛屿。

48.【B】互联网地图服务审图号有效期为两年。审图号到期，应当重新送审。审核通过的互联网地图服务，申请人应当每 6 个月将新增标注内容及核查校对情况向作出审核批准的自然资源主管部门备案。

49.【A】经审核批准的地图，申请人应当在地图或者附着地图图形的产品的适当位置显著标注审图号，并向作出审核批准的自然资源主管部门免费送交样本一式两份。属于出版物的，应当在版权页标注审图号；没有版权页的，应当在适当位置标注审图号。属于互联网地图服务的，应当在地图页面左下角标注审图号。

50.【B】拆迁基础性测量标志或者使基础性测量标志失去使用效能的，由国务院自然资源主管部门或者省、自治区、直辖市人民政府管理测绘工作的部门批准。

51.【B】测量标志受国家保护，禁止在距永久性测量标志 50m 范围内采石、爆破、射击、架设高压电线。

52.【D】《测绘生产困难类别细则》说明七部分规定，困难类别图的最小图块为1：100 000地形图分幅网格。

53.【B】《测绘生产困难类别细则》部分规定，工业厂房及有规律房屋占图面 50%以上，或无规律房屋占 40%以上，街道复杂的地区其困难类别定为Ⅲ类。

54.【B】经过考核认定和注册测绘师资格考试取得“中华人民共和国注册测绘师资格证书”，并依法进行注册的人员。注册测绘师可以计入中级专业技术人员数量。

55.【A】《地图审核管理规定》第二十一条规定，地图涉及专业内容且没有明确审核依据的，由有审核权的自然资源主管部门征求有关部门的意见。

56.【C】《〈测绘合同〉示范文本》第八条规定，对乙方所提供的测绘成果的质量有争议的，由测区所在地的省级测绘产品质量监督检验站裁决。其费用由败诉方承担。

57.【A】技术设计文件是测绘生产的主要技术依据，也是影响测绘成果(或产品)能否满足顾客要求和技术标准的关键因素。

58.【D】技术设计应遵照以下基本原则：①技术设计应依据技术输入内容，充分考虑顾客的要求，引用适用的国家、行业或地方的相关标准，重视社会效益和经济效益；②技术设计方案应先考虑整体而后局部，且顾及发展，要根据作业区实际情况，考虑作业单位的资源条件(如人员的技术能力和软、硬件配置情况等)，挖掘潜力，选择最适用的方案；③积极采用适用的新技术、新方法和新工艺；④认真分析和充分利用已有的测绘成果(或产品)和资料；⑤对于外业测量，必要时应进行实地勘察，并编写踏勘报告。

59.【D】泄露后会对国家测绘地理信息核心技术水平、知识产权保护造成损害的属于秘密级国家秘密，其他项属于机密级国家秘密。

60.【B】《测绘成果质量监督抽查管理办法》第二十三条，质量监督抽查不合格的测绘单位，组织实施质量监督抽查的测绘行政主管部门应当向其下达整改通知书，责令其自整改通知书下发之日起三个月内进行整改，并按原技术方案组织复查。

61.【C】当隐蔽管线点开挖平面位置埋深超限达 10%（按全测区计算）时，成果质量为 A 类错漏。

62.【B】遇有暴风骤雨、冰雹、浓雾等恶劣天气时应停止行驶。

63.【B】测绘单位的质量主管负责人按照职责分工负责质量方针、质量目标的贯彻实施，签发有关的质量文件及作业指导书；组织编制测绘项目的技术设计书，并对设计质量负责；处理生产过程中的重大技术问题和质量争议；审核技术总结；审定测绘产品的交付验收。

64.【D】《测绘成果质量监督抽查与数据认定规定》7.4.1 规定，认定方案由认定机构编写，应包括以下基本内容：①适用的数据范围；②认定依据；③采用的认定方法，若有必要，应规定关键参数的认定要求、采用“关键参数测试”方法时测试的样本数量；④其他规定。

65.【B】《测绘作业人员安全规范》5.2.3.2 条规定，搭设帐篷时应了解地形情况，选择干燥避风处，避开滑坡、觇标、枯树、大树、独立岩石、河边、干涸湖、输电设备及线路等危险地带，防止雷击、崩陷、山洪、高辐射等伤害。

66.【A】《测绘技术总结编写规定》附录 A 规定，技术总结正、副封面的名称用二号黑体，封面的其他文字均用四号仿宋。目次页的“目次”用三号黑体，目次内容用小四号宋体。

67.【B】

$$S_1=100-\left(a_1\times\frac{12}{t}+a_2\times\frac{4}{t}+a_3\times\frac{1}{t}\right)$$

式中：S_1 为质量子元素得分；a_1，a_2，a_3 为质量子元素中相应的 B 类错漏、C 类错漏、D 类错漏个数；t 为扣分值调整系数。

68.【B】县级以上人民政府自然资源主管部门应当加强测绘单位信用体系建设，及时将随机抽查结果纳入测绘单位信用记录，依法将测绘单位信用信息予以公示。测绘单位在测绘行业信用惩戒期内不得申请晋升测绘资质等级和增加专业类别。

69.【B】在摄影测量与遥感、地理信息系统工程、工程测量、不动产测绘、海洋测绘等 5 个市场化程度较高的专业范围下设置相应的甲、乙级测绘监理专业子项。

70.【D】《测绘成果质量检查与验收》5.4.1 条规定，$0\leqslant M\leqslant 1/3\times M_0$，$S=100$ 分，M 为成果中误差的绝对值，M_0 为允许中误差绝对值。

71.【D】“影像/栅格质量”质量子元素检查内容有分辨率是否符合要求、影像特性与要求的符合程度和格网参数的正确性。

72.【A】军事禁区大于或等于 1∶1 万的国家基本比例尺地形图(模拟产品)及其全要素数字化成果为机密级测绘成果。

73.【B】适用时包括：①为过程的评审和批准所规定的准则；②设备的认可和人员资格的鉴定；③特定的方法和程序的使用；④记录的要求；⑤再确认。

74.【B】基础地理信息数据档案形成单位应指定专人负责归档材料的积累和整理工作，归档材料的完整性和准确性由单位项目负责人总负责。数据档案管理单位负责数据档案的收集、接收、保管和维护等工作，并对归档材料从形成到归档的全过程进行监督检查和指导。

75.【A】归档的介质应有标识，可视标签大小依次选标档号、条形码、密级、题名、运行环境等，但至少应标注档号、条形码和密级。

76.【A】《〈测绘合同〉示范文本》第十二条规定，合同签订后，乙方未进入现场工作前，由于甲方工程停止而终止合同的，甲方无权请求返还定金。双方没有约定定金的，偿付乙方预算工程费的 30%。

77.【B】《〈测绘合同〉示范文本》第十三条规定，合同签订后，如乙方擅自中途停止或解除合同，乙方应向甲方双倍返还定金。

78.【D】数据分析应提供有关以下方面的信息：①顾客满意；②与产品要求的符合性；③过程和产品的特性及趋势，包括采取预防措施的机会；④供方。

79.【A】组织应采取措施，以消除不合格的原因，防止不合格的再发生。纠正措施应与所遇到不合格的影响程度相适应。应编制形成文件的程序，以规定以下方面的要求：①评审不合格(包括顾客抱怨)；②确定不合格的原因；③评价确保不合格不再发生的措施的需求；④确定和实施所需的措施；⑤记录所采取措施的结果；⑥评审所采取的纠正措施的有效性。

80.【D】“监视和测量设备的控制”措施有：①对照能溯源到国际或国家标准的测量标准，按照规定的时间间隔或在使用前进行校准和(或)检定(验证)，当不存在上述标准时，应记录校准或检定(验证)的依据；②必要时进行调整或再调整；③具有标识，以确定其校准状态；④防止可能使测量结果失效的调整；⑤在搬运、维护和贮存期间防止损坏或失效。

二、多项选择题

81.【ABD】为了确保技术设计文件满足规定要求的适宜性、充分性和有效性，测绘技术的设计活动应按照策划、设计输入、设计输出、审评、验证(必要时)、审批的程序进行。

82.【CD】属于效力待定合同的有：①限制民事行为能力人订立的合同；②无权代理的行为人代订合同的效力待定；③法人或者其他组织的法定代表人、负责人越权订立合同的效力待定；④无处分权人处分他人财产的合同效力。

83.【ACDE】确定中标人应该由招标人来确定或者在招标人授权于评标委员会时，评标委员会才能确定中标人。

84.【BDE】本细则所列项目的困难类别是依据测绘工作内容、技术工艺条件和测区自然环境条件划分成三类的，使用中可根据需要内插或外推。

85.【BCD】标准复审周期一般不超过五年。属于下列情况之一的应当及时进行复审：①不适应科学技术的发展和经济建设需要的；②相关技术发生了重大变化的；③标准实施中出现重大技术问题或有重要反对意见的。

86.【BCD】测绘单位应当在关键工序、重点工序设置必要的检验点，实施工序产品质量的现场检查。现场检验点的设置，可以根据测绘任务的性质、作业人员水平、降低质量成本等因素，由测绘单位自行确定。

87.【BCD】机关、单位应当加强对涉密信息系统的管理，任何组织和个人不得有下列行为：①将涉密计算机、涉密存储设备接入互联网及其他公共信息网络；②在未采取防护措施的情况下，在涉密信息系统与互联网及其他公共信息网络之间进行信息交换；③使用非涉密计算机、非涉密存储设备存储、处理国家秘密信息；④擅自卸载、修改涉密信息系统的安全技术程序、管理程序；⑤将未经安全技术处理的退出使用的涉密计算机、涉密存储设备赠送、出售、丢弃或者改作其他用途。

88.【ABCE】单位和个人具有下列情形之一的，由省级自然资源主管部门依法给予警告，责令改正，可以并处50万元以下罚款；构成犯罪的，依法追究刑事责任；尚不够刑事处罚的，对负有直接责任的主管人员和其他直接责任人员，依法给予行政处分：①擅自发布已经国务院批准并授权国务院有关部门公布的重要地理信息数据的；②擅自发布未经国务院批准的重要地理信息数据的。

89.【ABDE】由县级以上人民政府房地产行政主管部门给予警告并责令限期改正，并可处以1万元以上3万元以下的罚款；情节严重的，由发证机关予以降级或者取消其房产测绘资格。

90.【ABC】测绘单位名称、注册地址、法定代表人发生变更的，应当向审批机关提交有关部门的核准材料，申请换发新的测绘资质证书。

91.【BCD】地面分辨率不得优于0.5m，表现地为我国境内的地图平面精度应当不优于10m(不含)，高程精度应当不优于15m(不含)，等高线的等高距应当不小于20m(不含)。

92.【ABC】测绘单位的测绘资质证书、测绘专业技术人员的执业证书和测绘人员的测绘作业证件的式样，由国务院自然资源主管部门统一规定。

93.【ABCE】基础地理信息数据库的组成部分支撑环境主要由服务器设备、存储备份设备、外围设备、网络环境构成。

94.【ABE】设计评审的主要内容和要求：①评审依据，设计输入的内容；②评审目的；③依据评审的具体内容确定评审的方式；④参加评审人员。

95.【BCD】测绘任务实施前，应组织有关人员的技术培训，学习技术设计书及有关的技术标准、操作规程。

96.【ABD】省、自治区、直辖市测绘管理部门安全生产委员会的职责是：①贯彻落实国家、部门及地方政府有关安全生产、劳动保护方面的法规、制度和规程。结合生产实际研究制定安全生产制度，并检查执行情况。②制定安全生产管理工作的规划以及年度计划并组织落实。③组织建立安全生产责任制，并监督落实。④组织开展安全生产的定期或不定期检查，协调处理跨单位的事故隐患。对存在事故隐患的单位，发出《事故隐患整改意见书》，令其限期整改。⑤总结和推广安全生产的先进经验，表彰、奖励安全生产先进单位及个人，批评忽视安全生产的行为，以及惩处由此而造成事故的单位和责任者。⑥组织开展安全生产的教育和宣传活动，增强广大职工安全意识。⑦督促所属单位按规定配发职工劳动防护用品、用具。⑧督促所属单位按整改计划落实并用好安全生产措施经费。⑨协调劳动、卫生、防疫等有关部门对所属单位劳动条件、劳动环境进行检测和评价。⑩组织对伤亡事故的调查和处理，负责伤亡事故的统计、分析和报告。⑪建立安全生产管理档案。

97.【ABE】《测绘技术总结编写规定》3.4条，测绘技术总结编写的主要依据包括：①测绘任务书或合同的有关要求，顾客书面要求或口头要求的记录，市场的需求或期望；②测绘技术设计文件、相关的法律、法规、技术标准和规范；③测绘成果(或产品)的质量检查报告；④适用时，以往测绘技术设计、测绘技术总结提供的信息以及现有生产过程和产品的质量记录和有关数据；⑤其他有关文件和资料。

98.【ACD】文档材料的检验内容包括：文档外观及标识、文档内容完整性、文档内容有效性、文档内容一致性、文档整理立卷。

99.【ACDE】在质量管理体系中应用过程方法时，强调以下方面的重要性：①理解和满足要求；②需要从增值的角度考虑过程；③获得过程绩效和有效性的结果；④在客观测量的基础上，持续改进过程。

100.【BCD】应编制形成文件的程序，以规定以下方面的要求：①确定潜在不合格及其原因；②评价防止不合格发生的措施的需求；③确定并实施所需的措施；④记录所采取措施的结果；⑤评审所采取的预防措施的有效性。

仿真试卷五参考答案及解析

一、单项选择题

1.【B】永久性测量标志的建设单位应当对永久性测量标志设立明显标记，并委托当地有关单位指派专人负责保管。

2.【B】该单位在一年内再次申请测绘资质的，审批机关不予受理。

3.【A】测绘单位依法取得测绘资质后，出现不符合其测绘资质等级或者专业类别条件的，由县级以上人民政府自然资源主管部门责令限期改正。

4.【C】乙级规划许可证载单栋建筑面积10万平方米以下。

5.【C】测绘单位的质量管理机构及质量检查人员负责编制本单位年度质量计划。

6.【A】招标文件要求中标人提交履约保证金的，中标人应当按照招标文件的要求提交。履约保证金不得超过中标合同金额的10%。

7.【A】测绘项目间接费用占项目成本费用总数比例为6%。

8.【C】投标人应当按照招标文件的要求编制投标文件。投标文件应当对招标文件提出的实质性要求和条件作出响应。

9.【A】测绘单位在从事测绘活动中，因泄露国家秘密被国家安全机关查处的，测绘资质审批机关应当注销其测绘资质证书。

10.【D】涉密网络应配备系统管理员、安全保密管理员和安全审计员。

11.【C】省、自治区、直辖市人民政府自然资源主管部门应当在接到初审通知后20个工作日内提出初审意见，并报国务院自然资源主管部门；国务院自然资源主管部门接到初审意见后5个工作日内送军队测绘部门会同审查，并在接到会同审查意见后8个工作日内作出审查决定。

12.【B】建立地理信息系统，应当采用符合国家标准的基础地理信息数据。

13.【A】在测绘活动中形成的技术设计和测绘成果质量文件，必须由注册测绘师签字并加盖执业印章后方可生效。

14.【B】根据《测量标志保护条例》第二十三条规定，干扰或者阻挠测量标志建设单位依法使用土地或者在建筑物上建设永久性测量标志的，可以根据情节处以5万元以下的罚款。

15.【A】地理信息生产、保管、利用单位应当对属于国家秘密的地理信息的获取、持有、提供、利用情况进行登记并长期保存，实行可追溯管理。

16.【D】军队单位编制的地图的管理以及海图的管理，按照国务院、中央军事委员会的规定执行。

17.【B】城市确需建立相对独立的平面坐标系统的，由申请单位向该城市的自然资源主管部门提交申请材料，经自然资源主管部门审核并报该市人民政府同意后，逐级报省级自然资源主管部门；直辖市确需建立相对独立的平面坐标系统的，由申请单位向该市的自然资源主管部门提交申请材料，经自然资源主管部门审核并报该市人民政府同意后，报国家自然资源主管部门；其他需要建立相对独立的平面坐标系统的，由建设单位向拟建相对独立的平面坐标系统所涉及的省级自然资源主管部门提交申请材料。

18.【D】设置永久性测量标志的部门应当按照国家有关的测量标志维修规程，对永久性测量标志定期组织维修，保证测量标志正常使用。

19.【D】因建设、城市规划和科学研究的需要，国家重大工程项目和国务院确定的大城市确需建立相对独立的平面坐标系统的，由国务院自然资源主管部门批准；其他确需建立相对独立的平面坐标系统的，由省、自治区、直辖市人民政府自然资源主管部门批准。

20.【A】检查维护国家一、二等永久性测量标志是国务院自然资源主管部门的管理职责。

21.【B】我国国家标准由国务院标准化行政主管部门编制计划和组织草拟，并统一审批、编号、发布。

22.【B】应当自收到协助审核材料之日起7个工作日内，完成审核工作。

23.【D】《测绘成果质量监督抽查管理办法》第十七条规定，受检单位对监督检验结论有异议的，可以自收到检验结论之日起十五个工作日内向组织实施质量监督抽查的测绘行政主管部门提出书面异议报告，并抄送检验单位。逾期未提出异议的，视为认可检验结论。

24.【C】基础测绘项目的质量，由组织实施该项目的自然资源主管部门监督管理；非基础测绘项目的质量，由项目实施地的自然资源主管部门监督管理。

25.【A】检查、验收人员与被检查单位在质量问题的处理上有分歧时，属检查中的，由测绘单位的总工程师裁定，属最终成果验收的，由测绘单位上级质量管理机构裁定。

26.【A】测绘成果汇交是指向法定的测绘公共服务和公共管理机构提交测绘成果副本或者目录。

27.【A】国务院批准公布的重要地理信息数据，由国务院或者国务院授权的部门公布。

28.【C】测绘地理信息业务档案保管期限分为永久和定期。具有重要查考利用保存价值的，应当永久保存；具有一般查考利用保存价值的，应当定期保存，期限为10年或30年，具体划分办法按照"测绘地理信息业务档案保管期限表"要求执行。

29.【D】申请人属于测绘资质单位，有以下情形的，还应按照有关程序纳入测绘地理信息行业不良信用记录：

(1)隐瞒有关情况或提供虚假信息申请提供使用涉密基础测绘成果；

(2)拒不接受和配合涉密基础测绘成果使用事件中事后监管的；

(3)未按规定保管和使用涉密基础测绘成果，存在重大失泄密隐患或发生失泄密的

30.【A】重要地理信息数据以公告形式公布，并在全国范围内发行的报纸或者互联网上刊登。

31.【B】企业对有国家标准或者行业标准的产品，可以向国务院标准化行政主管部门或者国务院标准化行政主管部门授权的部门申请产品质量认证。认证合格的，由认证部门授予认证证书，准许在产品或者其包装上使用规定的认证标志。

32.【B】用益物权包括土地承包经营权、建设用地使用权、宅基地使用权和地役权。

33.【A】《测绘法》第二十二条规定，县级以上人民政府测绘地理信息主管部门应当会同本级人民政府不动产登记主管部门，加强对不动产测绘的管理。

34.【C】外国的组织或者个人在中华人民共和国领域和中华人民共和国管辖的其他海域从事测绘活动，应当经国务院自然资源主管部门会同军队测绘部门批准，并遵守中华人民共和国有关法律、行政法规的规定。

35.【D】生产作业中的工序产品必须达到规定的质量要求，经作业人员自查、互检，如实填写质量记录，达到合格标准后，方可转入下工序。

36.【D】测绘单位以欺骗、贿赂等不正当手段取得测绘资质证书的，该单位在三年内再次申请测绘资质，审批机关不予受理。

37.【B】有以下情况之一的，对建立相对独立的平面坐标系统的申请不予批准：①申请材料内容虚假的；②国家坐标系统能够满足需要的；③已依法建有相关的相对独立的平面坐标系统的；④测绘行政主管部门依法认定的应当不予批准的其他情形。

38.【C】涉密测绘成果应先归档后依法提供使用。

39.【D】测绘单位办理遗失测绘作业证件的补证的，有关部门应当自收到补证申请之日起 30 日内完成补证工作。

40.【C】自然资源主管部门作出准予使用基础测绘成果决定的，应当自决定之日起 10 个工作日内向申请人送达批准文件，并同时抄送申请人所在地的县级以上自然资源主管部门。

41.【A】县级以上人民政府出版行政主管部门应当加强对地图出版活动的监督管理，依法对地图出版违法行为进行查处。

42.【A】由国务院自然资源主管部门撤销批准文件，责令停止测绘活动，处 3 万元以下罚款。

43.【A】时事宣传地图、发行频率高于一个月的图书和报刊等插附地图的，应当自受理地图审核申请之日起 7 个工作日内作出审核决定。

44.【A】由县级以上人民政府房地产行政主管部门给予警告并责令限期改正，并可处以一万元以上三万元以下的罚款；情节严重的，由发证机关予以降级或取消其房产测绘资格。

45.【B】根据《遥感影像公开使用管理规定(试行)》第四条，公开使用的遥感影像空间位置精度不得高于 50m；影像地面分辨率(以下简称分辨率)不得优于 0.5m；不标注涉密信息、不处理建筑物、构筑物等固定设施。

46.【C】在允许中误差 2 倍以内(含 2 倍)的误差值均应参与数学精度统计，超过允许误差 2 倍的中误差视为粗差。同精度检测时，在允许中误差的 $2\sqrt{2}$ 倍以内(含 $2\sqrt{2}$ 倍)的误差值均应参与数学精度统计，超过允许中误差 $2\sqrt{2}$ 倍的中误差视为粗差。

47.【D】最终检查批成果合格后，按以下原则评定批成果质量等级：①优良品率达到 90%以上，其中优级品率达到 50%以上为优级；②优良品率达到 80%以上，其中优良品率达到 30%以上为良级；③未达到①②标准的为合格。

48.【A】影像/栅格质量的质量子元素有：①分辨率，各种分辨率是否符合要求；②格网参数，格网参数的正确性；③影像特性，影像特性与要求的符合程度。

49.【B】根据《测绘成果质量检查与验收》5. 2. 1 条，按批量与样本量对照表：批量 161~180，样本量为 14。

50.【C】1：100 万至 1：5 000国家基本比例尺地图、影像图和数字化产品至少 5 年更新一次。

51.【B】《测绘地理信息管理工作国家秘密范围的规定》第二条，绝密级范围：①泄露会全对国家安全、利益和领土主权及海洋权益造成特别严重威胁或者损害的；②泄露后会对国家重要军事设施、国家安全警卫目标造成特别严重威胁或者损害的；③泄露后会对国家整体军事防御能力造成特别严重威胁或者损害的。

52.【C】测绘技术的设计活动应按照策划、设计输入、设计输出、审评、验证(必要时)、审批的程序进行。

53.【D】磁带与磁场源(永久磁铁、马达、变压器等)之间的距离不得小于 76mm。

54.【A】成果验收一般由项目委托单位组织验收，在存在监理方的情况下，验收工作必须由委托方、项目承接方和项目监理方三方共同来完成成果的质量检查及验收工作。

55.【D】市、县级基础测绘年度计划的编制程序由省级发展和改革主管部门会同自然资源主管部门研究确定。

56.【C】根据《基础测绘成果应急提供办法》(国测法字〔2007〕13 号)，被调用方接到调用方加盖本机关印章的书面通知(传真)后，应在 8 小时内(特殊情况不超过 24 小时)准备好相关基础测绘成果，并及时通知调用方领取。无正当理由，被调用方不得以任何借口拒绝或者延迟提供。

57.【B】在涉密岗位工作的人员(以下简称涉密人员)，按照涉密程度分为核心涉密人员、重要涉密人员和一般涉密人员，实行分类管理。

58.【C】数字线划地图(DLG)成图，若需要房檐改正的，定额增加 20%。

59.【B】《测绘成果质量检查与验收》4. 3. 6 条规定，同精度检测时，其中误差的计算公式是：

$$M = \pm\sqrt{\frac{\sum_{i=1}^{n}\Delta_i^2}{2n}}$$

60.【D】进入沼泽地区作业时，应配备必要的绳索、木板和长约 1. 5m 的探测棒。

61.【A】管理评审的输出应包括以下相关的决定：①持续改进的机会；②对质量管理体系变更的需求；③组织应保持形成文件的信息，以提供管理评审的结果及采取措施的证据。

62.【D】质量管理体系文件必要组成部分的有形成文件的质量方针和质量目标、质量手册、组织确定的为确保其过程有效策划、运行和控制所需的文件，包括记录。

63.【A】《基础地理信息城市数据库建设规范》5 规定，数据库数据由基本数据和扩展数据组成。其中，地貌数据属于基本数据。

64.【B】《公开版地图质量评定标准》3. 1 规定，重要专题内容的分区、分类、分级等出现重大科学性的差错属于严重差错。

65.【C】“概述”部分主要是说明项目来源、内容和目标、作业区范围和行政隶属、任务量、完成期限、项目承担单位和成果(或产品)接收单位等。

66.【B】测绘技术设计的目的是制定切实可行的技术方案，保证测绘成果(或产品)符合技术标准和满足顾客要求，并获得最佳的社会效益和经济效益。因此，每个测绘项目作业前应进行技术设计。

67.【D】世界地图、历史地图、时事宣传地图没有明确审核依据的，由国务院测绘地理信息行政主管部门商外交部进行审核。

68.【D】每项工作计划完成的具体时间，表示项目实施进度安排。

69.【A】甲方应尽义务主要包括：①向乙方提交该测绘项目相关的资料；②完成对乙方提交的技术设计书的审定工作；③保证乙方的测绘队伍顺利进入现场工作，并对乙方进场人员的工作、生活提供必要的条件，保证工程款按时到位；④允许乙方内部使用执行本合同所生产的测绘成果等。

70.【C】国界线测绘成果包括边界线地图、未定国界的勘测资料等属于国家绝密级资料，直接涉及国家安全和利益。

71.【C】测绘单位确定贯标工作一般选择咨询机构帮助建立质量管理体系。

72.【B】测绘单位必须接受测绘主管部门和技术监督行政部门的质量监督管理，拒绝接受监督检查的，其产品质量按批不合格处理。

73.【A】根据《〈测绘合同〉示范文本》，测绘合同不需要载明承揽人身份证号码。

74.【B】基础地理信息数据可根据实际情况确定异地存储的距离，建议异地存储的距离应大于100km。

75.【B】测绘项目进度安排需要做的工作有划分作业区的困难类别、根据设计方案统计计算各工序的工作量、根据统计的工作量和计划投入的生产实力，参照生产定额，列出年度计划。

76.【B】《测绘成果质量监督抽查与数据认定规定》7.3.1规定，认定方法有：①资料审核；②专家评审；③关键参数测试；④现场核查。

77.【D】《测绘成果质量监督抽查与数据认定规定》9.2规定，检验单位和数据认定单位归档的资料保存期应不少于5年，并便于查询、检索。

78.【A】《测绘技术总结编写规定》3.3条，项目总结由承担项目的法人单位负责编写或组织编写。

79.【A】《高程控制测量成果质量检验技术规程》5.1.1规定，以水准测量方式进行高程控制测量成果检验时，应以测段为单位。

80.【C】《测绘成果质量检查与验收》6.1.3规定，根据需要对样本外成果进行概查时，一般只记录A类、B类错漏和普遍性问题。当单位成果未检出A类错漏且B类错漏个数少于4个时，判概查合格；否则判概查为不合格。

二、多项选择题

81.【ACDE】互联网地图服务专业的主要业务主要包括：①地理位置定位；②地理信息上传标注；③地图数据库开发；④无线互联网调用地图等。

82.【ABCD】合作企业申请测绘资质应当提供下列材料：①《测绘资质管理规定》中要求提供的申

请材料；②中方控股的证明文件；③企业法人营业执照；④国务院自然资源主管部门规定应当提供的其他材料。

83.【ACE】计量基准器具的使用必须具备下列条件：①经国家鉴定合格；②具有正常工作所需要的环境条件；③具有称职的保存、维护、使用人员；④具有完善的管理制度。

84.【ABCD】测绘资质管理是指测绘行业资格部门对测绘资质制定具体规定，对从事测绘活动的单位进行测绘资质审查、发放测绘资质证书、依法对测绘活动进行监督、查处无证测绘等行政行为。

85.【BCD】申请人应当提交下列申请材料一式四份：①建立相对独立的平面坐标系统申请书(见附件)；②属工程项目的申请人的有效身份证明(复印件)；③立项批准文件(复印件)；④能够反映建设单位测绘成果及资料档案管理设施和制度的证明文件(复印件)；⑤建立城市相对独立的平面坐标系统的，应当提供该市人民政府同意建立的文件(原件)。申请人应当如实提交有关材料，并对申请材料的真实性负责。

86.【ACE】根据《测绘成果质量监督抽查管理办法》第五条，按年度制定全国质量监督抽查计划，重点组织实施重大测绘项目、重点工程测绘项目以及与人民群众生活密切相关、影响面广的其他测绘项目成果的质量监督抽查。

87.【ABD】审批机关应当将申请测绘资质的方式、依据、条件、程序、期限、材料目录、审批结果等向社会公开。

88.【ACDE】违反本条例规定，通过互联网上传标注了含有按照国家有关规定在地图上不得表示的内容的，责令改正，给予警告，可以处10万元以下的罚款；构成犯罪的，依法追究刑事责任。

89.【ACDE】经过相邻省级人民政府联合勘定并经国务院批复的省级界线长度及行政区域面积才属于重要地理信息数据。

90.【ABC】违反本法规定，有下列行为之一的，给予警告，责令改正，可以并处50万元以下的罚款；对负有直接责任的主管人员和其他直接责任人员，依法给予行政处分：①未经批准，擅自建立相对独立的平面坐标系统的；②建立地理信息系统，采用不符合国家标准的基础地理信息数据的。

91.【ABCD】ISO 9000族标准质量管理体系贯标中审核、评审和体系改进阶段的工作包括培训内部质量管理体系审核员，制订内部审核计划，在质量管理体系运行期间控制覆盖体系的内部审核，开展管理评审。

92.【ABD】严禁危险物品与人员混装运输，对卫星导航定位装置的安装未进行强制规定。

93.【BE】要按照国家相关定密、标密规定，及时、准确地为测绘活动中产生的涉密测绘成果或衍生产品标明密级和保密期限。涉密测绘成果及其衍生产品，未经自然资源部或者省、自治区、直辖市自然资源主管部门进行保密技术处理的，不得公开使用，严禁在公共信息网络上登载发布使用。

94.【ABDE】《测绘技术总结编写规定》4.1.1条，测绘技术总结(包括项目总结和专业技术总结)通常由概述、技术设计执行情况、成果(或产品)质量说明和评价、上交和归档的成果(或产品）及其资料清单四部分组成。

95.【ACE】编写专业技术总结时，测绘“成果（或产品）质量说明与评价”的主要内容有简要说明、评价测绘成果（或产品）的质量情况（包括必要的精度统计）、产品达到的技术质量指标，并说明其质量检查报告的名称和编号。

96.【ADE】国家三、四等三角点（含同等级的大地点）、水准点（含同等级的水准点），国家平面控制网、高程控制网和空间控制网的加密网点等测量标志的审批属于省级自然资源主管部门的职责。

97.【ABDE】测绘单位的质量管理、质量检查机构及质量检查人员，在规定的职权范围内，负责质量管理的日常工作：编制年度质量计划，贯彻技术标准及质量文件；对作业过程进行现场监督和检查，处理质量问题；组织实施内部质量审核工作。

98.【AE】海南省地图，必须包括南海诸岛。南海诸岛既可以包括在正图内，也可以作附图。完整表示海南岛的区域地图，必须附“南海诸岛”附图。以下情况除外：图名明确为海南岛的地图；图名明确为南海北部、西部等涉及南海四至范围的局部地图；不以中国为主要表现地的区域地图。

99.【BCE】可以制定测绘标准化指导性技术文件的情况：①技术尚在发展中，需要有相应的标准文件引导其发展或者具有标准化价值，尚不能制定为标准的；②采用国际标准化组织以及其他国际组织（包括区域性国际组织）技术报告的；③国家基础测绘项目及有关重大专项实施中，没有国家标准和行业标准而又需要统一的技术要求。

100.【ABD】涉密计算机、涉密存储介质不得接入互联网或其他公共信息网络；涉密计算机外接端口封闭管理。

仿真试卷六参考答案及解析

一、单项选择题

1.【A】我国对从事测绘活动的专业技术人员，实行执业资格管理制度。

2.【B】用于申请甲、乙级测绘资质的专业技术人员中，退休的专业技术人员分别不得超过 2 人、1 人。

3.【D】《中华人民共和国测绘法》第五十四条，违反本法规定，卫星导航定位基准站的建设和运行维护不符合国家标准、要求的，给予警告，责令限期改正，没收违法所得和测绘成果，并处三十万元以上五十万元以下的罚款；逾期不改正的，没收相关设备；对直接负责的主管人员和其他直接责任人员，依法给予处分；构成犯罪的，依法追究刑事责任。

4.【B】成本费用构成比例：直接费用 82%，间接费用 6%，期间费用 12%。

5.【D】测绘生产年作业期：外业 180 天，内业 220 天。

6.【C】根据《测绘作业证管理规定》第十五条，测绘人员有下列行为之一的，由所在单位收回其测绘作业证并及时交回发证机关，对情节严重者依法给予行政处分；构成犯罪的，依法追究刑事责任。①将测绘作业证转借他人的；②擅自涂改测绘作业证的；③利用测绘作业证严重违反工作纪律、职业道德或者损害国家、集体或者他人利益的；④利用测绘作业证进行欺诈及其他违法活动的。

7.【D】根据关键词“负责实施”，故是由某部门或者某机构来实施，而不是个人，应选 D 项。项目质量负责人对该测绘项目的产品质量负直接责任；检查、验收人员与被检查单位在质量问题的处理上有分歧时，属检查中的，由测绘单位的总工程师裁定。

8.【D】测绘单位以欺骗、贿赂等不正当手段取得测绘资质证书的，该单位在三年内再次申请测绘资质，审批机关不予受理。

9.【B】中华人民共和国注册测绘师注册证每一注册有效期为 3 年。中华人民共和国注册测绘师注册证和执业印章在有效期限内是注册测绘师的执业凭证，由注册测绘师本人保管、使用。

10.【B】测绘资质单位违法从事测绘活动的，各级自然资源主管部门应当依照《测绘法》及有关法律、法规的规定予以处罚。

11.【B】自然资源部负责受理单位和个人（以下称为建议人）提出的审核公布重要地理信息数据的建议。

12.【C】对已列入测绘收费标准的测绘产品，计费不得低于《测绘收费标准》规定标准的 85%。

13.【D】测绘成果汇交的特征为：法定性、无偿性、完整性、时效性。

14.【A】合作测绘或者一次性测绘的，应当保证中方测绘人员全程参与具体测绘活动。

15.【D】依法成立的合同，对当事人具有法律约束力。当事人应当按照约定履行自己的义务，不得擅自变更或者解除合同。依法成立的合同，受法律保护。

16.【D】当事人订立合同，应当具有相应的民事权利能力和民事行为能力。当事人依法可以委托代理人订立合同。

17.【D】《地图管理条例》第十九条规定，自然资源主管部门应当自受理地图审核申请之日起 20 个工作日内作出审核决定。

18.【B】承诺生效的地点为合同成立的地点。采用数据电文形式订立合同的，收件人的主营业地为合同成立的地点；没有主营业地的，其经常居住地为合同成立的地点。当事人另有约定的，按照其约定。

19.【C】当事人采用合同书形式订立合同的，双方当事人签字或者盖章的地点为合同成立的地点。

20.【D】广东省全图除包括广东省陆地区域，必须包括东沙群岛。

21.【C】联合体各方均应当具备承担招标项目的相应能力，联合体的资质按照登记较低的单位确定，联合体中标的，联合体应当共同与招标人签订合同。

22.【B】《计量法实施细则》第十一条规定，使用实行强制检定的计量标准的单位和个人，应当向主持考核该项计量标准的有关人民政府计量行政部门申请周期检定。使用实行强制检定的工作计量器具的单位和个人，应当向当地县(市)级人民政府计量行政部门指定的计量检定机构申请周期检定。当地不能检定的，向上一级人民政府计量行政部门指定的计量检定机构申请周期检定。

23.【B】测绘项目出资人或者承担国家投资的测绘项目的单位应当自测绘项目验收完成之日起 3 个月内，向自然资源主管部门汇交测绘成果副本或者目录。自然资源主管部门应当在收到汇交的测绘成果副本或者目录后，出具汇交凭证。

24.【D】测绘单位的质量主管负责人按照职责分工负责质量方针、质量目标的贯彻实施，签发有关的质量文件及作业指导书；组织编制测绘项目的技术设计书，并对设计质量负责；处理生产过程中的重大技术问题和质量争议；审核技术总结；审定测绘产品的交付验收。

25.【A】测绘成果保管是指测绘成果保管单位依照国家有关档案法律、行政法规的规定，采取科学的防护措施和手段，对测绘成果进行归档、保存和管理的活动。

26.【A】《中华人民共和国测绘法》第三十七条规定，中华人民共和国领域和中华人民共和国管辖的其他海域的位置、高程、深度、面积、长度等重要地理信息数据，由国务院测绘地理信息主管部门审核，并与国务院其他有关部门、军队测绘部门会商后，报国务院批准，由国务院或者国务院授权的部门公布。

27.【C】经测绘产品质量监督复检仍被判定为“批不合格”的，由省级以上人民政府测绘主管部门商有关技术监督行政部门给予通报批评，督促其限期改正；问题严重的，由省级以上人民政府自然资源主管部门按照《测绘资格审查认证管理规定》降低其测绘资格证书等级，直至吊销测绘资格证书。

28.【C】检验单位应当自收到受检单位书面异议报告之日起 10 个工作日内作出复验结论，并报组织实施质量监督抽查的自然资源主管部门。

29.【D】测绘技术总结是与测绘成果(或产品)有直接关系的技术性文件，是永久保存的重要技术档案。

30.【B】我国基础测绘的分级管理共分为 3 级，分别是国家、省、市县三级管理。

31.【D】国务院自然资源主管部门会同国务院其他有关部门、军队测绘部门，组织编制全国基础测绘规划，报国务院批准后组织实施。县级以上地方人民政府自然资源主管部门会同本级人民政府其他有关部门，根据国家和上一级人民政府的基础测绘规划和本行政区域的实际情况，组织编制本行政区域的基础测绘规划，报本级人民政府批准，并报上一级自然资源主管部门备案后组织实施。

32.【D】《测绘计量管理暂行办法》第五条规定，取得计量标准证书后，属社会公用计量标准的，由组织建立该项标准的政府计量行政主管部门审批核发社会公用计量标准证书，方可使用，并向同级测绘主管部门备案；属部门最高等级计量标准的，由主管部门批准使用，并向国务院测绘主管部门备案。测绘计量标准在合格证书期满前六个月，应按规定向原发证机关申请复查。

33.【D】测绘行业标准和行业标准化指导性技术文件的编号由行业标准代号、标准发布的顺序号及标准发布的年号构成。

①强制性测绘行业标准编号：

CH××××(顺序号)—××××(发布年号)。

②推荐性测绘行业标准编号：

CH/T××××(顺序号)—××××(发布年号)。

③测绘行业标准化指导性技术文件编号：

CH/Z××××(顺序号)—××××(发布年号)。

34.【B】根据《计量法实施细则》第二十九条，为社会提供公证数据的产品质量检验机构，必须经省级以上人民政府计量行政部门认证。

35.【D】国家实行地图审核制度。向社会公开的地图，应当报送有审核权的自然资源主管部门审核。但是，景区图、街区图、地铁线路图等内容简单的地图除外。地图审核不得收取费用。

36.【C】应急保障等特殊情况需要使用地图的，应即送即审。

37.【D】分辨率在 5′×5′至 30′×30′，精度在±5mGal 至±7mGal 的重力异常成果；精度优于±0.2m 的高程异常成果；精度在±3″至±6″的垂线偏差成果，为秘密级测绘成果。

38.【C】J2 级以上经纬仪、S3 级以上水准仪、GNSS 接收机、精度优于 $5mm+5\times10^{-6}D$ 的测距仪、全站仪、微伽级重力仪，以及尺类等仪器设备的检定周期为 1 年，其他精度的仪器设备检定周期一般为 2 年。

39.【D】测绘专业是指大地测量、工程测量、摄影测量、遥感、地图制图、地理信息、地籍测绘、测绘工程、矿山测量、海洋测绘、导航工程、土地管理、地理国情监测等专业。

40.【A】测绘单位应建立测绘生产突发事故应急处理预案，预案应包括组织体系(应急领导机构、应急执行机构、机构内部的隶属关系)，突发事故的应急处理、责任等。

41.【C】行政区域界线毗邻的县级以上地方各级人民政府应当建立行政区域界线联合检查制度，每5年联合检查一次。

42.【B】属于国家秘密测绘成果的保密期限，一律定为长期保存。

43.【D】管理类标准是以测绘和基础地理信息项目管理、成果管理、归档管理为对象制定的标准。管理类标准共分4个小类，标准总数预计约28项，现行标准8项。《测绘技术设计规定》《测绘技术总结编写规定》《测绘作业人员安全规范》《导航电子地图安全处理技术基本要求》等都属于管理类标准。

44.【B】测绘单位的法定代表人确定本单位的质量方针和质量目标，签发质量手册；建立本单位的质量体系并保证其有效运行；对提供的测绘产品承担产品质量责任。

第九条　测绘单位的质量主管负责人按照职责分工负责质量方针、质量目标的贯彻实施，签发有关的质量文件及作业指导书；组织编制测绘项目的技术设计书，并对设计质量负责；处理生产过程中的重大技术问题和质量争议；审核技术总结；审定测绘产品的交付验收。

45.【A】使用财政资金的测绘项目和涉及测绘的其他使用财政资金的项目，有关部门在批准立项前应当征求本级人民政府自然资源主管部门的意见；有适宜测绘成果的，应当充分利用已有的测绘成果，避免重复测绘。

46.【B】《测绘作业人员安全规范》6.1.5条规定，作业场所应按《中华人民共和国消防法》规定配备灭火器具，小于40m²的重点防火区域，如资料、档案、设备库房等，也应配置灭火器具。应定期进行消防设施和安全装置的有效期和能否正常使用检查，保证安全有效。

47.【C】用以存放测绘仪器的库房，其室内的温度不能有剧烈的变化，最好保持在12~16℃。

48.【B】《测绘作业人员安全规范》5.3.11.5条规定，造(维修)标、拆标工作时，应由专人统一指挥，分工明确，密切配合。在行人通过的道路或居民地附近造(维修)标、拆标时，必须将现场圈好，悬挂“危险”标志，禁止无关人员进入现场。作业场地半径不得小于15m。

49.【C】《基础地理信息数据档案管理与保护规范》7.5.5条规定，数据档案进行转存新格式拷贝后，原数据档案应继续保存3年。

50.【A】《基础地理信息数据档案管理与保护规范》8.3.4条规定，磁带的运输环境：对于已使用磁带的温度范围要求为5~32℃，相对湿度范围为20%~80%；对于未被使用磁带的温度范围是-23~49℃，相对湿度范围为20%~80%。同时，运输过程中避免巨大的温度变化。

51.【A】甲方应尽的义务主要有：①向乙方提交该测绘项目相关的资料；②完成对乙方提交的技术设计书的审定工作；③保证乙方的测绘队伍顺利进入现场工作，并对乙方进场人员的工作、生活提供必要的条件，保证工程款按时到位；④允许乙方内部使用执行本合同所生产的测绘成果等。

52.【D】测绘技术设计文件包括：①项目设计书；②专业技术设计书；③相应的技术设计更改文件。

53.【C】与成果(或产品)、生产过程或生产体系要求有关的、设计输出必须满足的要求或依据的基础性资料。注：设计输入通常又称设计依据。

54.【D】项目设计由承担项目的法人代表单位负责；专业技术设计由具体承担相应测绘专业任务的法人单位负责。

55.【B】设计方案的内容主要有：①软件和硬件配置要求；②技术路线及工艺流程；③技术规定；④上交和归档成果(或产品)内容及其资料内容和要求；⑤质量保证措施和要求。

56.【A】测区间搬迁距离在1 000~2 000km时，长迁系数为3%。

57.【D】根据《关于进一步加强涉密测绘成果管理工作的通知》第四条，各测绘资质单位或者测绘项目出资人依法开展测绘活动获取的涉密测绘成果，应当采取必要的措施确保成果安全。需要向其他法人或者组织提供使用的，必须按管理权限报测绘成果所在地的县级以上测绘主管部门批准同意。

58.【A】《测绘计量管理暂行办法》第七条规定，申请面向社会开展测绘计量器具检定、建立社会公用计量标准、承担测绘计量器具产品质量监督试验以及申请作为法定计量检定机构的，应根据申请承担任务的区域，向相应的政府计量行政主管部门申请授权；申请承担测绘计量器具新产品样机试验的，向当地省级政府计量行政主管部门申请授权；申请承担测绘计量器具新产品定型鉴定的，向国务院计量行政主管部门申请授权。计量授权证书复印件，报同级测绘主管部门备案。

59.【D】测绘产品验收过程中，凡委托验收中产生质量问题分歧的，负责裁定质量分歧的是自然资源主管部门质量管理机构。

60.【A】《测绘地理信息业务档案管理规定》第十八条规定，测绘地理信息项目组织部门在完成项目验收后，应当将项目验收意见抄送档案保管机构。建档单位应当在测绘地理信息项目验收完成之日起2个月内，向项目组织部门所属的档案保管机构移交测绘地理信息业务档案，办理归档手续。

61.【B】在测绘项目生产过程中，用以维持测绘单位正常运作的各种费用称为经营成本。

62.【A】《测绘生产质量管理规定》第十四条要求，即按《测绘技术设计规定》5.6.3.2条规定。技术设计文件经审核签字后，一式二至四份报测绘任务的委托单位审批。

63.【C】测绘合同的内容主要有：①测绘范围；②执行技术标准；③甲方的义务；④乙方的义务；等等。

64.【C】违反本法规定，不汇交测绘成果资料的，责令限期汇交；测绘项目出资人逾期不汇交的，处重测所需费用一倍以上二倍以下的罚款；承担国家投资的测绘项目的单位逾期不汇交的，处五万元以上二十万元以下的罚款，并处暂扣测绘资质证书，自暂扣测绘资质证书之日起六个月内仍不汇交的，吊销测绘资质证书；对直接负责的主管人员和其他直接责任人员，依法给予处分。

65.【C】省级地图内容审查工作机构应当自收到地图内容协助审查任务书之日起15日内完成，并出具加盖地图内容审查专用章的地图内容审查意见书。

66.【C】《公开版地图质量评定标准》附录A规定，对于专题底图的统一地图字数的计算，按使用统一底图的图幅字数的90%计算。

67.【C】在 1 : 2 000 比例尺地图上，图上 50cm 距离等于实地 1 000m，故标准图幅代表的实地面积为 1.0km^2。

68.【D】《测绘生产成本费用定额》规定，进行重力测量基本点选埋定额增加 50%。

69.【A】普通地图的编绘原图的质量特性构成内容有数学精度，数据完整性与正确性，地理精度，整饰质量，附件质量。

70.【D】测绘合同发生纠纷时，当事人双方应当按照《民法典》的规定解决。

71.【A】根据“测绘地理信息业务档案保管期限表”，工作与技术总结(项目总结、阶段总结、各工序小结、数据处理报告等)保存期限为永久。

72.【A】$M = \pm\sqrt{\frac{\sum_{i=1}^{n}\Delta_i^2}{n}}$

式中，M 为成果中误差；n 为检测点(边)总数；Δ_i 为较差。

73.【A】按样本量，从批成果中提取样本，并提取单位成果的全部有关资料。下列资料按 100%提取样品原件或复印件：①项目设计书、专业设计书，生产过程中的补充规定；②技术总结，检查报告及检查记录；③仪器检定证书和检验资料复印件；④其他需要的文档资料。

74.【B】房产分幅图质量元素“要素质量”中重要地理名称错漏超过 10%时，属于“A”类漏错。

75.【D】数学精度检测，图类单位成果高程精度检测、平面位置精度检测及相对位置精度检测，检测点(边)应分布均匀、位置明显。检测点(边)数量视地物复杂程度、比例尺等具体情况确定，每幅图一般各选取 20~50 个。

76.【B】重大测绘项目应实施首件产品的质量检验，对技术设计进行验证。首件产品质量检验点的设置，由测绘单位根据实际需要自行确定。

77.【D】对属于国家秘密的地理信息的获取、持有、提供、利用情况进行登记并长期保存，实行可追溯管理。从事涉密测绘业务的人员应当具有中华人民共和国国籍，签订保密责任书，接受保密教育。涉密计算机、涉密存储介质不得接入互联网或其他公共信息网络。

78.【A】经济原则不属于 2000 版 ISO 9000 质量管理体系标准的质量管理原则。

79.【B】《测绘成果质量监督抽查与数据认定规定》7.1 规定，委托或申请认定要求。委托或申请认定单位应向认定机构提交数据认定委托书或申请书，并提供以下成果资料：①测绘资质证书(正本、副本)复印件；②数据生产设计书、技术总结、仪器设备检定或校准资料等技术文档；③经注册测绘师签字并加盖执业印章，或单位技术负责人签字的数据证明文件；④成果数据；⑤数据生产质量检查及验收的全部文档资料。

80.【A】《测绘成果质量监督抽查与数据认定规定》6.7.2 规定，监督抽查工作总结的内容至少应包括：

(1)概述。描述下达监督抽查任务文件名称及文件号、任务性质、任务执行和完成日期；抽查测绘单位、测绘项目的名称和数量、抽查合格率，抽查覆盖率和覆盖面等。

(2)监督抽查实施情况。描述组织实施、工作进展等情况。

(3)抽查结果的综合分析与评价。①总体评价与分析；②基本成绩或进步及其原因分析；③

主要问题及原因分析。

(4)质量保证能力检查结果及其分析。若在实施测绘成果质量检验的同时检查受检单位的质量保证能力，应对质量保证能力的检查结果以及好的经验和存在的问题作相应的总结和分析。

(5)综合整治建议。

二、多项选择题

81.【ABDE】从事涉密测绘业务的人员应当具有中华人民共和国国籍，签订保密责任书，接受保密教育。

82.【CDE】申请一次性测绘的，应当提交下列申请材料一式三份：①申请表；②国务院及其有关部门或者省、自治区、直辖市人民政府的批准文件；③按照法律法规规定应当提交的有关部门的批准文件；④外国的组织或者个人的身份证明和有关资信证明；⑤测绘活动的范围、路线、测绘精度及测绘成果形式的说明；⑥测绘活动时使用的测绘仪器、软件和设备的清单和情况说明；⑦中华人民共和国现有测绘成果不能满足项目需要的说明。

83.【ACD】表现地为我国境内的地图不得表示下列内容(对社会公众开放的除外)：①军队指挥机关、指挥工程、作战工程，军用机场、港口、码头，营区、训练场、试验场，军用洞库、仓库，军用信息基础设施，军用侦察、导航、观测台站，军用测量、导航、助航标志，军用公路、铁路专用线，军用输电线路，军用输油、输水、输气管道，边防、海防管控设施等直接用于军事目的的各种军事设施；②武器弹药、爆炸物品、剧毒物品、麻醉药品、精神药品、危险化学品、铀矿床和放射性物品的集中存放地，核材料战略储备库、核武器生产地点及储备品种和数量，高放射性废物的存放地，核电站；③国家安全等要害部门；④石油、天然气等重要管线；⑤军民合用机场、港口、码头的重要设施；⑥卫星导航定位基准站；⑦国家禁止公开的其他内容；因特殊原因确需表示的，应当按照有关规定执行。

84.【BD】短途搬运仪器时，一般仪器可不装入运输箱内，但一定要专人护送；没有必要时，不要轻易拆开仪器，仪器拆卸次数太多会影响其测量精度；在连接外部所有仪器设备时，应注意相对应的接口、电极是否正确，确认无误后方可开启主机和外围设备。拔插接线时不要抓住线就往外拔，应握住接头顺方向拔插，也不要摇晃插头拔插，以免损坏接头；仪器开箱前，应将仪器箱平放在地上，严禁手提或怀抱着仪器开箱，以免仪器在开箱时落地损坏。

85.【ABCD】对于计量基准器具，需经国家鉴定合格，计量标准器具，经计量鉴定合格。注意是“称职”不是“职称”，故原题不选 E。

86.【ABDE】《测绘计量管理暂行办法》第十四条规定，测绘产品质量监督检验机构，必须向省级以上政府计量行政主管部门申请计量认证。取得计量认证合格证书后，在测绘产品质量监督检验、委托检验、仲裁检验、产品质量评价和成果鉴定中提供作为公证的数据，具有法律效力。计量认证的具体事项，执行国务院计量行政主管部门发布的《产品质量检验机构计量认证管理办法》的规定。

87.【ABCE】国务院自然资源主管部门负责下列地图的审核：①全国地图；②主要表现地为两个以上省、自治区、直辖市行政区域的地图；③香港特别行政区地图、澳门特别行政区地图以及台湾地区地图；④世界地图以及主要表现地为国外的地图；⑤历史地图。

88.【AE】合作测绘不得从事下列活动：①大地测量；②测绘航空摄影；③行政区域界线测绘；④海洋测绘；⑤地形图、世界政务地图、全国政区地图、省级及以下政区地图、全国性教学地图、地方性教学地图和真三维地图的编制；⑥导航电子地图编制；⑦国务院自然资源主管部门规定的其他测绘活动。

89.【ABCD】建立相对独立的平面坐标系统，应当坚持的原则有：①必须是因建设、城市规划和科学研究需要；②确实要建立、必须有明确的目的和理由；③必须按规定程序经省级以上自然资源主管部门批准；④应当与国家坐标系统相联系。

90.【ABDE】用于房屋权属登记等房产管理的房产测绘成果，房地产行政主管部门应当对施测单位的资格、测绘成果的适用性、界址点准确性、面积测算依据与方法等内容进行审核。审核后的房产测绘成果纳入房产档案统一管理。

91.【ABCD】见《测绘地理信息行业信用指标体系》，测绘资质单位信用信息主要来源。

92.【ABD】测绘技术总结为用户（或下工序）对成果（或产品）的合理使用提供方便，为测绘单位持续质量改进提供依据，同时也为测绘技术设计、有关技术标准、规定的制定提供资料。

93.【CDE】组织贯彻实施有关测量标志保护的法律、法规和规章为省级自然资源主管部门的职责，而负责国家一、二等永久性测量标志的拆迁审批是国务院自然资源主管部门的职责。

94.【ABE】有下列情形之一的，房屋权利申请人、房屋权利人或者其他利害关系人应当委托房产测绘单位进行房产测绘：①申请产权初始登记的房屋；②自然状况发生变化的房屋；③房屋权利人或者利害关系人要求测绘的房屋。房产管理中需要的房产测绘，由房地产行政主管部门委托房产测绘单位进行。

95.【BDE】海岸线、专用供氧点、无线电塔等基础地理信息可以公开表示。

96.【ACDE】仪器设备须有专人管理，并进行定期的检查、维护和保养，禁止仪器设备带故障运行。

97.【BD】直接材料费、直接人工费属于测绘生产成本费用。

98.【BD】竹林覆盖面积占图面10%的地区和地貌较完整的山地应定为Ⅱ类困难类别。

99.【ACDE】为了加强测绘管理，促进测绘事业发展，保障测绘事业为经济建设、国防建设、社会发展和生态保护服务，维护国家地理信息安全，制定本法。

100.【ABCE】违反本条例规定，实施基础测绘项目，不使用全国统一的测绘基准和测绘系统或者不执行国家规定的测绘技术规范和标准的，责令限期改正，给予警告，可以并处10万元以下罚款；对负有直接责任的主管人员和其他直接责任人员，依法给予处分。

仿真试卷七参考答案及解析

一、单项选择题

1.【A】《注册测绘师执业管理办法（试行）》第四条规定，注册单位与注册测绘师人事关系所在单位或聘用单位可以不一致。

2.【B】审批机关自受理之日起15个工作日内作出是否批准测绘资质的书面决定。因特殊情况在15个工作日内不能作出决定的，经本审批机关负责人批准，可以延长10个工作日，并将延长期限的理由告知申请单位。

3.【A】进行工程建设，应当避开永久性测量标志；确实无法避开，需要拆迁永久性测量标志或者使永久性测量标志失去使用效能的，应当经省、自治区、直辖市人民政府自然资源主管部门批准。

4.【D】《测绘质量监督管理办法》第十四条规定，质检中心、质检站的主要职责是：①按照测绘主管部门或者技术监督行政部门下达的测绘产品质量监督检查计划，承担质量监督检验工作；②在测绘资格审查认证及年检工作中，承担有关测绘标准实施监督、质量管理评价及产品质量检测、检验；③受用户的委托，承担测绘项目合同的技术咨询及产品质量检验、验收；④按照授权范围，承担有关科研项目及新产品的质量鉴定、检测、检验；⑤承担测绘产品质量争议的仲裁检验；⑥向测绘主管部门和技术监督行政部门定期报送测绘产品质量分析报告。

5.【D】《测绘生产成本费用定额》说明七规定，从事界线测绘测区间搬迁距离在3 000km以上时，长迁系数为8%。

6.【A】《测绘计量管理暂行办法》在测绘计量器具目录中，明确规定了J2级以上经纬仪、S3级以上水准仪、GNSS接收机、精度优于$5mm+5\times10^{-6}D$的测距仪、全站仪、微伽级重力仪，以及尺类等仪器设备的检定周期为一年，其他精度的仪器设备检定周期一般为两年。

7.【A】无人飞行测量采集系统：至少同时具备飞行平台和航摄传感器（包括相机、机载激光扫描仪、机载SAR）。专业测绘航摄仪及其他测绘传感器：包括航摄仪、机载激光扫描仪、航空重力仪、机载SAR。摄影测量系统：从影像、点云等数据获取到过程数据处理、成果输出，均采用数字化或智能化等形式进行的摄影测量系统。遥感图像处理系统：能够对遥感图像信息进行数字化、复原、几何校正、增强、统计分析、信息提出、分类、识别等图像加工的系统。

8.【C】依法必须进行招标的项目，招标人应当自确定中标人之日起15日内，向有关行政监督部门提交招标投标情况的书面报告。

9.【C】省、自治区、直辖市人民政府自然资源主管部门或者其委托的市（地）级人民政府自然资源主管部门应当自收到办证申请，并确认各种报表及各项手续完备之日起 30 日内，完成测绘作业证的审核发证工作。

10.【C】测绘作业证由省、自治区、直辖市人民政府自然资源主管部门或者其委托的市(地)级人民政府自然资源主管部门负责注册核准。每次注册核准有效期为三年。

11.【C】《注册测绘师制度暂行规定》第三十二条规定，修改经注册测绘师签字盖章的测绘文件，应由该注册测绘师本人进行；因特殊情况，该注册测绘师不能进行修改的，应由其他注册测绘师修改，并签字、加盖印章，同时对修改部分承担责任。

12.【C】申请材料不齐全或者不符合法定形式的，自然资源主管部门应当当场或者在五日内一次性告知申请人需要补正的全部内容。

13.【A】同一单位申请两个以上专业范围的，对人员数量的要求不累加计算。

14.【D】《注册测绘师制度暂行规定》第三十三条规定，因测绘成果质量问题造成的经济损失，接受委托的单位应承担赔偿责任。接受委托的单位依法向承担测绘业务的注册测绘师追偿。

15.【B】《测绘成果管理条例》第十一条规定，对基础测绘成果资料实行异地备份存放制度。

16.【D】《测绘计量管理暂行办法》第七条规定，申请面向社会开展测绘计量器具检定、建立社会公用计量标准、承担测绘计量器具产品质量监督试验以及申请作为法定计量检定机构的，应根据申请承担任务的区域，向相应的政府计量行政主管部门申请授权；申请承担测绘计量器具新产品样机试验的，向当地省级政府计量行政主管部门申请授权；申请承担测绘计量器具新产品定型鉴定的，向国务院计量行政主管部门申请授权。计量授权证书复印件，报同级自然资源主管部门备案。

17.【C】南海诸岛地图应当表示东沙、西沙、中沙、南沙群岛以及曾母暗沙、黄岩岛等岛屿岛礁。未表示国界或者领土范围的，可不表示南海诸岛岛屿岛礁。

18.【A】重要桥梁的限高、限宽、净空、载重量和坡度，重要隧道的高度和宽度，公路的路面铺设材料；江河的通航能力、水深、流速、底质和岸质，水库的库容，拦水坝的构筑材料和高度，沼泽的水深和泥深不得表示。

19.【B】国家对注册测绘师资格实行注册执业管理，取得"中华人民共和国注册测绘师资格证书"的人员，经过注册后方可以注册测绘师的名义执业。

20.【A】设置永久性测量标志的部门应当按照国家有关的测量标志维修规程，对永久性测量标志定期组织维修，保证测量标志正常使用。

21.【C】申请地图审核，应当提交下列材料：①地图审核申请表；②需要审核的地图最终样图或者样品，用于互联网服务等方面的地图产品，还应当提供地图内容审核软硬件条件；③地图编制单位的测绘资质证书。有下列情形之一的，可以不提供前款第三项规定的测绘资质证书：①进口不属于出版物的地图和附着地图图形的产品；②直接引用古地图；③使用示意性世界地图、中国地图和地方地图；④利用自然资源主管部门具有审图号的公益性地图且未对国界、行政区域界线或者范围、重要地理信息数据等进行编辑调整。

22.【A】在建筑与工业区进行 1∶1 000 遥感外业控制测量，无规律的房屋占图面 40%以上的平地，其困难类别定为Ⅲ类。

23.【C】测绘仪器三防的分类：①在连续半年时间内(含半年)，仪器的主要工作环境在野外的属外业三防类；②在连续半年时间内(含半年)，仪器的主要工作环境在室内的属内业三防类；③凡是在检修中的仪器属检修三防类；④在连续半年时间内(含半年)，没有投入使用，存放于室内的仪器属保管三防类。测绘仪器各三防类的三防周期：①外业三防类的三防周期为半年(含半年以内)；②内业三防类的三防周期为一年(含一年以内)；③检修三防类的三防周期指在整个检修过程中(含检修合格后未交给用户的保管期间)，一般为半年；④保管三防类的三防周期为一年(含一年以内)。

24.【B】$10km^2$ 的 1∶500 地形图，按标准图幅有 160 幅地形图，按重测共需2 400天。更新修测工日定额比率为 30%，则为：2 400×30%＝720 天。

按下式确定更新修测工日定额：某工作项目更新修测工日定额＝某工作项目标准工日定额×(更新修测工作量比例+修测系数 0. 20)上式适用于更新修测工作量比例≤70%。更新修测工作量比例>70%时，按重测对待。

25.【D】标准的废止由原标准的审批机关批准、发布。

26.【D】某个沿海省的滩涂面积不属于重要地理信息数据。

27.【B】进行普通地理图编制时，图上居民地小于 25 个/dm^2的草原、沙漠荒漠等地区，困难类别定为Ⅰ类。

28.【B】基础测绘，是指建立全国统一的测绘基准和测绘系统，进行基础航空摄影，获取基础地理信息的遥感资料，测制和更新国家基本比例尺地图、影像图和数字化产品，建立、更新基础地理信息系统。

29.【D】审图号由审图机构代号、通过审核的年份、地图类型简称、序号等组成。

30.【A】设计审批的依据主要包括设计输入内容、验证报告、设计评审。

31.【C】根据《测绘法》，由测绘资质审批机关应给予其注销资质证书的处罚。

32.【C】外国的组织或者个人在中华人民共和国领域和中华人民共和国管辖的其他海域从事测绘活动，应当经国务院自然资源主管部门会同军队测绘部门批准，并遵守中华人民共和国有关法律、行政法规的规定。

33.【B】我国国家标准由国务院标准化行政主管部门编制计划和组织草拟，并统一审批、编号和发布。我国国家标准的代号，用"国标"两个字汉语拼音的第一个字母"G"和"B"表示。强制性国家标准的代号为"GB"，推荐性国家标准的代号为"GB/T"。国家标准的编号由国家标准的代号、国家标准发布的顺序号和国家标准发布的年号三部分构成。

34.【A】军事禁区平面精度优于(含)10m 或地物高度相对量测精度优于(含)5%的三维模型、点云、倾斜影像、实景影像、导航电子地图等实测成果，为机密级测绘地理信息成果。

35.【D】县级以上地方人民政府自然资源主管部门，应当加强对本行政区域内来华测绘的监督管理，定期对下列内容进行检查：①是否涉及国家安全和秘密；②是否在测绘资质证书载明的业务范围内进行；③是否按照国务院自然资源主管部门批准的内容进行；④是否按照《测绘成果管理条例》的有关规定汇交测绘成果副本或者目录；⑤是否保证了中方测绘人员全程参与具体测绘活动。

36.【A】测绘项目验收报告、测绘项目财务审计决算报告、坐标系统审批、发布公告的保存期限均为永久。

37.【C】行政区域界线详图是反映县级以上行政区域界线标准画法的国家专题地图。任何涉及行政区域界线的地图，其行政区域界线画法一律以行政区域界线详图为准绘制。国务院民政部门负责编制省、自治区、直辖市行政区域界线详图；省、自治区、直辖市人民政府民政部门负责编制本行政区域内的行政区域界线详图。

38.【A】故意损毁或者擅自移动界桩或者其他行政区域界线标志物的，应当支付修复标志物的费用，并由所在地负责管理该行政区域界线标志的人民政府民政部门处1 000元以下的罚款；构成违反治安管理行为的，并依法给予治安管理处罚。

39.【C】对外提供属于国家秘密的测绘成果，应当按照国务院和中央军事委员会规定的审批程序，报国务院自然资源主管部门或者省、自治区、直辖市人民政府自然资源主管部门审批；自然资源主管部门在审批前，应当征求军队有关部门的意见。

40.【C】《测绘计量管理暂行办法》第十三条规定，承担测绘任务的单位和个体测绘业者，其所使用的测绘计量器具必须经政府计量行政主管部门考核合格的测绘计量检定机构或测绘计量标准检定合格，方可申领测绘资格证书。无检定合格证书的，不予受理资格审查申请。

41.【B】招标人和中标人应当自中标通知书发出之日起 30 日内，按照招标文件和中标人的投标文件订立书面合同。

42.【B】应急保障等特殊情况需要使用地图的，应当即送即审。

43.【C】出现介质故障或出现损坏迹象而需要重新拷贝时，如果原数据档案是采用单盘(盒)方式拷贝的，则可从另一份相同数据档案介质拷贝复制，替换出现故障的介质；如果原数据档案是采用整卷方式拷贝的，则可从另一份数据档案整体复制并替换。介质更换的重新拷贝工作应在 30 天内完成。

44.【D】国家平面控制网、高程控制网和空间定位网的加密网点，属于国家测绘行政主管部门审批的职责。

45.【D】自然资源部负责中央财政投资生产的涉密基础测绘成果(以下简称国家级涉密基础测绘成果)的提供使用审批。省级自然资源主管部门负责本行政区域国家级涉密基础测绘成果的提供使用审批。

46.【B】从事国家秘密载体制作、复制、维修、销毁，涉密信息系统集成，或者武器装备科研生产等涉及国家秘密业务的企业事业单位，应当经过保密审查，具体办法由国务院规定。机关、单位委托企业事业单位从事前款规定的业务，应当与其签订保密协议，提出保密要求，采取保密措施。

47.【B】最终检查批成果合格后，按以下原则评定批成果质量等级：①优级：优良品率达到 90%以上，其中优级品率达到 50%以上；②良级：优良品率达到 80%以上，其中优级品率达到 30%以上。

48.【B】在建筑与工业区进行 1∶500 地形图摄影测量，居民地和其他建筑物及花、树等绿化园林占图面 65%的地区，其困难类别定为Ⅱ。

49.【D】外国的组织或者个人在中华人民共和国领域从事测绘活动，应当与中华人民共和国有关部门或者单位合作进行，并不得涉及国家秘密和危害国家安全。

50.【B】磁带的运输环境：对于已使用磁带的温度范围要求为 5～32℃，相对湿度范围为 20%～80%；对于未被使用磁带的温度范围是−23～49℃，相对湿度范围为 20%～80%。同时，运输过程中避免巨大的温度变化。

51.【D】测绘技术设计输出主要包括项目设计书、专业技术设计书以及相应的技术设计更改单。

52.【A】《测绘成果质量监督抽查与数据认定规定》6.2.2 规定，抽样时，应有不少于 2 名抽样或检验人员参加，抽样人员应出示测绘成果质量监督抽查通知单、工作证等证明文件。

53.【B】基础测绘数据成果应与文档材料一同归档。

54.【A】分辨率在 5′×5′至 30′×30′，精度在±5mGal 至±7mGal 的重力异常成果；精度优于±0.2m 的高程异常成果；精度在±3″至±6″的垂线偏差成果，为秘密级测绘成果。

55.【C】相关软件的检验内容主要有：①载体外观及标识检验；②特定软件完整性检验；③软件运行有效性检验；④说明材料完整性检验。不包括病毒检验。

56.【B】根据《〈测绘合同〉示范文本》，对于乙方提供的图纸等资料以及属于乙方的测绘成果，甲方有义务保密，不得向第三方提供或用于本合同以外的项目，否则乙方有权要求甲方按本合同工程款总额的 20%赔偿损失。

57.【D】《测绘成果质量监督抽查与数据认定规定》4.2 条规定，检验单位和认定机构开展检验和认定工作时，应遵照以下基本原则：①客观公正，公平公开，作风廉洁，并对结果的准确性负责；②严格执行有关标准和规定，确保方法科学、数据准确，并按检验单位和认定机构的质量管理体系有效运行，做好各项记录；③未经任务下达部门的批准或委托方的同意，不得公布或泄露受检单位、受检测绘项目、认定数据以及与结果相关的情况。

58.【A】中央财政投资完成的测绘项目，由承担测绘项目的单位向国务院自然资源主管部门汇交测绘成果资料；地方财政投资完成的测绘项目，由承担测绘项目的单位向测绘项目所在地的省、自治区、直辖市人民政府自然资源主管部门汇交测绘成果资料；使用其他资金完成的测绘项目，由测绘项目出资人向测绘项目所在地的省、自治区、直辖市人民政府自然资源主管部门汇交测绘成果资料。

59.【A】对测绘项目出资人处重测所需费用 1 倍以上 2 倍以下的罚款；对承担国家投资的测绘项目的单位处 5 万元以上 20 万元以下的罚款，暂扣测绘资质证书，自暂扣测绘资质证书之日起 6 个月内仍不汇交测绘成果资料的，吊销测绘资质证书，并对负有直接责任的主管人员和其他直接责任人员依法给予行政处分。

60.【A】根据《测绘生产质量管理规定》第十四条，测绘任务的实施，应坚持先设计后生产，不允许边设计边生产，禁止没有设计进行生产。技术设计书应按测绘主管部门的有关规定经过审核批准，方可付诸执行。A 项未经批准进场错误。

61.【A】多项数学精度评分时，单项数学精度得分均大于 60 分时，取其算术平均或加权平均。

62.【A】除另有规定外，绝密级不超过 30 年，机密级不超过 20 年，秘密级不超过 10 年。

63.【B】国家秘密的密级、保密期限和知悉范围变更的，应当及时书面通知知悉范围内的机关、单位或者人员。

64.【A】测绘单位必须建立内部质量审核制度。经成果质量过程检查的测绘产品，必须通过质量检查机构的最终检查，评定质量等级，编写最终检查报告。过程检查、最终检查和质量评定，按《测绘产品检查验收规定》和《测绘产品质量评定标准》执行。

65.【C】当事人对房产测绘成果有异议的，可以委托国家认定的房产测绘成果鉴定机构鉴定。

66.【D】测绘仪器防雾措施要求内业仪器一般在1年应对仪器外表全面清擦，并用电吹风机烘烤光学零件外露表面，但温度升高不得超过60℃。

67.【C】过沼泽地时，应组成纵队行进，禁止单人涉险。遇有繁茂绿草地带应绕道而行。发生陷入沼泽的情况要冷静，及时采取妥善的救援、自救措施。

68.【B】测绘生产成本的“高寒、高温、高原”系数是6%。

69.【C】测区面积不满1幅的1∶500~1∶5 000比例尺地形图，测绘生产项目成本核算的面积系数计算公式是标准图幅价格×1.3。

70.【B】基础测绘项目承担单位应当建立健全基础测绘成果质量管理制度，严格执行国家规定的测绘技术规范和标准，对其完成的基础测绘成果质量负责。

71.【C】作为国家意志的实际执行者的国家机关在决策时，有权无偿使用国家所有的测绘成果，包括基础测绘成果。

72.【D】根据技术设计、成果类型或用途等具体情况，可以扩充或调整。扩充或调整质量元素应经过生产委托方批准，并适用于批成果内的所有单位成果。

73.【D】《互联网信息服务管理办法》第二十二条规定，违反本办法的规定，未在其网站主页上标明其经营许可证编号或者备案编号的，由省、自治区、直辖市电信管理机构责令改正，处5 000元以上5万元以下的罚款。

74.【D】技术设计文件经审核签字后，一式二至四份报测绘任务的委托单位审批。

75.【B】《测绘成果质量检查与验收》4.3.4条规定，检测点(边)数量少于20时，以误差的算术平均值代替中误差；大于20时，按中误差统计。

76.【D】系统详细设计不属于地理信息系统的系统设计文档。

77.【A】测绘项目设计的过程主要包括：设计策划、设计输入、设计输出、设计评审、设计验证(必要时)、设计审批和更改。

78.【D】技术总结编写完成后，单位总工程师或技术负责人应对技术总结编写的客观性、完整性等进行审核并签字，并对技术总结编写的质量负责。

79.【B】测绘单位可以按照测绘项目的实际情况实行项目质量负责人制度。项目质量负责人对该测绘项目的产品质量负直接责任。

80.【B】最高管理者应确保在组织内建立适当的沟通过程，并确保对质量管理体系的有效性进行沟通。

二、多项选择题

81.【ADE】国界线测绘主要成果的是有边界线位置和走向的文字说明、界桩点坐标、边界线地形

图等。

82.【ABC】注册申请人有下列情形之一的，不予注册：①不具有完全民事行为能力的；②刑事处罚尚未执行完毕的；③因在测绘活动中受到刑事处罚，自刑事处罚执行完毕之日起至申请注册之日止不满3年的；④法律、法规规定不予注册的其他情形。

83.【ABC】《测绘成果质量检查与验收》5.1.1条规定，测绘成果抽样检验前应明确成果类型、单位成果和质量元素组成。

84.【ABE】法人或者其他组织需要利用属于国家秘密的基础测绘成果的，应当提出明确的利用目的和范围，报测绘成果所在地的自然资源主管部门审批。自然资源主管部门审查同意的，应当以书面形式告知测绘成果的秘密等级、保密要求以及相关著作权保护要求。

85.【ADE】下列地图不需要审核：①直接使用自然资源主管部门提供的具有审图号的公益性地图；②景区地图、街区地图、公共交通线路图等内容简单的地图；③法律法规明确应予公开且不涉及国界、边界、历史疆界、行政区域界线或者范围的地图。

86.【ABDE】一组将设计输入转化为设计输出的相互关联或相互作用的活动。设计过程通常由一组设计活动所构成，主要包括策划、设计输入、设计输出、设计评审、验证(必要时)、审批和更改。

87.【BDE】A、C选项的工作部署不在投标有效期内。

88.【ABCE】《测绘安全生产管理暂行规定》第十三条规定，安全生产监督检查的主要内容包括：安全生产法规制度的贯彻，各级安全生产责任制和安全生产措施的落实，安全教育的实施，事故隐患的整改，伤亡事故的调查处理及报告制度的执行情况等。

89.【ABDE】对大地测量数据、数字线划图、数字高程模型、数字栅格地图和数字正射影像及其元数据进行检查，包括数学基础、数据完整性、逻辑致性、位置精度、属性精度等内容。

90.【BCD】县级以上人民政府及其有关部门应当遵循科学规划、合理布局、有效利用、兼顾当前与长远需要的原则，加强基础测绘设施建设，避免重复投资。国家安排基础测绘设施建设资金，应当优先考虑航空摄影测量、卫星遥感、数据传输以及基础测绘应急保障的需要。

91.【ABC】测绘地方标准的发布，按照国家和地方有关规定执行。测绘地方标准发布后30日内，省级自然资源主管部门应当向自然资源部备案。备案材料包括：地方标准批文、地方标准文本、标准编制说明及相关材料各一份。

92.【ACE】测绘项目的成本主要由人工、设备折旧或租用、消耗材料等成本组成。

93.【ABE】其中，房产管理中需要的房产测绘，由房地产行政主管部门委托房产测绘单位进行。

94.【ABCE】《计量法实施细则》第三十条规定，产品质量检验机构计量认证的内容：①计量检定、测试设备的性能；②计量检定、测试设备的工作环境和人员的操作技能；③保证量值统一、准确的措施及检测数据公正可靠的管理制度。

95.【CDE】《测绘法》第九条规定，国家设立和采用全国统一的大地基准、高程基准、深度基准和重力基准，其数据由国务院测绘地理信息主管部门审核，并与国务院其他有关部门、军队测绘部门会商后，报国务院批准。

96.【BCD】本法规定的降低测绘资质等级、暂扣测绘资质证书、吊销测绘资质证书的行政处罚，

由颁发测绘资质证书的部门决定；其他行政处罚，由县级以上人民政府自然资源主管部门决定。

97.【BCD】见《关于加强涉密测绘成果管理工作的通知》(国测成字〔2008〕2 号)。其中，E 选项应是“签署保密责任书”而不是“签署安全责任书”，故不选。

98.【ABCE】《测绘技术总结编写规定》4.2.2 条规定，主要内容包括：①说明生产所依据的技术性文件；②说明项目总结所依据的各专业技术总结；③说明和评价项目实施过程中，项目设计书和有关技术标准、规范的执行情况，并说明项目设计书的技术更改情况(包括技术设计更改的内容、原因的说明等)；④重点描述项目实施过程中出现的主要技术问题和处理方法、特殊情况的处理及其达到的效果等；⑤说明项目实施中质量保证措施(包括组织管理措施、资源保证措施和质量控制措施以及数据安全措施)的执行情况；⑥当生产过程中采用新技术、新方法、新材料时，应详细描述和总结其应用情况；⑦总结项目实施中的经验、教训(包括重大的缺陷和失败)和遗留问题，并对今后生产提出改进意见和建议。

99.【ACD】未按规定汇交测绘成果资料和提供虚假测绘地理信息行政许可申请材料属于一般失信信息。

100.【ACDE】南海诸岛地图的四至范围是：东面绘出菲律宾的马尼拉，西面绘出越南的河内，北面绘出中国大陆和台湾岛北回归线以南的部分，南面绘出加里曼丹岛上印度尼西亚与马来西亚间的全部界线(对于不表示邻国间界线的地图，南面绘出曾母暗沙和马来西亚的海岸线；对于不表示国外邻区的地图，南面绘出曾母暗沙)。

仿真试卷八参考答案及解析

一、单项选择题

1.【D】行政区域界线测绘，地籍测绘、房产测绘、海域权属测绘等不动产测绘，不动产测绘监理。

2.【B】申请材料不齐全或者不符合法定形式的，应当当场或者在 5 个工作日内一次告知申请单位需要补正的全部内容，逾期不告知的，自收到申请材料之日起即为受理；审批机关自受理之日起 15 个工作日内作出是否批准测绘资质的书面决定。因特殊情况在 15 个工作日内不能作出决定的，经本审批机关负责人批准，可以延长 10 个工作日，并将延长期限的理由告知申请单位。审批机关作出批准测绘资质决定的，应当自作出决定之日起 10 个工作日内，向申请单位颁发测绘资质证书；审批机关作出不予批准测绘资质决定的，应当说明理由，并告知申请单位享有依法申请行政复议或者提起行政诉讼的权利。

3.【B】表现地为我国境内的地图平面精度应当不优于 10m(不含)，高程精度应当不优于 15m(不含)，等高线的等高距应当不小于 20m(不含)。

4.【A】地面移动测量属于地理信息系统工程专业业务类型子项。

5.【B】地图的编制、出版、展示、登载及更新应当遵守国家有关地图编制标准、地图内容表示、地图审核的规定。互联网地图服务提供者应当使用经依法审核批准的地图，建立地图数据安全管理制度，采取安全保障措施，加强对互联网地图新增内容的核校，提高服务质量。县级以上人民政府和测绘地理信息主管部门、网信部门等有关部门应当加强对地图编制、出版、展示、登载和互联网地图服务的监督管理，保证地图质量，维护国家主权、安全和利益。地图管理的具体办法由国务院规定。

6.【D】海洋测绘中，当需要进行水下声学定位时，相应的定额费用需要增加 100%。

7.【C】经营者违反本法规定，给被侵害的经营者造成损害的，应当承担损害赔偿责任，被侵害的经营者的损失难以计算的，赔偿额为侵权人在侵权期间因侵权所获得的利润；并应当承担被侵害的经营者因调查该经营者侵害其合法权益的不正当竞争行为所支付的合理费用。

8.【A】军事测绘的基本比例尺地图是 1∶50 000 地形图，属于国家机密。

9.【D】申请测绘资质的单位，要根据自身业务发展需要和自身条件确定要申请的资质等级和业务范围，并按照规定向可以受理本单位资质申请的测绘资质管理机构提交申请材料。

10.【C】测绘资质证书有效期满需要延续的，测绘单位应当在有效期满 30 日前，向测绘资质审批机关申请办理延续手续。

11.【B】行政区域界线详图是反映县级以上行政区域界线标准画法的国家专题地图。

12.【A】我国的基础测绘属于公益性事业。

13.【A】重大测绘项目应实施首件产品的质量检验，对技术设计进行验证。首件产品质量检验点的设置，由测绘单位根据实际需要自行确定。

14.【B】根据抽样检查程序，批量为1~20，样本量为3。$10km^2$ 样本数量应为 $3km^2$。

15.【D】《中华人民共和国标准化法实施条例》第三十三条规定，生产不符合强制性标准的产品的，应当责令其停止生产，并没收产品，监督销毁或作必要技术处理；处以该批产品货值金额百分之二十至百分之五十的罚款。

16.【D】标准复审周期一般不超过5年。

17.【D】招标人对已发出的招标文件进行必要的澄清或者修改的，应当在招标文件要求提交投标文件截止时间至少15日前，以书面形式通知所有招标文件收受人。该澄清或者修改的内容为招标文件的组成部分。

18.【A】投标有效期从投标人投标文件截止之日起计算。

19.【D】在中华人民共和国境内进行下列工程建设项目包括项目的勘察、设计、施工、监理以及与工程建设有关的重要设备、材料等的采购，必须进行招标：①大型基础设施、公用事业等关系社会公共利益、公众安全的项目；②全部或者部分使用国有资金投资或者国家融资的项目；③使用国际组织或者外国政府贷款、援助资金的项目。

20.【C】检查验收依据主要包括：有关的法律法规、有关国家标准、行业标准、设计书、测绘任务书、合同书和委托验收文件等。

21.【D】服务数据不属于国家秘密事项，但属于受控管理的内容。

22.【D】乙级测绘资质大地测量专业不得承担卫星导航定位基准站建设和坐标参考框架服务，可以从事基线测量。

23.【C】进行工程建设，应当避开永久性测量标志；确实无法避开，需要拆迁永久性测量标志或者使永久性测量标志失去使用效能的，应当经省、自治区、直辖市人民政府自然资源主管部门批准；涉及军用控制点的，应当征得军队测绘部门的同意。所需迁建费用由工程建设单位承担。

24.【C】《基础地理信息标准数据基本规定》属于成果与服务类测绘标准。

25.【D】汇交测绘成果目录和副本实行无偿汇交。汇交的测绘成果副本的版权依法受到保护，任何部门和单位不得向第三方提供。

26.【C】J2级以上经纬仪、S3级以上水准仪、精度优于 $10mm+3\times10^{-6}D$ 的GNSS接收机、精度优于 $5mm+5\times10^{-6}D$ 的测距仪、全站仪、微伽级重力仪，以及尺类等仪器设备的检定周期为1年，其他精度的仪器设备检定周期一般为2年。

27.【C】信用信息征集包括以下渠道：①自然资源主管部门以及其他相关行政部门的政府信息公开；②测绘资质单位主动申报；③测绘项目的发包单位提供；④承办单位自行征集；⑤人民法院依法公布的终审判决、裁定；⑥其他有关渠道。

28.【C】重大测绘项目应实施首件产品的质量检验，对技术设计进行验证。首件产品质量检验点的设置，由测绘单位根据实际需要自行确定。

29.【A】违反本法规定，不汇交测绘成果资料的，责令限期汇交；测绘项目出资人逾期不汇交的，处重测所需费用一倍以上二倍以下的罚款；承担国家投资的测绘项目的单位逾期不汇交的，处五万元以上二十万元以下的罚款，并处暂扣测绘资质证书，自暂扣测绘资质证书之日起六个月内仍不汇交的，吊销测绘资质证书；对直接负责的主管人员和其他直接责任人员，依法给予处分。

30.【A】审核通过的互联网地图服务，申请人应当每6个月将新增标注内容及核查校对情况向作出审核批准的自然资源主管部门备案。

31.【A】具备地图编制资质的可以从事地形图、教学地图、世界政区地图、全国及地方政区地图、电子地图、真三维地图、其他专用地图等相关业务。

32.【B】违反本条例规定，互联网地图服务单位使用未经依法审核批准的地图提供服务，或者未对互联网地图新增内容进行核查校对的，责令改正，给予警告，可以处20万元以下的罚款；有违法所得的，没收违法所得；情节严重的，责令停业整顿，降低资质等级或者吊销测绘资质证书；构成犯罪的，依法追究刑事责任。

33.【B】测绘项目质量控制基本依据有：①测绘合同书；②经审批的技术设计书或作业书；③国家及地方政府颁布有关的测绘法律法规和规范性文件；④有关国家标准、行业标准、地方标准。

34.【B】《测绘计量管理暂行办法》第五条，取得计量标准证书后，属社会公用计量标准的，由组织建立该项标准的政府计量行政主管部门审批核发社会公用计量标准证书，方可使用，并向同级自然资源主管部门备案；属部门最高等级计量标准的，由主管部门批准使用，并向国务院自然资源主管部门备案。测绘计量标准在合格证书期满前6个月，应按规定向原发证机关申请复查。

35.【A】在允许中误差2倍以内(含2倍)的误差值均应参与数学精度统计；超过允许中误差2倍的误差视为粗差；同精度检测时，在允许中误差$2\sqrt{2}$以内(含$2\sqrt{2}$倍)的误差值均应参与数学精度统计，超过允许中误差$2\sqrt{2}$倍的误差视为粗差。

36.【B】《测绘计量管理暂行办法》第四条规定，必须有计量溯源，并且向同级政府计量行政主管部门申请建标考核。

37.【C】秘密级事项主要有：①泄露后会对国家安全、利益和领土主权及海洋权益造成威胁或者损害的；②泄露后会对国家重要军事设施、国家安全警卫目标造成威胁或者损害的；③泄露后会对国家局部军事防御能力造成损害的；④泄露后会对国家测绘地理信息核心技术水平、知识产权保护造成损害的；⑤泄露后会对社会稳定和民族团结造成损害的。

38.【D】《数字测绘成果质量检查与验收》表5规定，“高程精度”质量子元素检查项进行质量评定时，检查点应分布均匀，位置易于辨认，不少于50个。

39.【C】数字线划图(DLG)成果目录不包括图幅编号。

40.【B】《测绘作业人员安全规范》5.3.6条规定，①在人烟稀少或草原、林区作业应携带手持导航定位仪器及地形图，着装要扎紧领口、袖口、衣摆和裤脚，防止蛇、虫等的叮咬。②要特别注意配备防止蛇、虫叮咬的面罩及药品，并注射森林脑炎疫苗。③行进路线及点位附近，均应留下能为本队人员所共同识别的明显标志。④禁止夜间单人外出，特殊情况确需外出时，应两人以上。⑤应详细报告自己的去向，并要携带电源充足的照明和通信器材，以保持随时联系；同时，宿营地应设置灯光引导标志。

41.【D】测绘成果质量通过二级检查、一级验收方式进行控制，测绘成果应依次通过测绘单位作业部门的过程检查、测绘单位质量管理部门的最终检查和项目管理单位组织的验收或委托具有资质的质量检验机构进行质量验收。

42.【B】面积在 $10km^2$ 以上的 1∶500~1∶2 000 比例尺地形图和整幅的 1∶5 000~1∶1 000 000比例尺地形图(包括影像地图)的目录应当汇交。

43.【A】下列基础测绘项目，由国务院自然资源主管部门组织实施：①建立全国统一的测绘基准和测绘系统；②建立和更新国家基础地理信息系统；③组织实施国家基础航空摄影；④获取国家基础地理信息遥感资料；⑤测制和更新全国1∶100万至 1∶2.5 万国家基本比例尺地图、影像图和数字化产品；⑥国家急需的其他基础测绘项目。

44.【A】经审核批准的地图，申请人应当在地图或者附着地图图形的产品的适当位置显著标注审图号，并向作出审核批准的自然资源主管部门免费送交样本一式两份。

45.【A】设计评审为确定设计输出达到规定目标的适宜性、充分性和有效性所进行的活动。

46.【D】设计评审应确定评审依据、评审目的、评审内容、评审方式以及评审人员等。

47.【D】互联网信息服务提供者和互联网接入服务提供者的记录备份应当保存 60 日，并在国家有关机关依法查询时，予以提供。

48.【A】测绘外业作业人员和需要持测绘作业证的其他人员应当领取测绘作业证。进行外业测绘活动时应当持有测绘作业证。

49.【C】数据档案应自入馆之日起 60 天内完成异地储存工作。

50.【B】流速较大但水深在 0.4m 以内允许徒涉。

51.【D】面积大于 $100m^2$的作业场所的安全出口应不少于两个。安全出口、通道、楼梯等应保持畅通并设有明显标志和应急照明设施。

52.【B】为使测绘仪器防霉，作业中暂停使用的测绘生产仪器每周至少通电 1h，同时使各个功能正常运转。

53.【B】库房及装具应使用耐火材料，库房内及附近不得有易燃物品，库房内不得有明火，并配有 CO_2型灭火器。

54.【C】比例尺、分幅编号及其空间单元不属于大地测量专业技术设计书的主要技术指标和规格内容。

55.【B】在戈壁、沙漠和高原等人员稀少、条件恶劣的地区应采用双车作业，作业车辆应加固，配备适宜的轮胎，每车应有双备胎。

56.【B】堆叠或搬运磁带时，最多不超过 6 盒。

57.【B】质量元素得分值(无权值)计算测绘单位成果质量得分值的正确公式为$S=\min(s_i)$ $(i=1, 2, \cdots, n)$。

58.【A】测绘成果质量评定方法不包括抽样检查方法。

59.【D】《数字测绘成果质量检查与验收》图 A.2 封二格式，送样委托检验，检验报告仅对来样负责。

60.【D】《测绘技术总结编写规定》4.3.3 条，说明和评价测绘成果(或产品)的质量情况(包括必要的精度统计)，产品达到的技术指标，并说明测绘成果(或产品)的质量检查报告的名称和编号。

61.【C】完成测绘任务的单位对测绘成果质量负责。

62.【C】开标应当在招标文件确定的提交投标文件截止时间的同一时间公开进行；开标地点应当为招标文件中预先确定的地点。

63.【D】根据《测绘成果管理条例》第二十二条，国家对重要地理信息数据实行统一审核与公布制度。

64.【B】测绘成果保管单位应当按照批准决定的内容，及时向申请人提供涉密基础测绘成果，对提供情况进行登记并长期保存。

65.【A】见基础地理信息公开表示内容分层表。

66.【C】技术设计文件报批之前，承担测绘任务的法人单位必须对其进行全面审核，并在技术设计文件和(或)产品样品上签署意见并签名(或章)。

67.【D】基础地理信息数据归档内容主要有：①基础地理信息数据成果；②文档材料；③相关软件。

68.【A】国务院民政部门负责全国行政区域界线管理工作。县级以上地方各级人民政府民政部门负责本行政区域界线管理工作。

69.【D】房产测绘单位有下情形之一的，由县级以上人民政府房地产行政主管部门给予以降级或者取消其房产测绘资格，可以处罚 1 万元以上 3 万元以下：①在房主面积测算中不执行国家标准、规范和规定；②在房产面积测算中弄虚作假、欺骗房屋权利人的；③房产面积测算失误的，造成重大损失的。

70.【C】测绘项目生产承包制中可直接计入项目的相关费用包括项目联系、结算、收款等销售费用、项目检查验收费用、按工资基数计提的福利费、工会经费、职工教育经费、住房公积金、养老保险金等。

71.【D】测绘单位各级人员进行文件学习属于贯标工作的质量管理体系运行和实施阶段的事项。

72.【B】质量检验机构应对样本进行详查，必要时可对样本以外的单位成果的重要检查项进行概查。

73.【B】基础地理信息数据档案形成单位应指定专人负责归档材料的积累和整理工作，归档材料的完整性和准确性由单位项目负责人总负责。档案形成单位应在项目完成后两个月内完成归档。基础测绘数据成果应与文档材料一同归档。归档的基础地理信息数据应为最终版本。文档材料归档一份，数据成果拷贝归档两份。归档后，如果档案形成单位又对基础地理信息数据成果进行了更新(即补充或完善)，应将更新后的数据成果及时归档，以替换原归档的数据成果。

74.【B】委托方的权利：①检验承揽方的测绘资格证书；②对委托的项目提出符合国家有关规定的技术、质量、价格、工期等要求；③明确规定承揽方完成的成果的验收方式；④对由于承揽方未履行合同造成的经济损失，提出赔偿要求；⑤按合同约定享有测绘成果的所有权或使用权。

75.【D】最终检查批成果合格后，按以下原则评定批成果质量等级：①优级：优良品率达到 90%以上，其中优级品率达到 50%以上；②良级：优良品率达到 80%以上，其中优级品率达到 30%以上。

76.【C】测绘地理信息项目的技术和质检负责人等关键岗位须由注册测绘师充任。

77.【B】验收单位根据评定的样本质量等级，核定批成果质量等级，当测绘单位未评定批成果质量等级，或验收单位评定的样本质量等级与测绘单位评定的批成果质量等级不一致时，以验收单位评定的样本质量等级作为批成果质量等级。

78.【D】测绘地理信息项目的设计文件、成果质量检查报告、最终成果文件以及产品测试报告、项目监理报告等，须注册测绘师签字并加盖执业印章后生效。

79.【C】根据《数字测绘成果质量检查与验收》5.2 条，详见下表。

质量得分	质量等级
90 分≤S≤100 分	优级品
75 分≤S<90 分	良级品
60 分≤S<75 分	合格品
质量元素检查结果不满足规定的合格条件	不合格品
位置精度检查中粗差比例大于 5%	
质量元素出现不合格	

80.【C】过程检查、最终检查中发现的质量问题应改正，过程检查、最终检查工作中，当对质量问题的判定存在分歧时，由测绘单位总工程师裁定；验收工作中，当对质量问题的判定存在分歧时，由委托方或项目管理单位裁定。

二、多项选择题

81.【BCDE】违反《测绘法》规定，编制、出版、展示、登载、更新的地图或者互联网地图服务不符合国家有关地图管理规定的，依法给予行政处罚、处分；构成犯罪的，依法追究刑事责任。

82.【AC】目前，测绘项目的发包方式主要有招标发包和直接发包。

83.【ACD】从事基础测绘活动，应当使用全国统一的大地基准、高程基准、深度基准、重力基准，以及全国统一的大地坐标系统、平面坐标系统、高程系统、地心坐标系统、重力测量系统，执行国家规定的测绘技术规范和标准。因建设、城市规划和科学研究的需要，确需建立相对独立的平面坐标系统的，应当与国家坐标系统相联系。

84.【ABD】测绘单位变更测绘资质等级或者专业类别的，应当按照本办法规定的审批权限和程序重新申请办理测绘资质审批。测绘单位名称、注册地址、法定代表人发生变更的，应当向审批机关提交有关部门的核准材料，申请换发新的测绘资质证书。

85.【BCDE】质量保证措施和要求内容主要包括：①组织管理措施：规定项目实施的组织管理和主要人员的职责和权限。②资源保证措施：对人员的技术能力或培训的要求；对软、硬件装备的需求等。③质量控制措施：规定生产过程中的质量控制环节和产品质量检查、验收的主要要求。④数据安全措施：规定数据安全和备份方面的要求。

86.【ACE】设计审批的依据主要包括设计输入内容、设计评审和验证报告等。

87.【ABDE】卫星导航定位基准站的建设和运行维护不符合国家标准、要求的，给予警告，责令限期改正，没收违法所得和测绘成果，并处 30 万元以上 50 万元以下的罚款；逾期不改正的，没收相关设备；对直接负责的主管人员和其他直接责任人员，依法给予处分；构成犯罪的，依法追究刑事责任。

88.【ABDE】违反本法规定，外国的组织或者个人未经批准，或者未与中华人民共和国有关部门、单位合作，擅自从事测绘活动的，责令停止违法行为，没收违法所得、测绘成果和测绘工具，并处十万元以上五十万元以下的罚款；情节严重的，并处五十万元以上一百万元以下的罚款，限期出境或者驱逐出境；构成犯罪的，依法追究刑事责任。

89.【BCDE】基础测绘工作应当遵循统筹规划、分级管理、定期更新、保障安全的原则。

90.【ABCD】作业人员必须佩戴防护帽、安全灯，身穿安全警示工作服，应配带通信设备，并保持与地面人员的通信畅通。

91.【BCDE】目前我国测绘成果的汇交制度，测绘成果汇交的主体有测绘项目的出资人、承担测绘项目的测绘单位，中方部门或者单位，市、县级自然资源主管部门。

92.【ABD】行政区域界线的标准画法，是指根据国务院及各省、自治区、直辖市人民政府批准的行政区域界线协议书、行政区域界线协议书附图、勘界有关成果，按照一定的编绘方式编制的反映各级行政区域界线画法的地图。

93.【BD】自然资源主管部门的地籍管理职责主要包含会同土地行政主管部门制定地籍测绘规划，按照地籍测绘规划组织管理地籍测绘工作。

94.【BDE】测绘合同载明需要履行的内容主要包括项目承揽方按要求完成测绘工作、测绘项目委托单位按时交付项目酬金、合同约定的附加工作和额外测绘工作及其酬金给付。

95.【BC】经营成本：除去直接的生产成本外，成本预算还应包含维持测绘单位正常运作的各种费用分配，主要包括两大类：员工福利及他项费用，包括按工资基数计提的福利费、职工教育经费、住房公积金、养老保险金、失业保险等分配计入项目的部分；机构运营费用，包括业务往来费用、办公费用、仪器购置、维护及更新费用、工会经费、社团活动费用、质量及安全控制成本、基础设施建设等反映测绘单位正常运作的费用分配计入项目的部分。

96.【CD】竣工测量、变形测量属于工程测量专业技术设计范畴。

97.【ABD】目前测绘项目的主要设备包括水准仪、经纬仪、全站仪、GNSS 测量系统、航空摄影机、数字摄影测量工作站和数字成图系统，前 5 类属于外业设备，后 2 类属于内业设备。

98.【AB】确定国家秘密的密级，应当遵守定密权限。中央国家机关、省级机关及其授权的机关、单位可以确定绝密级、机密级和秘密级国家秘密；设区的市、自治州一级的机关及其授权的机关、单位可以确定机密级和秘密级国家秘密。

99.【ABCD】数字栅格地图的质量元素主要有空间参考系以及逻辑一致性、栅格质量、元数据质量、附件质量。

100.【AB】其中程序文件、作业文件、质量计划由分管领导和部门负责人批准。

仿真试卷九参考答案及解析

一、单项选择题

1.【A】县级以上人民政府自然资源主管部门应当按照规定检查、维护永久性测量标志。乡级人民政府应当做好本行政区域内的测量标志保护工作。

2.【C】审批机关作出批准测绘资质决定的，应当自作出决定之日起十个工作日内，向申请单位颁发测绘资质证书。

3.【D】注册申请人以不正当手段取得注册的，应当予以撤销，并由自然资源部依法给予行政处罚；当事人在 3 年内不得再次申请注册；构成犯罪的，依法追究刑事责任。

4.【C】权属界址线发生变化的，有关当事人应当及时进行变更测绘。

5.【C】配备与业务相适应的质检人员。质检人员应当是测绘专业技术人员。技术和质量管理机构负责人应当具备中级及以上测绘专业技术职称。

6.【A】国家秘密的保密期限，除另有规定外，绝密级不超过 30 年，机密级不超过 20 年，秘密级不超过 10 年。

7.【B】由于基础测绘项目都具有一定的秘密性，因此一般采用直接发包方式。

8.【A】质量监督抽查工作必须遵循合法、公正、公平、公开的原则。

9.【C】行政许可采取统一办理或者联合办理/集中办理的，办理的时间不得超过 45 日；45 日内不能办结的，经本级人民政府负责人批准，可以延长 15 日，并应当将延长期限的理由告知申请人。

10.【D】对需要在全国范围内统一的技术标准，应当制定国家标准。

11.【A】评标委员会由招标人的代表和有关技术、经济方面的专家组成，成员为 5 人以上，其中经济、技术等方面的专家不得少于成员总数的 2/3。

12.【B】对已交付使用的测绘成果，因不符合合同规定的质量标准出现质量不合格并造成损失的，由测绘单位负责。

13.【A】凡测绘项目委托验收中产生的分歧可报省级自然资源主管部门质检机构裁定。

14.【A】必须招标的项目范围和规模标准：①大型基础设施、公用事业等关系社会公共利益、公众安全的项目；②全部或者部分使用国有资金投资或者国家融资的项目；③使用国际组织或者国外政府贷款、援助资金的项目；④施工单项合同估价在 200 万元以上的项目；⑤重要设备、材料等货物的采购，单项合同估价在 50 万元以上的；⑥勘察、设计、监理等服务，单项合同估价在 50 万元以上的；⑦总投资在 3 000 万元以上的。

15.【D】严格遵守航空摄影成果先送审后提供使用的规定。未按照国务院、中央军委有关规定，经有关军区进行保密审查的航空摄影成果一律不得提供使用。

16.【A】县级以上人民政府应当采取有效措施加强测量标志的保护工作。县级以上人民政府自然资源主管部门应当按照规定检查、维护永久性测量标志。乡级人民政府应当做好本行政区域内的测量标志保护工作。

17.【C】对在测绘资质证书有效期内遵守有关法规、技术标准，信用档案无不良记录且继续符合测绘资质条件的单位，经测绘资质审批机关批准，有效期延续 5 年。

18.【D】县级以上人民政府自然资源主管部门和工商行政管理部门负责监督管理本行政区域内的测绘市场。

19.【B】单位和个人可以通过注册测绘师姓名和注册证编号或执业印章编号查询注册测绘师的有关信息。

20.【A】数据集是地理信息公共平台的核心内容，主要包括地理实体数据、影像数据、地图数据、地名地址数据、三维景观数据等面向服务的产品数据和其他部门或单位可共享的专题数据，以及目录与元数据。

21.【C】建议人报送的建议材料应当包括以下内容：建议人基本情况；重要地理信息数据的详细数据成果资料及公布的必要性说明；重要地理信息数据获取的技术方案、质检报告及数据验收评估等有关资料；审核需要的其他资料。建议人为各级地方人民政府、国务院各部门的，可以不提供建议人基本情况。

22.【D】测量标志是指：①建设在地上、地下或者建筑物上的各种等级的三角点、基线点、导线点、军用控制点、重力点、天文点、水准点的木质觇标、钢质觇标和标石标志，全球卫星定位控制点，以及用于地形测图、工程测量和形变测量的固定标志和海底大地点设施等永久性测量标志；②测量中正在使用的临时性测量标志。

23.【B】建设永久性测量标志需要占用土地的，地面标志占用土地的范围为 36～100m^2，地下标志占用土地的范围为 16～36m^2。

24.【C】保密行政管理部门发现国家秘密确定、变更或者解除不当的，应当及时通知有关机关、单位予以纠正。

25.【A】保密行政管理部门对保密检查中发现的非法获取、持有的国家秘密载体，应当予以收缴。

26.【A】测绘单位必须制定完整可行的工序管理流程表，加强工序管理的各项基础工作，有效控制影响产品质量的各种因素。

27.【B】《关于加强互联网地图管理工作的通知》(国测图发〔2009〕6 号)第六条，互联网地图审图号有效期为 2 年。

28.【C】数字高程模型(DEM)成果不需要表示平面精度。

29.【D】违反本法规定，不汇交测绘成果资料的，责令限期汇交；测绘项目出资人逾期不汇交的，处重测所需费用一倍以上两倍以下的罚款；承担国家投资的测绘项目的单位逾期不汇交的，处 5 万元以上 20 万元以下的罚款，并处暂扣测绘资质证书，自暂扣测绘资质证书之日起六个

月内仍不汇交的，吊销测绘资质证书；对直接负责的主管人员和其他直接责任人员，依法给予处分。

30.【C】基础测绘文件密级项分为 5 个级别。

31.【D】审图号由审图机构代号、通过审核的年份、地图类型简称、序号等组成。审图号编制的具体内容，由国务院自然资源主管部门另行规定。

32.【D】考核内容主要有：①生产设施；②出厂检定条件；③人员的技术状况；④有关技术文件和计量规章制度。

33.【D】用户有权就测绘产品质量问题，向测绘单位查询；向自然资源主管部门或技术监督行政部门申诉，有关部门应当负责处理。

34.【C】面积在 10km^2 以上的 1∶500～1∶2 000比例尺地形图和整幅的 1∶5 000～1∶100 万比例尺地形图(包括影像地图)的目录。

35.【D】实施房产图测绘时，下列仪器设备中，一般不会选择数字摄影测量系统。

36.【B】严格督促使用单位在使用目的或项目完成后的六个月内销毁申请使用的涉密测绘成果。

37.【C】生产岗位的作业人员必须严格执行操作规程，按照技术设计进行作业，并对作业成果质量负责。其他岗位的工作人员，应当严格执行有关的规章制度，保证本岗位的工作质量。因工作质量问题影响产品质量的，承担相应的质量责任。

38.【C】申请人应当提交下列申请材料一式四份：①建立相对独立的平面坐标系统申请书(见附件)；②属工程项目的申请人的有效身份证明(复印件)；③立项批准文件(复印件)；④能够反映建设单位测绘成果及资料档案管理设施和制度的证明文件(复印件)；⑤建立城市相对独立的平面坐标系统的，应当提供该市人民政府同意建立的文件(原件)。申请人应当如实提交有关材料，并对申请材料的真实性负责。

39.【C】自然资源主管部门负责审定检验结论，依法向社会公布质量监督抽查结果，确属不宜向社会公布的，应当依法抄告有关行政主管部门、有关权利人和利害相关人。

40.【D】检验单位必须按国家有关规定和技术标准，客观、公正地作出检验结论，并于全部检验工作结束后三十个工作日内将检验报告及检验结论寄(交)达受检单位。

41.【D】根据《测绘资质管理办法》二十三条，测绘单位依法取得测绘资质后，出现不符合其测绘资质等级或者专业类别条件的，由县级以上人民政府自然资源主管部门责令限期改正；逾期未改正至符合条件的，纳入测绘单位信用记录予以公示，并停止相应测绘资质所涉及的测绘活动。

42.【D】本办法所称相对独立的平面坐标系统是指：为了满足在局部地区大比例尺测图和工程测量的需要，以任意点和方向起算建立的平面坐标系统或者在全国统一的坐标系统基础上，进行中央子午线投影变换以及平移、旋转等而建立的平面坐标系统。

43.【C】测绘单位贯标时，文件编制阶段通常需要的时间为 3 个月。

44.【C】我国实行地图审核制度。

45.【C】《测绘成果质量检查与验收》7 规定，测绘成果基本类型共 10 大类，42 种成果。

46.【A】根据《数字测绘成果质量检查与验收》表 4，“注记”质量子元素检查内容不包含注记名称。

47.【C】贯标单位选择咨询机构不需要考虑广告公司极力推荐。

48.【A】《测绘法》规定，取消测绘资质的行政处罚由颁发资质证书的机关作出。

49.【A】《测绘成果质量检查与验收》表 32 规定，能明显判定县或县以上境界错漏图上 5cm 属于 A 类错漏。

50.【C】当事人对房产测绘成果有异议时，可以委托国家认定的房产测绘成果鉴定机构鉴定。

51.【A】为使测绘仪器防霉、防雾，测绘生产外业仪器在湿热季节或湿热地区通常情况下 3 个月应对仪器的光学零件外露表面进行一次全面的擦拭。

52.【D】在工作之前，放置在储存环境下的磁带必须在工作环境中放置至少 24h。

53.【A】设置永久性测量标志的部门应当将永久性测量标志委托测量标志设置地的有关单位或者人员负责保管，签订测量标志委托保管书，明确委托方和被委托方的权利和义务，并由委托方将委托保管书抄送乡级人民政府和县级以上人民政府管理测绘工作的部门备案。

54.【A】利用涉及国家秘密的测绘成果编制的地图，应当提供省级以上自然资源主管部门进行保密技术处理的证明文件。

55.【C】有下列行为之一的，给予警告，责令改正，可以并处二十万元以下的罚款；对直接负责的主管人员和其他直接责任人员，依法给予处分；造成损失的，依法承担赔偿责任；构成犯罪的，依法追究刑事责任：①损毁、擅自移动永久性测量标志或者正在使用中的临时性测量标志；②侵占永久性测量标志用地；③在永久性测量标志安全控制范围内从事危害测量标志安全和使用效能的活动；④擅自拆迁永久性测量标志或者使永久性测量标志失去使用效能，或者拒绝支付迁建费用；⑤违反操作规程使用永久性测量标志，造成永久性测量标志毁损。

56.【C】质量管理体系文件编写的原则有：①系统协调原则；②整体优化原则；③采用过程方法原则；④操作实施和证实原则。

57.【A】自然资源主管部门应当在其门户网站等媒体上及时公布获得审核批准的地图名称、审图号等信息。

58.【D】为保证数据档案的长期有效性，对线性磁带应每 10 年迁移一次，光盘应每 5 年迁移一次。

59.【C】现场作业人员应佩戴安全防护带和防护帽，不得赤脚。作业前，要认真检查攀登工具和安全防护带，保证完好。安全防护带要高挂低用，不能打结使用。

60.【B】根据《数字测绘成果质量检查与验收》表 5，“影像/栅格质量”质量子元素检查项合格后计分公式是 $s=60+\frac{40}{r_0}\times(r_0-r)$。

61.【A】国界线可以公开表示。

62.【A】互联网地图服务资质单位在互联网上登载实景影像地图，应当按照地图审核相关规定送审。未经审核批准的实景影像地图，一律不得在互联网上公开登载。

63.【A】根据《公开版地图质量评定标准》3.1 条，与主图名相应的行政区划界线、设色、符号及其名称的差错中的省级界线、省级设色、省级行政中心符号及其名称的差错属于严重差错。

64.【A】数字测绘成果质量检查方式主要有：①计算机自动检查；②计算机辅助检查；③人工检查。

65.【D】分辨率在 5′×5′至 30′×30′，精度在±5mGal 至±7mGal 的重力异常成果；精度优于±0.2m 的高程异常成果；精度在±3″至±6″的垂线偏差成果，属于秘密级测绘地理信息成果。

66.【D】进行工程建设，不得申请拆迁下列永久性测量标志或者使其失去使用效能：①国家大地原点；②国家水准原点；③国家绝对重力点；④全球定位系统连续运行基准站（GNSS）；⑤基线检测场点；⑥在全国测绘基准体系和测绘系统中具有关键作用的控制点。

67.【A】测绘单位申报材料不真实，虚报冒领测绘作业证的，由省、自治区、直辖市人民政府自然资源主管部门收回冒领的证件，并根据其情节给予通报批评。

68.【A】经审核批准的地图，应当在地图或者附着地图图形的产品的适当位置显著标注审图号。其中，属于出版物的，应当在版权页标注审图号。

69.【A】不动产登记簿及权籍图由不动产登记机构永久保存。

70.【C】设定行政许可应规定行政许可的实施机关、条件、程序、期限。

71.【C】违反本办法规定，未经依法批准将测绘成果携带或者传输出境的，由国务院自然资源主管部门处 3 万元以下罚款；构成犯罪的，依法追究刑事责任。

72.【C】质量得分：$60\leqslant S<75$，评定为合格品。

73.【A】省级以上自然资源主管部门和其他有关主管部门建立的各项最高等级的测绘计量标准，以及政府计量行政主管部门授权建立的社会公用计量标准，必须有计量溯源，并且向同级政府计量行政主管部门申请建标考核。取得计量标准证书后，即具备在本部门或本单位开展计量器具检定的资格。

74.【D】基础测绘工作应当遵循统筹规划、分级管理、定期更新、保障安全的原则。

75.【B】基础测绘成果和国家投资完成的其他测绘成果，用于国家机关决策和社会公益性事业的应当无偿提供。

76.【B】全国基础测绘中长期规划在获批准后 2 个月内，县级以上地方自然资源主管部门组织编制的中长期规划在报上一级自然资源主管部门备案后 2 个月内，除有保密要求的，自然资源主管部门应在测绘行业报纸或政府相关网站上公布规划文本的部分或者全部内容。

77.【D】测绘资质单位信用信息经省级以上自然资源主管部门审核后生效。自然资源主管部门对不良信息的保存期限，自不良行为或者事件终止之日起为 5 年；超过 5 年的，应当予以删除。

78.【B】国家建立全国统一的大地坐标系统、平面坐标系统、高程系统、地心坐标系统和重力测量系统，确定国家大地测量等级和精度以及国家基本比例尺地图的系列和基本精度。具体规范和要求由国务院自然资源主管部门会同国务院其他有关部门、军队测绘部门制定。

79.【B】受检单位对监督检验结论有异议的，可以自收到检验结论之日起 15 个工作日内向组织实施质量监督抽查的测绘行政主管部门提出书面异议报告，并抄送检验单位。逾期未提出异议的，视为认可检验结论。

80.【B】经数据迁移后废弃的原介质，除数据转存新格式情况外，原数据档案的介质不需鉴定，经审批后直接销毁。

二、多项选择题

81.【ABCD】测绘地理信息项目的设计文件、成果质量检查报告、最终成果文件以及产品测试报告、项目监理报告等，须注册测绘师签字并加盖执业印章后生效。

82.【CDE】基础地理信息数据建库设计方案主要内容包括数据库概念模型设计、数据库逻辑设计、数据库物理设计。

83.【ABCE】影响地理信息数据安全因素有安全意识淡薄、硬盘驱动器损坏、人为错误、病毒等。

84.【BDE】基础地理信息数据成果的主要组成部分有最终数据成果、重要的阶段性数据成果及重要的原始数据成果和数据说明文件。

85.【BE】法人或者其他组织申请使用涉密测绘成果，应当具有明确、合法的使用目的和范围，具备成果保管、保密的基本设施与条件，按管理权限报测绘成果所在地的县级以上自然资源主管部门审批。

86.【ABCD】测绘成果属于基础测绘成果的，应当汇交副本；属于非基础测绘成果的，应当汇交目录。测绘成果的副本和目录实行无偿汇交。下列测绘成果为基础测绘成果：①为建立全国统一的测绘基准和测绘系统进行的天文测量、三角测量、水准测量、卫星大地测量、重力测量所获取的数据、图件；②基础航空摄影所获取的数据、影像资料；③遥感卫星和其他航天飞行器对地观测所获取的基础地理信息遥感资料；④国家基本比例尺地图、影像图及其数字化产品；⑤基础地理信息系统的数据、信息等。

87.【AC】测绘航空摄影的影像质量检查包括影像的清晰度和色彩与反差，其他为飞行质量检查内容。

88.【AC】基本定向点残差超限、内定向超限属于 A 类错漏。

89.【ABD】测绘项目的承包方必须以自己的设备、技术和劳力完成所承揽项目的主要部分。测绘项目的承包方，可以向其他具有测绘资格的单位分包，但分包量不得大于该项目总承包量的40%。分包出的任务由总承包方向发包方负完全责任。

90.【ABE】不得公开表示的有精确平面控制点坐标、河流通航能力、船闸尺度等基础地理信息。

91.【ACDE】基础测绘成果和国家投资完成的其他测绘成果，用于政府决策、国防建设和公共服务的，应当无偿提供。除前款规定情形外，测绘成果依法实行有偿使用制度。但是，各级人民政府及有关部门和军队因防灾减灾、应对突发事件、维护国家安全等公共利益的需要，可以无偿使用。测绘成果使用的具体办法由国务院规定。

92.【ABCD】地理信息公共平台由数据集、管理交换系统、在线服务系统和支撑环境组成。

93.【CE】军队单位编制的地图的管理以及海图的管理，按照国务院、中央军事委员会的规定执行。

94.【BDE】获取与处理类的是有《国家基本比例尺更新规范》《测量外业电子记录基本规定》《全球导航卫星系统(GNSS)测量规范》等。

95.【ABDE】起草质量管理体系文件时需要考虑的因素有产品满足法律法规的要求、单位的管理和装备水平、质量经济性和效率、产品的特性和复杂程度。

96.【ABCE】由省、自治区、直辖市人民政府自然资源主管部门组织实施的基础测绘项目：①建立本行政区域内与国家测绘系统相统一的大地控制网和高程控制网；②建立和更新地方基础地理信息系统；③组织实施地方基础航空摄影；④获取地方基础地理信息遥感资料；⑤测制和更新本行政区域 1∶1 万至1∶5 000国家基本比例尺地图、影像图和数字化产品。

97.【ABCD】县级以上人民政府自然资源主管部门应当建立健全随机抽查机制，依法对测绘单位的安全保障措施、信息安全保密管理制度、测绘成果和资料档案管理制度、技术和质量保证体系、专业技术人员、技术装备等测绘资质情况进行检查，并将抽查结果向社会公布。

98.【ABE】互联网地图服务资质单位应当使用经省级以上自然资源主管部门审核批准的地图提供服务，并将地图审图号、测绘资质证书编号和互联网信息服务增值电信业务经营许可证编号共同标注在网站显著位置。

99.【ABD】有安全隐患的房屋不能住，发电机不能超负荷使用。

100.【ABDE】数据认定时，申请认定的单位应提供数据生产单位相应的测绘资质证明文件、数据生产设计书、数据经注册测绘师签字认可的证明文件和依照要求进行验收的完整文档。

仿真试卷十参考答案及解析

一、单项选择题

1.【B】县级以上人民政府应当将基础测绘纳入本级国民经济和社会发展年度计划，将基础测绘工作所需经费列入本级政府预算。国务院发展和改革部门会同国务院自然资源主管部门，根据全国基础测绘规划编制全国基础测绘年度计划。

2.【B】进入测绘市场的测绘项目，金额超过 20 万元的及其他须实行公开招标的测绘项目，应当通过招标方式确定承揽方。

3.【D】国务院已经公布的重要地理信息数据可以在公开地图上表示。

4.【D】在永久性测量标志附近修建浅水池的不违反《测量标志保护条例》。

5.【C】需要由国务院自然资源主管部门审核的重要地理信息数据包括：①国界、国家海岸线长度；②领土、领海、毗连区、专属经济区面积；③国家海岸滩涂面积、岛礁数量和面积；④国家版图的重要特征点，地势、地貌分区位置；⑤国务院自然资源主管部门商国务院其他有关部门确定的其他重要自然和人文地理实体的位置、高程、深度、面积、长度等地理信息数据。

6.【B】测绘单位的行政领导及总工负责质量方针、质量目标的贯彻实施。

7.【B】先审后用，一般审查期限为 1~2 年。

8.【A】国务院自然资源主管部门的职责之一是负责国家一、二等永久性测量标志的拆迁审批。

9.【C】房产测绘单位必须取得由省级以上自然资源主管部门颁发的载明房产测绘业务的测绘资质证书。

10.【B】招标人采用邀请招标方法的，应当向 3 个以上具备承担招标项目的能力、资信优良的特定的法人或者其他组织发出投标邀请书。

11.【D】根据《测绘生产质量管理规定》第四章，生产作业过程中的质量管理主要有：①重大测绘项目应实施首件产品的质量检验，对技术设计进行验证。②测绘单位必须制定完整可行的工序管理流程表，加强工序管理的各项基础工作，有效控制影响产品质量的各种因素。③测绘单位必须建立内部质量审核制度。经成果质量过程检查的测绘产品，必须通过质量检查机构的最终检查，评定质量等级，编写最终检查报告。

12.【D】因对行政区域界线实地位置认定不一致引发的争议，由该行政区域界线的批准机关依照该行政区域界线协议书的有关规定处理。

13.【B】《测绘地理信息行业信用管理办法》第十六条规定，测绘资质单位认为其合法权益在信用管理工作中受到侵害的，可以向省级以上自然资源主管部门投诉。受理投诉的自然资源主管部门应当自 30 日内作出处理。

14.【B】法人或者其他组织需要利用属于国家秘密的基础测绘成果的，应当提出明确的利用目的和范围，报测绘成果所在地的自然资源主管部门审批。

15.【D】各级人民政府应当采取措施，制止不正当竞争行为，为公平竞争创造良好的环境和条件。县级以上人民政府工商行政管理部门对不正当竞争行为进行监督检查；法律、行政法规规定由其他部门监督检查的，依照其规定。

16.【D】国务院有关部门主管的跨省区、跨流域，面积在 $50km^2$ 以上，以及其他重大国家项目的工程测量的数据和图件目录应汇交一式一份。

17.【D】《数字测绘成果质量检查与验收》表 5 规定，$s=60+\frac{40}{r_0}\times(r_0-r)$，$r_0$ 为错误率极限。

18.【D】在地图上绘制我国县级以上行政区域界线或者范围，应当符合行政区域界线标准画法图、国务院批准公布的特别行政区行政区域图和国家其他有关规定。

19.【C】国家秘密的保密期限已满的，自行解密。

20.【C】听证应当制作笔录，听证笔录应当交听证参加人确认无误后签字或者盖章。行政机关应当根据听证笔录，作出行政许可决定。

21.【D】单位成果质量评定等级为优级的，其质量得分 S 的分值应为 90 分$\leq S \leq$100 分。

22.【D】为社会提供公证数据的产品质量检验机构，必须经省级以上人民政府计量行政部门对其计量检定、测试的能力和可靠性考核合格。

23.【D】经国务院批准，省、自治区、直辖市人民政府根据精简、统一、效能的原则，可以决定一个行政机关行使有关行政机关的行政许可权。

24.【A】严格按照批准的使用目的，在批准的使用范围内使用所领取的涉密基础测绘成果，不得擅自转让或者转借涉密基础测绘成果。

25.【C】普通地图、地籍图、海图和专题地图的目录必须汇交。

26.【D】国家设立和采用全国统一的大地基准、高程基准、深度基准和重力基准，其数据由国务院自然资源主管部门审核，并与国务院其他有关部门、军队测绘部门会商后，报国务院批准。

27.【A】本条例所称测量标志是指：①建设在地上、地下或者建筑物上的各种等级的三角点、基线点、导线点、军用控制点、重力点、天文点、水准点的木质觇标、钢质觇标和标石标志，全球卫星定位控制点，以及用于地形测图、工程测量和形变测量的固定标志和海底大地点设施等永久性测量标志；②测量中正在使用的临时性测量标志。

28.【D】乡镇人民政府负责确定永久性测量标志的保管单位或者人员，并对其保管责任的落实情况进行监督检查。

29.【B】遇雷电天气应立刻停止作业，选择安全地点躲避，禁止在山顶、开阔的斜坡上、大树下、河边等区域停留，避免遭受雷电袭击。

30.【C】通常情况下，测绘技术设计输入包括：①适用的法律、法规要求；②适用的国际、国家或行业技术标准；③对测绘成果(或产品)功能和性能方面的要求，主要包括测绘任务书或合同的有关要求，顾客书面要求或口头要求的记录，市场的需求或期望；④顾客提供的或本单位收集的测区信息、测绘成果(或产品)资料及踏勘报告等；⑤适用时，以往测绘技术设计、测绘技术总结提供的信息以及现有生产过程和成果(或产品)的质量记录和有关数据；⑥测绘技术设计必须满足的其他要求。

31.【A】独立使用的地下室、车棚、车库，为多幢服务的警卫室、管理用房，作为人防工程的地下室都不计入共有建筑面积。

32.【C】测绘项目技术设计书的内容主要有：①概述；②作业区自然地理概况和已有资料情况；③引用文件；④成果(或产品)主要技术指标和规格；⑤设计方案；⑥进度安排和经费计算；⑦附录。

33.【D】质量管理体系运行和实施阶段，质量手册、程序文件和其他质量文件发放到位；各级人员进行文件的学习；质量管理体系运行和改进等。时间一般不应少于3个月。

34.【A】受理地图审核申请时，受理窗口除要求申请人按照《地图审核管理规定》提交有关材料外，还应当提交下列材料：出版物插附的单幅地图占全书页数(版面)三分之一以上的，需提交完整的试制样本。

35.【B】国务院自然资源主管部门建立"测绘产品质量监督检验测试中心"(以下简称"质检站")，负责实施测绘产品质量监督检验工作。质检中心、质检站应经省级以上人民政府技术监督行政部门考核合格。质检站受质检中心的技术指导。

36.【A】根据《测绘技术设计规定》5.6.2条，设计审核依据的有：设计输入；设计输出；设计评审；设计验证。

37.【B】为保证数据档案的长期有效，对线性磁带应每10年迁移一次，光盘应每5年迁移一次。

38.【C】《测绘作业人员安全规范》5.3.10.6条规定，使用大功率电器设备时，作业人员应具备安全用电和触电急救的基础知识。工作电压超过36V时，供电作业人员应使用绝缘防护用品，接地电极附近应设置明显警告标志，并设专人看管。雷电天气禁止使用大功率仪器设备作业。井下作业的所有电气设备外壳都应接地。

39.【C】为了巩固行政区域界线勘定成果，加强行政区域界线管理，维护行政区域界线附近地区稳定，制定本条例。

40.【C】测绘地理信息主管部门应当自受理地图审核申请之日起20个工作日内作出审核决定。

41.【B】界线测绘成果目录中不包含坐标系统。

42.【C】《测绘成果质量检查与验收》表26规定，1%是C类错漏，5%是B类错漏。

43.【C】通过单位质量分值评定质量等级可分优级品、良级品、合格品、不合格品四级。

44.【C】《测绘成果质量检查与验收》表24规定，数据不能进行DGPS解算属于B类错漏。

45.【D】测绘生产质量控制的主要依据有：测绘合同、经审批的技术设计书或作业指导书、法律、法规和规范、国家规范和行业标准。技术总结文件是项目结束后的技术总结，不属于测绘生产质量控制的依据。

46.【A】质量管理体系运行与持续改进的正确步骤是培训、试运行、整改、运行前准备、正式运行。

47.【D】测绘成果的表现形式主要包括数据、信息、图件等。

48.【B】互联网地图服务资质单位在互联网上登载实景影像地图，应当按照地图审核相关规定送审。未经审核批准的实景影像地图，一律不得在互联网上公开登载。

49.【B】违反本条例规定，未取得测绘资质证书从事基础测绘活动的，责令停止违法行为，没收违法所得和测绘成果，并处测绘约定报酬1倍以上2倍以下的罚款。

50.【A】泄露会使国家安全和利益遭受特别严重的损害的国家秘密属于绝密级国家秘密。

51.【D】《测绘技术总结编写规定》属于管理类测绘标准。

52.【A】见《测绘计量管理暂行办法》附录，J2级以上经纬仪的检定周期为1年。

53.【B】测绘单位的质量主管负责人按照职责分工负责质量方针、质量目标的贯彻实施，签发有关的质量文件及作业指导书；组织编制测绘项目的技术设计书，并对设计质量负责；处理生产过程中的重大技术问题和质量争议；审核技术总结；审定测绘产品的交付验收。

54.【B】过程检查最终检查工作中，当对质量问题的判定存在分歧时，由测绘单位总工程师裁定；验收工作中，当对质量问题的判定存在分歧时，由委托方或项目管理单位裁定。

55.【B】管理评审输出包括的内容有：①质量管理体系有效性及其过程有效性的改进；②与顾客要求有关的产品的改进；③资源需求。

56.【A】2000国家大地坐标系、1954北京坐标系、1980西安坐标系之间的相互转换参数；国家大地坐标系与相对独立的平面坐标系统之间相互转换精度优于±10cm的转换参数。其密级为机密级。

57.【C】哈尔滨地图出版社可以公开出版的地图是地方性的中、小学教学地图。

58.【B】测绘成果汇交原则不得向第三方提供。

59.【B】违反本法规定，卫星导航定位基准站建设单位未报备案的，给予警告，责令限期改正；逾期不改正的，处十万元以上三十万元以下的罚款；对直接负责的主管人员和其他直接责任人员，依法给予处分。

60.【B】部门经理在测绘项目中通常担任中队生产负责人。

61.【D】《测绘作业人员安全规范》5.3.10.4条规定，对规模较大的管道，在下井调查或施放探头、电极导线时，严禁明火，并应进行有害、有毒及可燃气体的浓度测定，有害、有毒及可燃气体超标时应打开连续的三个井盖排气通风半小时以上，确认安全并采取保护措施后方可下井作业。

62.【B】违反本法规定，未经批准，擅自建立相对独立的平面坐标系统，或者采用不符合国家标准的基础地理信息数据建立地理信息系统的，给予警告，责令改正，可以并处五十万元以下的罚款；对直接负责的主管人员和其他直接责任人员，依法给予处分。

63.【B】"地图内容与图例明显不符"属于大差错。

64.【D】互联网地图服务单位每6个月应将新增兴趣点送交审核批准互联网地图的测绘地理信息主管部门备案。

65.【B】测绘资质单位信用信息经省级以上自然资源主管部门审核后生效。自然资源主管部门对不良信息的保存期限，自不良行为或者事件终止之日起为5年；超过5年的，应当予以删除。

66.【A】应配带防寒装备和充足的给养，配置氧气袋(罐)及高原反应防治专用药品，注意防止感冒、冻伤和紫外线灼伤。在高海拔区域发生高原反应、感冒、冻伤等疾病时，应立即采取有效的治疗措施。

67.【B】城乡建设领域的工程测量活动，与房屋产权、产籍相关的房屋面积的测量，应当执行由国务院住房城乡建设主管部门、国务院自然资源主管部门组织编制的测量技术规范。

68.【D】每次测区作业结束后，应对仪器的光学零件外露表面进行一次擦拭。

69.【A】《测绘技术设计规定》5.3.2.6.1 进度安排，应对以下内容作出规定：①划分作业区的困难类别；②根据设计方案，分别计算统计各工序的工作量；③根据统计的工作量和计划投入的生产实力，参照有关生产定额，分别列出年度进度计划和各工序的衔接计划。

70.【C】直接用于完成特定项目所需的直接费用属于生产成本。

71.【A】“说明专业技术设计书编写过程中所引用的标准、规范或其他技术文件”，属于收集资料中的内容。

72.【D】违反本法规定，有下列行为之一的，给予警告，责令改正，可以并处二十万元以下的罚款；对直接负责的主管人员和其他直接责任人员，依法给予处分；造成损失的，依法承担赔偿责任；构成犯罪的，依法追究刑事责任：①损毁、擅自移动永久性测量标志或者正在使用中的临时性测量标志；②侵占永久性测量标志用地；③在永久性测量标志安全控制范围内从事危害测量标志安全和使用效能的活动；④擅自拆迁永久性测量标志或者使永久性测量标志失去使用效能，或者拒绝支付迁建费用；⑤违反操作规程使用永久性测量标志，造成永久性测量标志毁损。

73.【C】作业场所应按《中华人民共和国消防法》规定配备灭火器具，小于 $40m^2$ 的重点防火区域，如资料、档案、设备库房等，也应配置灭火器具。应定期进行消防设施和安全装置的有效期和能否正确使用检查，保证安全有效。

74.【B】磁带应放在距钢筋房柱或类似结构物10cm以外处，以防雷电经钢筋传播时产生的磁场损坏载体上的信息。

75.【D】《测绘技术总结编写规定》3.2条，项目总结是一个测绘项目在其最终成果(或产品)检查合格后，在各专业技术总结的基础上，对整个项目所做的技术总结。

76.【C】《测绘成果质量检查与验收》5.4.5条规定，质量元素得分值(有权值)计算测绘单位成果质量得分值的正确公式是 $S=\sum_{i=1}^{n} s_i \times p_i$。

77.【C】测绘成果质量评定方法不含加权平均法。

78.【C】测绘成果质量通过二级检查一级验收方式进行控制，测绘成果应依次通过测绘单位作业部门的过程检查、测绘单位质量管理部门的最终检查和项目管理单位组织的验收或委托具有资质的质量检验机构进行质量验收。

79.【D】质量检查的主要检查方法有：①参考数据；②野外实测；③内部检查。

80.【B】《测绘成果质量监督抽查与数据认定规定》6.7.2条规定，监督抽查工作总结的内容至少应包括：①概述。描述下达监督抽查任务文件名称及文件号、任务性质、任务执行和完成日期，抽查测绘单位、测绘项目的名称和数量，抽查合格率，抽查覆盖率和覆盖面等。②监督抽查实施情况。描述组织实施、工作进展等情况。③抽查结果的综合分析与评价。④质量保证能力检查结果及其分析。若在实施测绘成果质量检验的同时检查受检单位的质量保证能力，应对质量保证能力的检查结果以及好的经验和存在的问题做相应的总结和分析。⑤综合整治建议。

二、多项选择题

81.【ABC】国务院自然资源主管部门负责下列地图的审核：①全国地图以及主要表现地为两个以上省、自治区、直辖市行政区域的地图；②香港特别行政区地图、澳门特别行政区地图以及台湾地区地图；③世界地图以及主要表现地为国外的地图；④历史地图。

82.【AB】在互联网上登载、复制、发送、转发、引用、嵌入互联网地图，必须在相应页面显著位置标明地图审图号和著作权信息，并应经互联网地图著作权人的同意。任何单位或个人不得复制、链接、发送、转发、引用、嵌入未经依法审核批准的互联网地图。

83.【ABD】科学实验站和成为公共标志性建筑的电视发射塔可以公开表示。

84.【BCE】基础数据来源多、数据维护、防火墙设置不影响地理信息数据安全。

85.【ABCE】基础地理信息数据提供单位应当建立数据提供登记管理系统，详细记载的内容包括使用单位、数据内容、数据数量、用途和使用方式。

86.【ABCD】《测绘计量管理暂行办法》第七条，申请面向社会开展测绘计量器具检定、建立社会公用计量标准、承担测绘计量器具产品质量监督试验以及申请作为法定计量检定机构的，应根据申请承担任务的区域，向相应的政府计量行政主管部门申请授权；申请承担测绘计量器具新产品样机试验的，向当地省级政府计量行政主管部门申请授权；申请承担测绘计量器具新产品定型鉴定的，向国务院计量行政主管部门申请授权。计量授权证书复印件，报同级自然资源主管部门备案。

87.【ABDE】基础测绘数据成果文档应包括：①项目立项文件：项目申请(或建议)书、项目可行性报告、项目下达计划或任务文件、项目合同等。②项目实施文件：调研报告，招(投)标书，项目设计书(或实施方案)，项目论证材料，项目实施过程中的有关专业设计、技术质量标准或要求，项目的各种计划、指示、请示及批复文件。③项目总结文件：项目阶段性和最终的工作总结、技术总结、评审、鉴定或验收材料等。④项目成果文件：标图、附表、文档簿、数据成果目录、相关软件、使用手册等。

88.【BDE】《测绘成果质量检查与验收》表27规定，卫星遥感影像的质量元素“影像质量”元素的主要检查项有影像反差、影像清晰度、影像色调。

89.【BD】《测绘技术设计规定》4.2条规定，测绘技术设计分为项目设计和专业技术设计。项目设计是对测绘项目进行的综合性整体设计。专业技术设计是对测绘专业活动的技术要求进行设计。它是在项目设计基础上，按照测绘活动内容进行的具体设计，是指导测绘生产的主要技术依据。对于工作量较小的项目，可根据需要将项目设计和专业技术设计合并为项目设计。

90.【BCDE】县级以上人民政府自然资源主管部门应当根据应对自然灾害等突发事件的需要，制定相应的基础测绘应急保障预案。基础测绘应急保障预案的内容应当包括：应急保障组织体系，应急装备和器材配备，应急响应，基础地理信息数据的应急测制和更新等应急保障措施。

91.【ABCD】影响测绘生产进度计划的因素与人事调动变化无关。

92.【ABCE】测绘生产质量管理是指测绘单位从承接测绘任务、组织准备、技术设计、生产作业直至产品交付使用全过程实施的质量管理。

93.【ABDE】签订测绘合同时，应该明确的合同内容有测绘范围与内容、项目实施进度安排、工程费用及其支付方式、技术依据与标准等。

94.【BCDE】我国通常将标准划分为国家标准、行业标准、地方标准、企业标准。

95.【ABC】中央财政投资完成的测绘项目，由承担测绘项目的单位向国务院自然资源主管部门汇交测绘成果资料；地方财政投资完成的测绘项目，由承担测绘项目的单位向测绘项目所在地的省、自治区、直辖市人民政府自然资源主管部门汇交测绘成果资料；使用其他资金完成的测绘项目，由测绘项目出资人向测绘项目所在地的省、自治区、直辖市人民政府自然资源主管部门汇交测绘成果资料。

96.【ACD】测绘地理信息业务档案工作应当遵循统筹规划、分级管理、确保安全、促进利用的原则。

97.【BDE】申请使用涉密基础测绘成果应当符合下列条件：①申请人为法人或者其他组织；②有明确、合法、具体的使用目的；③申请的涉密基础测绘成果范围、种类、数量与使用目的相一致；④保管和使用条件符合国家保密法律法规及政策要求。

98.【BDE】行政区域界线测绘管理工作包括标准管理、成果管理、资质管理。

99.【BDE】测绘技术设计文件是为测绘成果(或产品)固有特性和生产过程或体系提供规范性依据的文件。主要包括项目设计书、专业技术设计书以及相应的技术设计更改文件。

100.【ACDE】编写质量管理体系程序文件时，其基本内容主要包括质量管理体系过程和活动的目的、范围；与过程和活动相关的管理、执行和验证部门和人员的职责和权限；控制活动和过程的顺序、方法、时间、地点，依据的文件和规范等；规定和设计记录格式。

仿真试卷十一参考答案及解析

一、单项选择题

1.【B】取得测绘类专业博士学位，从事测绘业务工作满1年，可申请参加注册测绘师资格考试。

2.【B】国家设立和采用全国统一的大地基准、高程基准、深度基准和重力基准，其数据由国务院自然资源主管部门审核，并与国务院其他有关部门、军队测绘部门会商后，报国务院批准。

3.【C】质量手册是相对稳定并需长期遵循的文件，是组织必须遵守的纲领和指南，用以协调一切质量活动和约束人们的行为。在合同条件下或第三方认证情况下，还可以作为质量管理体系的证实文件和认证的依据。

4.【D】测绘单位办理遗失证件的补证和旧证换新证的，省、自治区、直辖市人民政府测绘地理信息主管部门或者其委托的市(地)级人民政府自然资源主管部门应当自收到补(换)证申请之日起30日内，完成补(换)证工作。

5.【C】从事测绘活动的单位，应当依法取得测绘资质证书，并在测绘资质等级许可的范围内从事测绘活动。

6.【D】测绘作业证个人不能申请；测绘外业工作人员应当申请领取；收回的测绘作业证应及时上交发证机关。

7.【D】测绘单位的法定代表人确定本单位的质量方针和质量目标，签发质量手册；建立本单位的质量体系并保证其有效运行；对提供的测绘产品承担产品质量责任。

8.【B】申请使用涉密基础测绘成果应当符合下列条件：①申请人为法人或者其他组织；②有明确、合法、具体的使用目的；③申请的涉密基础测绘成果范围、种类、数量与使用目的相一致；④保管和使用条件符合国家保密法律法规及政策要求。

9.【C】招标人对已发出的招标文件进行必要的澄清或者修改的，应当在招标文件要求提交投标文件截止时间至少15日前，以书面形式通知所有招标文件收受人。该澄清或者修改的内容为招标文件的组成部分。

10.【A】基础测绘成果和国家投资完成的其他测绘成果，用于政府决策、国防建设和公共服务的，应当无偿提供。除前款规定情形外，测绘成果依法实行有偿使用制度。但是，各级人民政府及有关部门和军队因防灾减灾、应对突发事件、维护国家安全等公共利益的需要，可以无偿使用。测绘成果使用的具体办法由国务院规定。

11.【B】国家鼓励测绘科学技术的创新和进步，采用先进的技术和设备，提高测绘水平，推动军民融合，促进测绘成果的应用。国家加强测绘科学技术的国际交流与合作。

12.【C】涉及向他人提供、委托处理、共同处理重要数据的，相关日志留存时间不少于 3 年。

13.【C】县级以上人民政府应当将基础测绘纳入本级国民经济和社会发展年度计划，将基础测绘工作所需经费列入本级政府预算。

14.【A】国务院自然资源主管部门负责国家一、二等永久性测量标志的检查、维护。

15.【C】建设永久性测量标志需要占用土地的，地面标志占用土地的范围为 36~100m^2，地下标志占用土地的范围为 16~36m^2。

16.【C】县级以上地方人民政府自然资源主管部门，应当加强对本行政区域内来华测绘的监督管理，定期对下列内容进行检查：①是否涉及国家安全和秘密；②是否在“测绘资质证书”载明的业务范围内进行；③是否按照国务院自然资源主管部门批准的内容进行；④是否按照《测绘成果管理条例》的有关规定汇交测绘成果副本或者目录；⑤是否保证了中方测绘人员全程参与具体测绘活动。

17.【D】县级以上人民政府应当加强对测量标志保护工作的领导，增强公民依法保护测量标志的意识。乡级人民政府应当做好本行政区域内的测量标志保护管理工作。

18.【B】生产岗位的作业人员必须严格执行操作规程，按照技术设计进行作业，并对作业成果质量负责。其他岗位的工作人员，应当严格执行有关的规章制度，保证本岗位的工作质量。因工作质量问题影响产品质量的，承担相应的质量责任。

19.【D】测绘成果资料目录应当向社会公布。

20.【D】地下管道测量作业不要求作业人员穿着色彩醒目的马甲。

21.【D】有下列行为之一的，给予警告，责令改正，可以并处 20 万元以下的罚款；对直接负责的主管人员和其他直接责任人员，依法给予处分；造成损失的，依法承担赔偿责任；构成犯罪的，依法追究刑事责任：①损毁、擅自移动永久性测量标志或者正在使用中的临时性测量标志；②侵占永久性测量标志用地；③在永久性测量标志安全控制范围内从事危害测量标志安全和使用效能的活动；④擅自拆迁永久性测量标志或者使永久性测量标志失去使用效能，或者拒绝支付迁建费用；⑤违反操作规程使用永久性测量标志，造成永久性测量标志毁损。

22.【C】经国务院及其有关部门批准，外国的组织或者个人来华开展科技、文化、体育等活动时，需要进行一次性测绘活动的，应当向国务院自然资源主管部门提交申请材料。

23.【D】国务院有关部门和省、自治区、直辖市人民政府有关部门必须汇交的有关测绘成果副本具体如下：①按国家基准和技术标准施测的一、二、三、四等天文、三角、导线、长度、水准测量成果的成果表、展点图(路线图)、技术总结和验收报告的副本；②重力测量成果的成果表、展点图、异常图、技术总结和验收报告的副本；③具有稳固地面标志的全球定位测量、多普勒定位测量、卫星激光测距等空间大地测量的测量成果、布网图、技术总结和验收报告的副本；④正式印制的地图，包括各种正式印刷的普通地图、政区地图、教学地图、交通旅游地图，以及全国性和省一级的其他专题地图。

24.【B】基础测绘项目承担单位超越资质等级许可的范围从事基础测绘活动的，责令停止违法行为，没收违法所得和测绘成果，处测绘约定报酬 1 倍以上 2 倍以下的罚款，并可以责令停业整顿或者降低资质等级；情节严重的，吊销测绘资质证书。

25.【C】国家秘密的保密期限，除另有规定外，绝密级不超过 30 年，机密级不超过 20 年，秘密级不超过 10 年。

26.【D】ARS 属于区域标准。

27.【D】测绘项目完成后，测绘项目出资人或者承担国家投资的测绘项目的单位，应当向国务院自然资源主管部门或者省、自治区、直辖市人民政府自然资源主管部门汇交测绘成果资料。

28.【A】属于国家秘密且确需公开使用的遥感影像，公开使用前应当依法送省级以上自然资源主管部门会同有关部门组织审查并进行保密技术处理。

29.【A】《测绘计量管理暂行办法》在测绘计量器具目录中，明确规定了 J2 级以上经纬仪、S3 级以上水准仪、GNSS 接收机、精度优于 $5mm+5\times10^{-6}D$ 的测距仪、全站仪、微伽级重力仪，以及尺类等仪器设备的检定周期为 1 年，其他精度的仪器设备检定周期一般为 2 年。

30.【C】根据《测绘法》，测绘项目实行招投标的，测绘项目的招标单位应当依法在招标公告或者投标邀请书中对测绘单位资质等级作出要求，不得让不具有相应测绘资质等级的单位中标，不得让测绘单位低于测绘成本中标。中标的测绘单位不得向他人转让测绘项目。

31.【B】测绘单位的行政领导及总工审议技术总结，对本单位成果的技术设计质量负责。

32.【B】县级以上地方人民政府主管的面积在省管限额以上(由各省、自治区、直辖市人民政府颁发的自然资源行政管理法规确定)的工程测量的数据和图件目录，必须汇交的基础测绘成果和专业测绘成果目录。

33.【B】质量管理体系认证注册及证书的有效期为 3 年。

34.【D】承担国家投资的测绘项目的单位逾期不汇交的，处 5 万元以上 20 万元以下的罚款，并处暂扣测绘资质证书，自暂扣测绘资质证书之日起 6 个月内仍不汇交的，吊销测绘资质证书；对直接负责的主管人员和其他直接责任人员，依法给予处分。

35.【C】体现和表明我国政府立场与主张的敏感、争议地区测绘地理信息成果，以及泄露后会对国家利益、社会稳定和民族团结造成重大影响的重要地理信息数据其保密期限为公布前。

36.【B】高寒系数是指作业区域平均海拔高度大于 3 500m 时，成本费用定额增加的比例。

37.【A】重要地理信息数据包括：①国界、国家海岸线长度；②领土、领海、毗连区、专属经济区面积；③国家海岸滩涂面积、岛礁数量和面积；④国家版图的重要特征点，地势、地貌分区位置；⑤国务院自然资源主管部门商国务院其他有关部门确定的其他重要自然和人文地理实体的位置、高程、深度、面积、长度等地理信息数据。

38.【A】县级以上地方人民政府计量行政部门根据本地区的需要，建立社会公用计量标准器具，经上级人民政府计量行政部门主持考核合格后使用。

39.【D】著作品权利的保护期为作者终生及其死亡后 50 年。

40.【D】行政区域界线的测绘，按照国务院有关规定执行。省、自治区、直辖市和自治州、县、自治县、市行政区域界线的标准画法图，由国务院民政部门和国务院自然资源主管部门拟定，报国务院批准后公布。

41.【A】注册测绘师，是指经考试取得中华人民共和国注册测绘师资格证书，并依法注册后。从事测绘活动的专业技术人员。

42.【B】作业中暂时停用的电子仪器，每周至少通电 1 小时，同时使各个功能正常运转，属于测绘仪器的防霉措施。

43.【C】建设卫星导航定位基准站的，建设单位应当按照国家有关规定报国务院自然资源主管部门或者省、自治区、直辖市人民政府自然资源主管部门备案。国务院自然资源主管部门应当汇总全国卫星导航定位基准站建设备案情况，并定期向军队测绘部门通报。

44.【C】有下列情形之一的，房屋权利申请人、房屋权利人或者其他利害关系人应当委托房产测绘单位进行房产测绘：①申请产权初始登记的房屋；②自然状况发生变化的房屋；③房屋权利人或者其他利害关系人要求测绘的房屋。房产管理中需要的房产测绘，由房地产行政主管部门委托房产测绘单位进行。

45.【B】遇有暴风雨、冰雹、浓雾等天气应停止行驶。

46.【B】涉密人员出境应当经有关部门批准，有关机关认为涉密人员出境将对国家安全造成危害或者对国家利益造成重大损失的，不得批准出境。

47.【D】骑牲畜涉水时一般只限于水深 0.8m 以内，同时应逆流斜上，不应中途停留。要了解牲畜的水性，必要时给牲畜蹄上采取防滑措施。

48.【A】安全事故报告时限为：泄密事故应在发生或发现后 24h 内报告；轻伤事故应在发生或发现后 2h 内报告；其他事故应在发生或发现后立即报告。

49.【B】为使测绘仪器防霉、防雾，测绘生产外业仪器一般情况下 6 个月应对仪器的光学零件外露表面进行一次全面的擦拭。

50.【B】光盘至少 2h，磁带至少 24h。

51.【A】数据档案管理单位可根据实际情况确定异地储存的距离。本标准推荐：异地储存的距离应大于 100km，最佳距离为 500km 以上。

52.【C】全国性中小学教学地图，由国务院教育行政部门会同国务院自然资源主管部门、外交部组织审定；地方性中小学教学地图，由省、自治区、直辖市人民政府教育行政部门会同省、自治区、直辖市人民政府自然资源主管部门组织审定。

53.【A】测绘单位贯标时，体系总体设计和资源配备阶段通常需要的时间为 1 个月。

54.【C】质量方针和质量手册由最高管理者批准。

55.【A】测绘项目的技术负责人通常由总工程师负责。

56.【A】测绘外业人员室内住宿时尽量选择民房或招待所。

57.【A】测绘人员外业作业时遇雷电天气时，选择在屋檐下躲避最合适。

58.【B】测绘外业作业时，水深过腰，流速超过 4m/s 的急流，应采取保护措施涉水过河，禁止独自一人涉水过河。

59.【D】投标中的禁止事项包括：①禁止串通投标；②禁止投标人以向招标人或者评标委员会成员行贿的手段谋取中标；③投标人不得以低于成本的报价竞标；④投标人不得以他人名义投标或者以其他方式弄虚作假，骗取中标。

60.【A】测绘生产内业仪器一般在 1 年内用电吹风机烘烤光学零件外露表面，温度升高不得超过 60℃。

61.【B】文档材料归档一份，数据成果拷贝归档两份。

62.【A】1 : 5 万比例尺地形图的图幅标准面积(图上面积)是 $16dm^2$。

63.【C】《公开版地图质量评定标准》规定，地图产品的一般质量特性不符合以下情况的属于一般差错：①境界线综合不当，描绘变形超限，较低级别境界线及区域注记的差错；②普通居民地符号、注记的差错；③交通线的性质、等级、走向、附属物的符号和注记的差错；④一般河流、湖泊、岛屿及各种水文符号和注记的差错；⑤等高线、等深线及高程注记的差错；⑥一般地理名称的差错；⑦非科学性专题内容的差错；⑧其他一般技术性、常识性的差错。

64.【A】互联网地图服务单位向公众提供地理位置定位、地理信息上传标注和地图数据库开发等服务的，应当依法取得相应的测绘资质证书。互联网地图服务单位从事互联网地图出版活动的，应当经国务院出版行政主管部门依法审核批准。

65.【B】过程检查采用全数检查，最终检查一般采用全数检查。

66.【A】具有独立利用价值的特定空间以及码头、油库等其他建筑物、构筑物所有权的登记，按照本实施细则中房屋所有权登记有关规定办理。

67.【C】测绘产品质量监督检验结果，由下达监督检验计划的自然资源主管部门或技术监督行政部门审定后，对社会公布。省级监督检验结果，报国务院自然资源主管部门备案。

68.【D】在整个贯标策划中，对认证活动的部署和计划应予以安排，必须先实施贯标，质量管理体系各项要求后，方可实施认证。

69.【B】对测绘成果验收中判为合格的批的正确处理是测绘单位或部门对验收中发现的问题进行处理，然后复查。

70.【C】数字测绘成果的完整性要求如下：①各种地物要素完整，无遗漏或多余、重复现象；②地物要素分层正确，无遗漏层或多余层、重复层现象；③数据层内部各层应包括的文件完整，无遗漏或多余文件；④各种名称及注记正确、完整，无遗漏或多余、重复现象。

71.【A】监督检查与数据认定工作流程是接收任务、确定监督抽查、编制报告证书、监督复查、异议处理编、报监督抽查。

72.【D】质量检验机构应对样本进行详查，必要时可对样本以外的单位成果的重要检查项进行概查。

73.【C】①过程检查采用全数检查；②最终检查一般采用全数检查，涉及野外检查项的可采用抽样检查，样本以外的应实施内业全数检查；③验收一般采用抽样检查。

74.【B】库房内的设备要避免水淹，介质架最低一层搁板应高于地面 30cm 以上。

75.【A】测绘成果最终抽样检查时，如果批量介于 1~20，则样本量应为 3。

76.【C】根据需要对样本外成果进行概查时，一般只记录 A 类、B 类错漏和普遍性问题。当单位成果未检出 A 类错漏且 B 类错漏个数少于 4 个时，判概查合格；否则判概查为不合格。

77.【C】单位测绘成果质量良级品的分值范围为 $75 \leq S < 90$。

78.【C】测绘单位的质量主管负责人按照职责分工负责质量方针、质量目标的贯彻实施，签发有关的质量文件及作业指导书；组织编制测绘项目的技术设计书，并对设计质量负责；处理生产过程中的重大技术问题和质量争议；审核技术总结；审定测绘产品的交付验收。

79.【B】根据《测绘成果质量检查与验收》，导航电子地图质量元素质量特性权重划分是图面质量0.1、附件质量0.05。

80.【C】①测绘资质单位受到自然资源主管部门及相关部门行政处罚的，计入该单位的严重失信信息，自该信息生效之日起两年内不得申请晋升测绘资质等级或者新增专业范围。②测绘资质单位被自然资源主管部门计入一般失信信息的，自该信息生效之日起一年内不得申请晋升测绘资质等级或者新增专业范围。③测绘资质单位被自然资源主管部门计入轻微失信信息的，自该信息生效之日起半年内不得申请晋升测绘资质等级或者新增专业范围。

二、多项选择题

81.【ACE】世界地图、历史地图、时事宣传地图没有明确审核依据的，由国务院自然资源主管部门商外交部进行审核。

82.【ACE】测绘项目工程进度控制主要包括工程进度控制、资金控制和质量控制。

83.【ACDE】测绘单位的最高管理者应在以下方面发挥领导与核心的作用：①对质量管理体系的有效性负责；②确保制定质量管理体系的质量方针和质量目标，并与单位环境相适应，与战略方向相一致；③确保质量管理体系要求融入单位的业务过程；④促进使用过程方法和基于风险的思维；⑤确保质量管理体系所需要的资源是可获得的；⑥沟通有效的质量管理和符合质量管理体系要求的重要性；⑦确保质量管理体系实现其预期结果；⑧促使员工积极参与指导和支持他们为质量管理体系的有效性作出贡献；⑨推动质量管理体系改进；⑩支持其他管理人员在其职责范围内发挥领导作用。

84.【ACE】投标人是响应招标、参加投标竞争的法人或者其他组织。

85.【ABCD】建立相对独立的平面坐标系统，必须坚持以下原则：①必须是因建设、城市规划和科学研究的需要；②确实需要建立；③必须经过批准；④应当与国家坐标系统相联系。

84.【ACDE】《基础地理信息数据档案管理规定》附录 A 规定，数据成果的检验主要有：①载体外观及标识检验；②成果内容完整性检验；③数据有效性检验；④数据内容一致性检验；⑤数据逻辑立卷检验；⑥病毒检验。

87.【BCDE】根据《测绘成果质量检查与验收》8.3 条表 23，测绘航空摄影成果的质量元素"影像质量"的主要检查项有最大密度 D_{max}、灰雾密度 D_0、冲洗质量、框标影像。

88.【ACE】基础测绘工作应当遵循统筹规划、分级管理、定期更新、保障安全的原则。组织实施基础测绘项目，应当依据基础测绘规划和基础测绘年度计划，依法确定基础测绘项目承担单位。

89.【CDE】重要地理信息数据的特征是：权威性、准确性、法定性。

90.【AD】我国国家标准主要由国家标准化管理委员会和国家市场监督管理总局联合发布。

91.【AE】测绘地理信息业务档案保管期限分为永久和定期。

92.【BCDE】测绘合同标的的描述要素有测绘范围、测绘内容、测绘技术依据、质量标准。

93.【ABCE】有下列情形之一的，合同无效：①一方以欺诈、胁迫的手段订立合同，损害国家利益；②恶意串通，损害国家、集体或者第三人利益；③以合法形式掩盖非法目的；④损害社会公共利益；⑤违反法律、行政法规的强制性规定。

94.【ABCD】有以下情况之一的，对建立相对独立的平面坐标系统的申请不予批准：①申请材料内容虚假的；②国家坐标系统能够满足需要的；③已依法建有相关的相对独立的平面坐标系统的；④自然资源主管部门依法认定的应当不予批准的其他情形。

95.【DE】测绘技术总结中的概述，应概要说明测绘任务总的情况，例如：任务来源、目标、工作量等，任务的安排与完成情况，以及作业区概况和已有资料利用情况等。

96.【ABD】设计评审的主要内容和要求有：①评审依据；②评审目的；③评审内容；④评审方式；⑤评审人员。

97.【CE】数字摄影测量工作站和数字成图系统属于内业测量设备。

98.【ABDE】测绘地理信息业务档案是指在从事测绘地理信息业务活动中形成的具有保存价值的文字、数据、图件、电子文件、声像等不同形式和载体的历史记录。

99.【BCE】测绘项目组织与实施管理中的项目目标管理主要包括工期目标、成本目标、质量目标。

100.【ABCE】质量管理体系文件的编写原则主要有系统协调原则、整体优化原则、采用过程方法原则、操作实施和证实检查的原则。

仿真试卷十二参考答案及解析

一、单项选择题

1.【D】《测绘资质分类分级标准》的专业标准中，大地测量专业甲级测绘资质单位需要配备技术装备合计需30台。
2.【B】各省、自治区、直辖市人民政府自然资源主管部门负责注册测绘师资格的注册审查工作。
3.【B】乙级测绘资质单位承接不得从事二等及以上控制测量、国家建设重点工程的规划测量、单个建筑物10万平方米及以上的建筑工程测量、特大型水利水电工程测量、4km及以上隧道工程测量。
4.【B】注册测绘师的注册单位与人事关系所在单位可以不是一个单位，但必须在一个具有测绘资质的单位执业。
5.【A】城市确需建立相对独立的平面坐标系统的，由申请单位向该城市的自然资源主管部门提交申请材料，经自然资源主管部门审核并报该市人民政府同意后，逐级报省级自然资源主管部门。
6.【C】测绘成果保管单位应当采取措施保障测绘成果的完整和安全，并按照国家有关规定向社会公开和提供利用。
7.【D】未取得测绘资质证书的单位不得为测绘人员申请测绘作业证，每次注册核准有效期为三年，过期不注册核准的测绘作业证无效，测绘单位申报材料不真实，虚报冒领测绘作业证的，由省、自治区、直辖市人民政府自然资源主管部门收回冒领的证件，并根据其情节给予通报批评。
8.【A】县级以上人民政府自然资源主管部门应当建立健全随机抽查机制，依法履行监督检查职责。
9.【B】测绘行政执法证每两年注册一次，注册由国务院自然资源主管部门统一进行。
10.【D】测绘资质证书有效期五年。测绘资质证书包括纸质证书和电子证书，纸质证书和电子证书具有同等法律效力。测绘资质证书样式由自然资源部统一规定。
11.【D】一个硬盘驱动器的物理损坏意味着数据丢失。设备的运行损耗、存储介质失效、运行环境以及人为的破坏等，都能对硬盘驱动器设备造成影响。
12.【B】基础测绘是公益性事业。国家对基础测绘实行分级管理。
13.【D】根据《反不正当竞争法》，有下列情形之一的，不属于不正当竞争行为：①销售鲜活商品；②处理有效期限即将到期的商品或者其他积压的商品；③季节性降价；④因清偿债务、转产、歇业降价销售商品。

14.【B】违反本法规定，测绘项目的招标单位让不具有相应资质等级的测绘单位中标，或者让测绘单位低于测绘成本中标的，责令改正，可以处测绘约定报酬二倍以下的罚款。招标单位的工作人员利用职务上的便利，索取他人财物，或者非法收受他人财物为他人谋取利益的，依法给予处分；构成犯罪的，依法追究刑事责任。
15.【A】两个以上法人或者其他组织可以组成一个联合体，以一个投标人的身份共同投标。联合体各方均应当具备承担招标项目的相应能力；国家有关规定或者招标文件对投标人资格条件有规定的，联合体各方均应当具备规定的相应资格条件。由同一专业的单位组成的联合体，按照资质等级较低的单位确定资质等级。
16.【C】下列地图不需要审核：①直接使用自然资源主管部门提供的具有审图号的公益性地图；②景区地图、街区地图、公共交通线路图等内容简单的地图；③法律法规明确应予公开且不涉及国界、边界、历史疆界、行政区域界线或者范围的地图。
17.【A】我国基础测绘的分级管理为三级，同时明确划分了国家级、省级、市县级负责组织实施的基础测绘项目的范围。
18.【C】确需建立相对独立的平面坐标系统的，由省级以上自然资源部门负责审批。
19.【A】测绘单位可以按照测绘项目的实际情况实行项目质量负责人制度。项目质量负责人对该测绘项目的产品质量负直接责任。
20.【C】“影响质量”主要检查：影像反差、影像清晰度、影像色调。
21.【A】测绘单位的法定代表人确定本单位的质量方针和质量目标，签发质量手册；建立本单位的质量体系并保证其有效运行；对提供的测绘产品承担产品质量责任。
22.【A】测绘单位的过程检查由中队(室、车间)检查人员承担。
23.【C】市级自然资源主管部门负责处理永久性测量标志损毁事件以及因测量标志损坏造成的事故。。
24.【D】国家对重要地理信息数据实行统一审核与公布制度。
25.【B】界线测绘的费用计算，县界以下境界的定额按省、市、县界定额的60%计算。
26.【B】《1∶5 000　1∶10 000基础地理信息数字产品更新规范》4.4.2.2条规定，经济发达区不超过2年，经济中等发达区不超过3年，经济欠发达地区不超过5年。
27.【A】在涉密岗位工作的人员(以下简称涉密人员)，按照涉密程度分为核心涉密人员、重要涉密人员和一般涉密人员，实行分类管理。
28.【B】《地理信息检查原则》属于检验与测试类测绘标准。
29.【D】因测绘产品质量发生争议时，当事人可以通过协商或者调解解决，也可以向仲裁机构申请仲裁；当事人各方没有达成仲裁协议的，可以向人民法院起诉。仲裁机构或者人民法院可以委托质检中心或质检站，对测绘产品质量进行仲裁检验。
30.【B】按照国家标准或测绘行业标准生产、集成和处理后的基础地理信息数据成果通常以数字形式存在，其中不包含重要的拓展数据成果。

31.【A】县级以上人民政府自然资源主管部门应当加强对测绘成果质量的监督管理。

32.【A】微伽重力仪的检定周期为 1 年。

33.【A】测绘单位的法定代表人确定本单位的质量方针和质量目标，签发质量手册；建立本单位的质量体系并保证其有效运行；对提供的测绘产品承担产品质量责任。

34.【C】测绘单位的最终检查由测绘质量管理机构承担。

35.【D】地方财政投资完成的测绘项目应当由承担测绘项目的测绘单位汇交测绘成果资料。

36.【A】县级以上人民政府计量行政部门对社会公用计量标准器具，部门和企业、事业单位使用的最高计量标准器具，以及用于贸易结算、安全保护、医疗卫生、环境监测方面的列入强制检定目录的工作计量器具，实行强制检定。未按照规定申请检定或者检定不合格的，不得使用。实行强制检定的工作计量器具的目录和管理办法，由国务院制定。

37.【B】因故停电时，凡用电的仪器设备应保持原则，应立即断开电源。

38.【C】国家秘密的密级分为绝密、机密、秘密三级。绝密级国家秘密是最重要的国家秘密，泄露会使国家安全和利益遭受特别严重的损害；机密级国家秘密是重要的国家秘密，泄露会使国家安全和利益遭受严重的损害；秘密级国家秘密是一般的国家秘密，泄露会使国家安全和利益遭受损害。

39.【C】各级测绘地理信息主管部门应当当场或者在 4 小时内完成基础测绘成果应急服务申请的审核与批复，明确并及时通知相关测绘成果保管单位。

40.【C】当事人签订买卖房屋或者其他不动产物权的协议，为保障将来实现物权，按照约定可以向登记机构申请预告登记。预告登记后，未经预告登记的权利人同意，处分该不动产的，不发生物权效力。预告登记后，债权消灭或者自能够进行不动产登记之日起三个月内未申请登记的，预告登记失效。

41.【D】对规模较大的管道，在下井调查或施放探头、电极导线时，严禁明火，并应进行有害、有毒及可燃气体的浓度测定；有害、有毒及可燃气体超标时应打开连续的 3 个井盖排气通风半小时以上，确认安全并采取保护措施后方可下井作业。

42.【B】质量监督抽查不合格的测绘单位，组织实施质量监督抽查的自然资源主管部门应当向其下达整改通知书，责令其自整改通知书下发之日起三个月内进行整改，并按原技术方案组织复查。

43.【C】依照《国务院关于行政区划管理的规定》，经批准变更行政区域界线的，毗邻的各有关人民政府应当按照勘界测绘技术规范进行测绘，埋设界桩，签订协议书，并将协议书报批准变更该行政区域界线的机关备案。

44.【D】出版单位从事地图出版活动的，应当具有国务院出版行政主管部门审核批准的地图出版业务范围，并依照《出版管理条例》的有关规定办理审批手续。出版单位根据需要，可以在出版物中插附经审核批准的地图。任何出版单位不得出版未经审定的中小学教学地图。出版单位出版地图，应当按照国家有关规定向国家图书馆、中国版本图书馆和国务院出版行政主管部门免费送交样本。

45.【B】江湖水下地形测量的困难类别分为Ⅱ类。

46.【A】测绘专业技术人员，是指测绘工程、地理信息、地图制图、摄影测量、遥感、大地测量、工程测量、地籍测绘、土地管理、矿山测量、导航工程、地理国情监测等专业的技术人员。测绘相关专业技术人员，是指地理、地质、工程勘察、资源勘查、土木、建筑、规划、市政、水利、电力、道桥、工民建、海洋、计算机、软件、电子、信息、通信、物联网、统计、生态、印刷等专业的技术人员。

47.【A】自然灾害等突发事件发生后，县级以上人民政府自然资源部门应当立即启动基础测绘应急保障预案，采取有效措施，开展基础地理信息数据的应急测制和更新工作。

48.【C】涉及核心数据安全事件处置、溯源的相关日志留存时间不少于 3 年。

49.【D】境界测绘的作业方法和技术要求主要包括控制测量、外业调绘、界址点实测和界桩埋设的方法和要求，而面积量算是地籍测绘和房产测绘的作业方法和技术要求。

50.【A】卫星导航定位基准站的建设和运行维护应当符合国家标准和要求，不得危害国家安全。

51.【C】招标是发包的一种方式，招标分为公开招标、邀请招标、议标三种方式。其中，公开招标又称为无限竞争性招标，邀请招标也称为有限竞争性选择招标，议标也称非竞争性招标或指定性招标。

52.【B】在丘陵、山区建设 GNSS 连续运行站，其困难类别为Ⅱ类。

53.【D】省、自治区、直辖市人民政府自然资源主管部门自受理注册申请之日起 20 个工作日内，按规定条件和程序完成申报材料的审查工作。

54.【C】国务院有关部门所属单位和中央管理企业的注册测绘师按照属地原则进行管理。

55.【D】技术设计更改文件，设计更改过程中由设计人员提出，并经过评审、验证(必要时)和审批的技术设计文件。

56.【C】当单位成果出现以下情况之一时，即判定为不合格：①单位成果中出现 A 类错漏；②单位成果高程精度检测、平面位置精度检测以及相对位置精度检测，任一项粗差比例超过 5%；③质量子元素质量得分小于 60 分。

57.【B】测绘成果质量经自然资源质检机构判定为批不合格为不良信息中严重失信信息类别。

58.【B】由设计策划负责人或单位总工程师对设计输入的适宜性和充分性进行审核。

59.【D】每次测区作业结束后，应对仪器的光学零件外露表面进行一次擦拭。

60.【C】水深在 0.6m 以内，流速不超过 3m/s，或流速虽然较大但水深在 0.4m 以内时允许徒涉。水深过腰、流速超过 4m/s 的急流，应采取保护措施涉水过河禁止独自一人涉水过河。

61.【B】测绘生产事故发生现场的人员应立即停止生产，在第一时间采取先行控制措施开展自救，立即抢救受伤人员和物资。这一工作主要由安全保障组完成。

62.【B】为使测绘仪器防霉、防雾，测绘生产内业仪器在湿热季节或湿热地区通常情况下 6 个月应对仪器的光学零件外露表面进行一次全面的擦拭。

63.【B】基础地理信息数据的储存环境，温度选定范围：17～20℃；相对湿度选定范围：35%～45%。

64.【C】当数据档案管理单位同时认可磁带和光盘作为归档介质时，本标准推荐：同一项目所采用的光盘数大于 10 片时，应以磁带为载体归档。

65.【B】对规模较大的管道，在下井调查或施放探头、电极导线时，严禁明火，并应进行有害、有毒及可燃气体的浓度测定，有害、有毒及可燃气体超标时应打开连续的三个井盖排气通风半小时以上，确认安全并采取保护措施后方可下井作业。

66.【B】说明和评价技术要求的执行情况时，不应简单抄录设计书的有关技术要求；应重点说明作业过程中出现的主要技术问题和处理方法、特殊情况的处理及其达到的效果、经验、教训和遗留问题等。

67.【C】如果软件平台能够反映介质的读写错误，则当累计读写错误达 10 次时，应停止使用该介质(即使该介质仍能正常使用)，并将数据复制迁移到新的一份介质上。

68.【C】夜间作业时，应设置安全警示灯。工作完毕必须清点人员，确保井下没有留人的情况下及时盖好窨井盖。

69.【C】技术设计文件报批之前，承担测绘任务的法人单位必须对其进行全面审核，并在技术设计文件和(或)产品样品上签署意见并签名(或章)。

70.【C】数据档案进行转存新格式拷贝后，原数据档案应继续保存 3 年。

71.【D】测绘技术总结(包括项目总结和专业技术总结)通常由概述、技术设计执行情况、成果(或产品)质量说明和评价、上交和归档的成果(或产品)及其资料清单四部分组成。

72.【A】测绘事业单位在测绘市场活动中收费的，应当持有物价主管部门颁发的收费许可证。

73.【D】国家实行地图审核制度。向社会公开的地图，应当报送有审核权的自然资源主管部门审核。但是，景区图、街区图、地铁线路图等内容简单的地图除外。地图审核不得收取费用。

74.【B】质量子元素评分方法：①数学精度：根据成果数学精度值的大小，按评定数学精度的质量分数，即得到 S_1；②其他质量子元素评分：首先将质量子元素得分预置为 100 分，根据对相应质量子元素中出现的错漏逐个扣分，S_1 的值按下面公式计算：

$$S_1 = 100 - \left(a_1 \times \frac{12}{t} + a_2 \times \frac{4}{t} + a_3 \times \frac{1}{t}\right)$$

75.【B】根据单位成果的质量得分划分为优、良、合格、不合格四个质量等级。

76.【A】当单位成果出现以下情况之一时，即判定为不合格：①单位成果中出现 A 类错漏；②单位成果高程精度检测、平面位置精度检测及相对位置精度检测，任一项粗差比例超过 5%；③质量子元素质量得分小于 60 分。

77.【C】管线测量成果的质量元素主要有控制测量数学精度、控制测量数学精度、资料质量、数学精度、地理精度、资料完整性、整饰规整性。

78.【C】大地测量计算成果的质量元素主要有成果正确性、成果完整性、数学模型、计算正确性、整饰质量、资料的完整性。

79.【B】测绘资质单位被测绘地理信息主管部门计入一般失信信息的，自该信息生效之日起一年内不得申请晋升测绘资质等级或者新增专业范围。

80.【B】受控条件应包括：①获得表述产品特性的信息；②必要时，获得作业指导书；③使用适宜的设备；④获得和使用监视和测量设备；⑤实施监视和测量；⑥实施产品放行、交付和交付后活动。

二、多项选择题

81.【ABDE】基础测绘成果应当定期更新，经济建设、国防建设、社会发展和生态保护急需的基础测绘成果应当及时更新。基础测绘成果的更新周期根据不同地区国民经济和社会发展的需要确定。

82.【CDE】根据《测绘成果管理条例》第二十三条，重要地理信息数据包括：①国界、国家海岸线长度；②领土、领海、毗连区、专属经济区面积；③国家海岸滩涂面积、岛礁数量和面积；④国家版图的重要特征点，地势、地貌分区位置；⑤国务院测绘行政主管部门商国务院其他有关部门确定的其他重要自然和人文地理实体的位置、高程、深度、面积、长度等地理信息数据。

83.【BCD】互联网地图服务专业主要包括地理位置定位、地理信息上传标注、地图数据库开发等三项内容。

84.【CE】下列合同，当事人一方有权请求人民法院或者仲裁机构变更或者撤销：①因重大误解订立的；②在订立合同时显失公平的；③一方以欺诈、胁迫的手段或者乘人之危，使对方在违背真实意思的情况下订立的合同。受损害方有权请求人民法院或者仲裁机构变更或者撤销。当事人请求变更的，人民法院或者仲裁机构不得撤销。

85.【BDE】按照行业惯例，测绘项目的工程费用按阶段支付，包括首付款、项目进行中的阶段性付款、尾款。

86.【ABCD】作业场所应配置必要的安全(警告)标志，如配电箱(柜)标志、资料重地严禁烟火标志、严禁吸烟标志、紧急疏散示意图、上下楼梯警告线以及玻璃隔断提醒标志等，且保证标志完好清晰。

87.【BCDE】县级以上人民政府及其有关部门应当遵循科学规划、合理布局、有效利用、兼顾当前与长远需要的原则，加强基础测绘设施建设，避免重复投资。国家安排基础测绘设施建设资金，应当优先考虑航空摄影测量、卫星遥感、数据传输以及基础测绘应急保障的需要。

88.【CDE】测量标志保管人员的职责，主要包括：①经常检查测量标志的使用情况，查验永久性测量标志使用后的完好状况；②发现永久性测量标志有移动或者损毁的情况，及时向当地乡级人民政府报告；③制止、检举和控告移动、损毁、盗窃永久性测量标志的行为；④查询使用永久性测量标志的测绘人员的有关情况。

89.【BCD】在高海拔区域发生高原反应、感冒、冻伤等疾病时，应立即采取有效的治疗措施。雪盲是紫外线对眼角膜和结膜上皮造成损害引起的炎症。

90.【ACE】下列情况之一的应当及时进行复审：①不适应科学技术的发展和经济建设需要的；②相关技术发生了重大变化的；③标准实施中出现重大技术问题或有重要反对意见的。

91.【AD】根据《基础地理信息数据档案管理与保护规范》附录 A，数据成果和目录数据需要进行病毒检验。

92.【BCD】有下列情形之一的申请不予批准：①成果对外提供后妨碍国家安全的；②已有非涉密

成果能够满足需求的；③申请人隐瞒有关情况或者提供虚假材料的；④依法不予批准的其他情况。

93.【ABE】归档文件内容具体要求有：①文档类文件应有题名；②文件应有责任者，文档类文件的责任者一般应出现在封面上；③文件应有形成时间。

94.【BCD】水准测量成果质量元素“资料完整性”主要检查项有技术总结内容的齐全性和完整性、检查报告内容的齐全性和完整性、上交资料的齐全性和完整性。

95.【CE】根据《测绘生产质量管理规定》第二十条，测绘单位应当在关键工序、重点工序设置必要的检验点，实施工序产品质量的现场检查。现场检验点的设置，可以根据测绘任务的性质、作业人员水平、降低质量成本等因素，由测绘单位自行确定。

96.【AC】可直接计入项目的费用包括项目联系、结算、收款等销售费用、项目检查验收费用、按工资基数计提的福利费、工费经费、职工教育经费、住房公积金、养老保险金等。分配计入项目的承包部门费用包括承包部门开支的各项费用及根据承包责任制应上交的各项费用。

97.【CE】上交和归档成果(或产品)及其资料内容主要包括：①成果数据：规定数据内容、组织、格式，存储介质，包装形式和标识及其上交和归档的数量等。②文档资料：规定需上交和归档的文档资料的类型(包括技术设计文件、技术总结、质量检查验收报告、必要的文档簿、作业过程中形成的重要记录等)和数量等。

98.【ABCE】《地图管理条例》第八条规定，编制地图，应当执行国家有关地图编制标准，遵守国家有关地图内容表示的规定。地图上不得表示下列内容：①危害国家统一、主权和领土完整的；②危害国家安全、损害国家荣誉和利益的；③属于国家秘密的；④影响民族团结、侵害民族风俗习惯的；⑤法律、法规规定不得表示的其他内容。

99.【ADE】质量管理原则：①以顾客为关注焦点原则；②领导作用原则；③全员参与原则；④过程方法原则；⑤持续改进原则；⑥征询决策原则；⑦关系管理原则。

100.【ABDE】质量控制的基本依据：①项目合同文件：测绘合同。②设计文件：经审批的技术设计书或作业指导书。③法律、法规和规范：国家及地方政府颁布有关测绘的法律、法规和规范。④有关质量检查检验的国家规范和行业标准：国家标准、行业标准、地方标准和企业标准等。

参考文献

卞耀武. 中华人民共和国招标投标法释义[M]. 北京：法律出版社，2000.

曹康泰，陈邦柱. 中华人民共和国测绘法释义[M]. 北京：中国法制出版社，2005.

龚益鸣. 现代质量管理学[M]. 北京：清华大学出版社，2008.

国家测绘地理信息局职业技能鉴定指导中心. 测绘管理与法律法规[M]. 北京：测绘出版社，2018.

国家测绘局. 测绘成果质量监督抽查与数据认定规定：CH/T 1018—2009[S]. 北京：测绘出版社，2009.

国家测绘局. 测绘技术设计规定：CH/T 1004—2005[S]. 北京：中国标准出版社，2006.

国家测绘局. 测绘技术总结编写规定：CH/T 1001—2005[S]. 北京：中国标准出版社，2006.

国家测绘局. 测绘与地理信息标准化指导与实践[M]. 北京：测绘出版社，2008.

国家测绘局. 测绘作业人员安全规范：CH 1016—2008[S]. 北京：国家测绘局，2008.

国家测绘局. 高程控制测量成果质量检验技术规程：CH/T 1021—2010[S]. 北京：测绘出版社，2011.

国家测绘局. 基础地理信息标准数据基本规定：GB 21139—2007[S]. 北京：中国标准出版社，2008.

国家测绘局. 基础地理信息数据档案管理与保护规范：CH/T 1014—2006[S]. 北京：测绘出版社，2006.

国家测绘局. 数字测绘成果质量检查与验收：GB/T 18316—2008[S]. 北京：中国标准出版社，2008.

何宗宜，欧阳烨，洪霞，等. 测绘管理与法律法规：考点剖析与试题解析(2024 版)[M]. 武汉：武汉大学出版社，2024.

李维森，谢经荣，王振江. 中华人民共和国测绘成果管理条例释义[M]. 北京：中国法制出版社，2006.

全国地理信息标准化技术委员会. 测绘成果质量检查与验收：GB/T 24356—2023[S]. 北京：中国标准出版社，2023.

全国地理信息标准化技术委员会. 城市地理信息系统设计规范：GB/T 18578—2008[S]. 北京：中国标准出版社，2008.

全国地理信息标准化技术委员会. 地理信息公共平台基本规定：GB/T 30318—2013[S]. 北京：中国标准出版社，2014.

全国地理信息标准化技术委员会. 公开版纸质地图质量评定：GB/T 19996—2017[S]. 北京：中国标准出版社，2018.
全国地理信息标准化技术委员会. 国家基本比例尺地形图分幅和编号：GB/T 13989—2012[S]. 北京：中国标准出版社，2012.
全国地理信息标准化技术委员会. 国家基本比例尺地形图更新规范：GB/T 14268—2008[S]. 北京：中国标准出版社，2008.
全国地理信息标准化技术委员会. 基础地理信息城市数据库建设规范：GB/T 21740—2008[S]. 北京：中国标准出版社，2008.
全国地理信息标准化技术委员会. 基础地理信息数据库基本规定：GB/T 30339—2013[S]. 北京：中国标准出版社，2014.
全国地理信息标准化技术委员会. 数字测绘成果质量要求：GB/T 17941—2008[S]. 北京：中国标准出版社，2008.
全国地理信息标准化技术委员会. 数字地形图产品基本要求：GB/T 17278—2009[S]. 北京：中国标准出版社，2009.
全国地理信息标准化技术委员会. 1 : 500　1 : 1 000　1 : 2 000 外业数字测图规程：GB/T 14912—2017[S]. 北京：中国标准出版社，2017.
全国质量管理和质量保证标准化技术委员会. 质量管理体系要求：GB/T 19001—2016[S]. 北京：中国标准出版社，2016.
孙庆辉，王晓理，赵军喜，等. 注册测绘师资格考试全真模拟试题集[M]. 郑州：黄河水利出版社，2013.
姚承宽. 测绘管理探索与实践[M]. 福州：福建省地图出版社，2005.
姚承宽. 测绘行政管理基础[M]. 西安：西安地图出版社，2006.
张万峰. 测绘法律知识读本[M]. 北京：法律出版社，2006.
张万峰. 测绘法实施实用参考[M]. 北京：中国法制出版社，2005.
张万峰. 中国测绘法律制度概论[M]. 北京：人民交通出版社，2007.
郑文先. 以成本管理为中心加强测绘项目管理[J]. 地矿测绘，2003，19(1)：35-37.
周萌萌，黄鑫雄. 谈测绘项目管理[J]. 现代测绘，2008，31(4)：46-48.
宗蕴璋. 质量管理[M]. 2 版. 北京：高等教育出版社，2008.